新工科建设之路·机器人技术与应用系列
南京航空航天大学精品教材建设专项

机器人操作系统（ROS）

曾庆喜　胡义轩　编著

電子工業出版社
Publishing House of Electronics Industry
北京·BEIJING

内 容 简 介

本书共有 11 章，分为三个部分：第一部分（第 1～6 章）是机器人操作系统（ROS）的基础，内容包含 ROS 简介、编程基础知识、ROS 概述、ROS 环境搭建、ROS 编程基础和 ROS 常用工具，该部分循序渐进地帮助读者熟悉使用 ROS；第二部分（第 7～10 章）设置了不同类型的应用实例及实验，帮助读者掌握并使用 ROS；第三部分（第 11 章）介绍了新一代机器人操作系统 ROS-2，涉及 ROS-2 的基础知识、通信和安装。

本书注重理论与实践相结合，理论部分讲解 ROS 的基础知识，包括编程基础知识、Linux 入门基础知识和 ROS 相关基础知识；实践部分设置了不同类型的应用实例及实验，便于读者入门了解并运用 ROS，并配有相关讲解 PPT、代码等，帮助读者深入理解 ROS 知识，并应用于实践。本书可供基于 ROS 的机器人编程人员使用，也可作为高等院校相关专业学生的参考书。

图书在版编目（CIP）数据

机器人操作系统：ROS / 曾庆喜，胡义轩编著. —北京：电子工业出版社，2023.7

ISBN 978-7-121-45975-7

Ⅰ. ①机… Ⅱ. ①曾… ②胡… Ⅲ. ①机器人－操作系统－程序设计－高等学校－教材 Ⅳ. ①TP242

中国国家版本馆 CIP 数据核字（2023）第 130019 号

责任编辑：路　越

印　　刷：北京七彩京通数码快印有限公司

装　　订：北京七彩京通数码快印有限公司

出版发行：电子工业出版社

北京市海淀区万寿路 173 信箱　　邮编：100036

开　　本：787×1092　1/16　印张：18.75　字数：480 千字

版　　次：2023 年 7 月第 1 版

印　　次：2024 年 8 月第 2 次印刷

定　　价：65.00 元

凡所购买电子工业出版社图书有缺损问题，请向购买书店调换。若书店售缺，请与本社发行部联系，联系及邮购电话：（010）88254888，88258888。

质量投诉请发邮件至 zlts@phei.com.cn，盗版侵权举报请发邮件至 dbqq@phei.com.cn。

本书咨询联系方式：luy@phei.com.cn。

前 言

近年来，机器人已经在越来越多的领域得到应用，例如，自动驾驶汽车、物流分拣机器人、送餐机器人、陪护机器人、无人机等。机器人系统包括很多复杂功能模块，如环境感知、定位导航、决策控制等，从零开始开发整个机器人系统对技术人员要求非常高，而且工作量巨大。机器人操作系统（ROS）能把这一复杂的开发过程简单化，技术人员可以将更多的精力放在算法模块的迭代上，不需要关心具体配置管理、部署运行、底层通信等功能。

ROS 是一个运行在 Linux 上的中间件，能够连接操作系统和机器人应用程序。ROS 实际上相当于一个软件工具集，采用分布式架构，可将多个单独设计的节点组合起来并同时运行。各个节点可实现各种不同的功能，并通过 ROS 这一桥梁实现相互通信。ROS 能给开发者提供可视化界面工具，包含 Gazebo、rviz 等仿真和调试工具以及各种基础程序包。此外，ROS 是一个独立于语言的框架，它提供硬件抽象、底层设备控制、常用功能的实现、进程之间的消息传递和包管理。ROS 促进了不同硬件的代码重用，为开发者提供了大量可用的库。

本书注重理论与实践相结合，理论部分讲解 ROS 的基础知识，包括编程基础、Linux 入门基础知识和 ROS 相关基础知识；实践部分设置了不同类型的应用，并配有相关代码，帮助读者深入理解 ROS 知识，并应用于实践。

本书共有 11 章，可以分为三个部分。

第一部分（第 1～6 章）是 ROS 基础。第 1 章是 ROS 简介，主要包括 ROS 的概念和本书配套的代码。第 2 章介绍了编程基础知识，主要包括 C++基础知识和 Python 基础知识两部分，着重于对 C++和 Python 的一些基础概念以及基本使用方法的讲解。第 3 章介绍了 ROS 的架构和一些重要概念，主要包括 ROS 三个系统层级的介绍。第 4 章介绍了安装 Ubuntu 和 ROS 的方法，包括 Ubuntu 的安装步骤、Linux 的常用操作命令和 ROS 的安装与测试。第 5 章介绍了 ROS 编程的基础知识，主要包括创建工作空间、创建功能包、使用 ROS 节点、ROS 节点交互、使用参数服务器以及创建节点等。第 6 章介绍了 ROS 常用工具，包括 Qt 工具箱、rviz 三维可视化平台、Gazebo 仿真环境、rosbag 工具以及 TF 工具等。

第二部分（第 7～10 章）设置了不同类型的应用实例及实验，帮助读者掌握并使用 ROS。第 7 章是 ROS 基础应用实例，主要包括遥控小海龟运动、Ublox-GPS 模块的使用及坐标转换、多传感器数据同步和基于 G29 的移动机器人遥操作实验。第 8 章介绍了机器视觉应用的实例，主要包括相机驱动安装、相机内参标定、人脸识别、光流模块的测速及定位实验和基于 Autoware 的目标检测实验。第 9 章介绍了机器语音和深度学习的实例。第 10 章介绍了 ROS 机器人仿真实验实例，包括机器人模型构建与仿真（URDF）、MoveIt！的使用和 Hector 四旋翼无人机仿真。

第三部分（第 11 章）介绍了新一代机器人操作系统 ROS-2，涉及 ROS-2 的基础、通信和安装。

本书在编写过程中得到了南京航空航天大学的领导和相关老师的大力支持，作者所在的自动化学院野外机器人实验室的于浩楠、欧邦俊、马鑫烨、冀徐芳、郑宇宏、阚宇超、吕查德、高唱、陶晓东等同学在本书撰写和校对时做了大量的工作，大家的共同努力才使本书能够呈现在读者的面前，在此对他们表示诚挚的感谢。本书在编写过程中参考了大量国内外相关著作、教材及案例，涉及的内容已经尽可能地在参考文献中列出，在此，对这些专家学者表示最真诚的感谢，如有遗漏，敬请谅解。

由于 ROS 涉及的知识面非常广泛，但本书作者水平与视野有限，因此书中难免存在错误或不妥之处，欢迎读者批评指正。

编著者

目　　录

第1章 ROS简介

机器人开发涉及机械、控制、计算机、人工智能等多交叉学科知识，为了更高效地进行机器人的研究，选择一个通用的开发框架十分必要。机器人操作系统（ROS）提供构建机器人应用程序的软件库和工具集，为机器人项目提供开源的开发框架，将复杂的开发过程简单化。本章将带领大家了解ROS的发展历程，让我们开启ROS之旅吧！

1.1 ROS初识

1.1.1 ROS是什么

2007年11月，斯坦福大学人工智能实验室和机器人技术公司（Willow Garage）提交第一个ROS项目。该项目研发的机器人在ROS框架上能够像人一样感知并实现自我控制，完成叠衣服、做早饭等日常工作。2008年后，ROS由Willow Garage维护，2013年后移交给开源机器人基金会（Open Source Robotics Foundation）管理维护。2010年3月，Willow Garage公布ROS框架源码，并很快在机器人研究领域掀起了ROS开发与应用的热潮。在短短几年的时间里，各大机器人平台几乎都支持ROS框架。

ROS是Robot Operating System的英文缩写，通常称为“机器人操作系统”，但是它并不是一个真正的操作系统，而是一个面向机器人的元操作系统（Meta-operating System）。它提供类似传统操作系统的诸多功能：硬件抽象描述、底层驱动程序管理、通用功能实现、进程间消息传递、程序包管理等，它也提供一些可视化和调试机器人数据的软件工具，极大地简化了繁杂多样的机器人平台下复杂任务的创建与稳定行为的控制。

设计者将ROS表述为“ROS = Plumbing + Tools + Capabilities + Ecosystem”，即ROS是通信机制、工具软件包、机器人高层技能以及机器人生态系统的集合体，如图1-1所示。

图1-1 ROS的表述

1.1.2 ROS的特点

在ROS之前开展的机器人研究，大多数软件都是自己的机器人所独有的。这些软件可能是开源的，但是很难实现代码的复用。ROS最初的设计目标就是提高机器人研发中软件的复用率，框架中每个模块都可以被单独设计、编译，并且在运行时以松散耦合的方式结合在一起。

与现有的机器人框架相比，ROS具有以下特点。

1）**点对点的设计**：节点是ROS编程基础中一个重要的概念，在ROS中每个进程都以一个节点的形式运行，可以分布于多个不同的主机。节点间的消息通过一个带有发布和订阅功能的传输系统从发布节点传送到接收节点。这种点对点的设计可以分散实现复杂功能时带来的实时计算的压力。

2）**多语言支持**：为了支持更多应用的移植和开发，ROS 通信框架可以轻松地以各种现有的编程语言实现。ROS 中使用简洁、中立的定义语言描述模块之间的消息接口，同时也允许消息接口的嵌套使用。目前已经支持 Python、C++、Java、Octave 和 LISP 等多种不同的语言。

3）**库集成**：ROS 具有许多第三方机器人库的接口，如开源计算机视觉（Open-CV）、点云库（PCL）、Open-NI、Open-Rave 和 Orocos。开发人员可以使用这些库。

4）**组件化工具包丰富**：ROS 可以采用组件化方式集成一些工具和软件到系统中并作为一个组件直接使用，如 rviz（3D 可视化工具），开发人员根据 ROS 定义的接口在其中显示机器人模型等，组件还包括仿真环境和消息查看工具等。

5）**协作开发**：ROS 是开源的，遵照的 BSD 许可给使用者较大的自由，允许修改和重新发布其中的应用代码，开发人员可以通过添加功能包来扩展 ROS 的功能。

1.1.3　ROS 发行版

ROS 发行版与 Linux 发行版类似，是 ROS 功能包的版本化。每个发行版为开发人员提供稳定的核心包与代码库以及固定的维护。

到 2023 年为止，ROS 已经发布了如表 1-1 所示的多个版本。

表 1-1　ROS 的发行版本

ROS 名称	发 布 时 间	发 布 者	标 志	EOL 日期
ROS Noetic Ninjemys (Recommended)	2020.5.23			2025.5 (Focal EOL)
ROS Melodic Morenia	2018.5.23			2023.5 (Bionic EOL)
ROS Lunar Loggerhead	2017.5.23			2019.5
ROS Kinetic Kame	2016.5.23	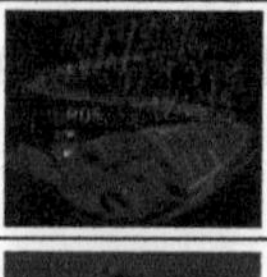		2021.4 (Xenial EOL)
ROS Jade Turtle	2015.5.23			2017.5
ROS Indigo Igloo	2014.5.23			2019.4 (Trusty EOL)

（续表）

ROS 名称	发 布 时 间	发　布　者	标　　志	EOL 日期
ROS Hydro Medusa	2013.9.4			2015.5
ROS Groovy Galapagos	2012.12.31			2014.7
ROS Fuerte Turtle	2012.4.23			—
ROS Electric Emys	2011.8.30			—
ROS Diamondback	2011.3.22			—
ROS C Turtle	2010.8.2			—
ROS BOx Turtle	2010.3.2	 :::Box Turtle		—

本书选择的 ROS 版本是 2018 年发布的长期支持版本——ROS Melodic Morenia，这也是 ROS 发布的第 12 个版本，ROS 官方称将为该版本提供长达 5 年的支持与服务，并保证其与 Ubuntu18.04 长期支持版的生命周期同步。

1.2　本书的 ROS 资源

本书涉及的代码以及相关资料均放在 GitHub 中托管，链接为 https://github.com/Field Robotics Laboratory/ROS_book。

可以使用以下命令下载源码以开始后续的学习。

```
$ git clone https://github.com/FieldRoboticsLaboratory/ROS_book.git
```

1.3　本章小结

本章介绍了 ROS 的起源背景、设计目的和框架特点。本书还提供所有可实践的源码，可以帮助读者用 ROS 搭建丰富的机器人应用功能。

第 2 章　编程基础知识

相较于其他编程语言，在 ROS 中使用的编程语言主要是 C++和 Python，因此我们将通过两个小节的篇幅简单介绍这两种编程语言及其最重要的特点。建议有 C++与 Python 基础的读者仍然可以阅读一下这两个章节，熟悉一下这两种编程语言在 ROS 中的运用。

本章首先简单介绍 C++，主要讲解 C++最重要的一些基础概念以及 C++基本使用方法，然后介绍 Python 的相关知识和使用方法。

2.1　C++基础知识

在介绍 C++前，我们先对 C 语言进行简单概括。C 语言是面向过程的结构化和模块化的语言。在处理较小规模的程序时，程序员用 C 语言较为得心应手。但是当问题比较复杂、程序的规模比较大时，结构化程序设计方法就显出它的不足。程序员必须细致地设计程序中的每一个细节，准确地考虑程序运行时每一时刻发生的事情，例如，各个变量的值是如何变化的？什么时候应该进行哪些输入？在显示器上应该输出什么？等等。这对程序员的要求是比较高的，如果面对的是一个复杂问题，程序员往往感到力不从心。当初提出结构化程序设计方法的目的是解决软件设计危机，但是这个目标并未完全实现。

20 世纪 80 年代有人提出了面向对象编程的思想，这就需要设计出能支持面向对象编程的新语言。在实践中，人们发现由于 C 语言是如此深入人心，使用如此广泛，以至于最好的办法不是另外发明一种新的语言去代替它，而是在它原有的基础上加以发展。在这种形势下，C++应运而生，并且在 C 的后面添加自加符号++来表示这是 C 语言的增强版，我们也可以称 C++为带类的 C 语言。

由于 C++这种面向对象编程的便捷性更加符合机器人开发的要求，因此 ROS 作为以普适性为目的的机器人平台自然也就将 C++作为主要的编程语言之一。本章接下来将介绍一些 C++的基础知识。

2.1.1　在 Linux 中使用 C++

Ubuntu 是 Linux 的一个发行版本，其中自带一个内置的 C/C++编译器，称为 GCC/G++。GCC 即为 GNU Compiler Collection 的缩写，译为 GNU 编译器套件，它包括 C、C++、Objective-C、Fortran、Ada 和 Go 的编译器以及这些语言的库。本章代码需要在计算机中预装 Linux 才能运行，请读者参考第 4 章内容，安装相应版本的 Ubuntu。

1）GCC 和 G++编译器

最新版本的 Ubuntu 中预装了 C/C++编译器，其中 C 语言的编译器是 GCC，C++的编译器是 G++。在桌面或是文件夹空白处右击，然后选中在终端中打开，或是使用 Ctrl+Alt+t 组合键，即可打开一个终端。终端也是 Linux 操作的重要工具，希望读者可以牢记该操作，以方便之后的学习使用。在打开的终端中先输入 gcc，然后按回车键，接着输入 g++，然后按回车键，出现的界面如图 2-1 所示。

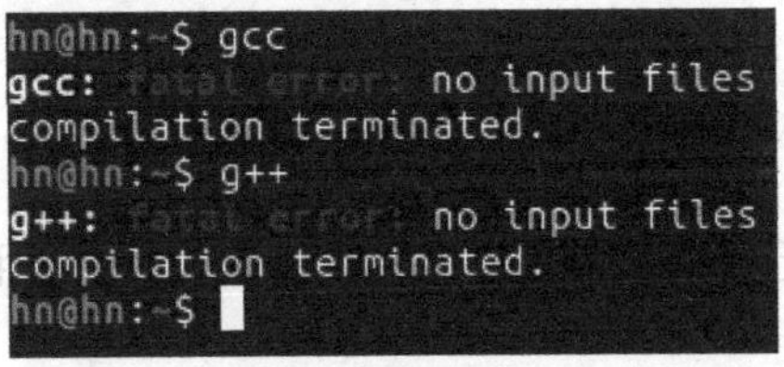

图 2-1　在终端中测试 gcc 和 g++命令

如果没有得到图 2-1 中的信息，则代表系统没有预装这些编译器，可以使用 Linux 中安装软件的 apt-get 命令来安装这些编译器，接下来我们将进行详细介绍。

2）安装 C/C++编译器

首先，需要打开终端并使用如下命令从软件库中更新 Ubuntu 软件包列表：

```
$ sudo apt-get update
```

然后安装 C/C++编译器需要的两个依赖包：

```
$ sudo apt-get install build-essential manpages-dev
```

build-essential 包和许多其他基础包有关，它们共同用于 Ubuntu 中的软件开发。最后安装 C/C++编译器，命令如下：

```
$ sudo apt-get install gcc g++
```

3）验证安装

安装完前面的包之后，可以在终端中使用如下命令查看编译器的安装路径、使用说明页：

```
$ whereis gcc
$ whereis g++
```

使用下面命令可以查看 GCC 编译器的版本号：

```
$ gcc --version
$ g++ --version
```

图 2-2 显示了以上命令的输出。

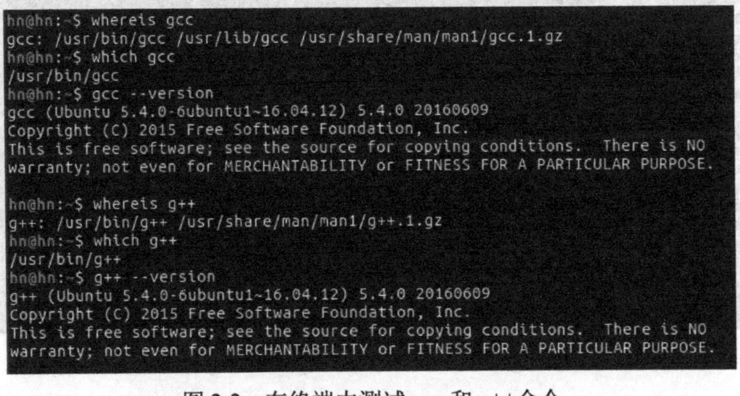

图 2-2　在终端中测试 gcc 和 g++命令

4）GNU 项目调试器——GDB

调试器是一个可以运行和控制另一个程序的程序，通过检查每一行代码来检查程序的问题或 bug。Ubuntu 自带一个称为 GNU Debugger 的调试器，简称 GDB，它是 Linux 中最流行的 C 和 C++程序调试器之一。

5）安装 GDB

最新版本的 Ubuntu 中已经安装了 GDB。如果用户正在使用其他版本，可以使用如下命令安装 GDB：

```
$ sudo apt-get install gdb
```

6）验证安装

可以使用如下命令检查 GDB 是否已经准确安装在计算机中：

```
$ gdb
```

如果安装成功，则会显示如图 2-3 所示的信息。

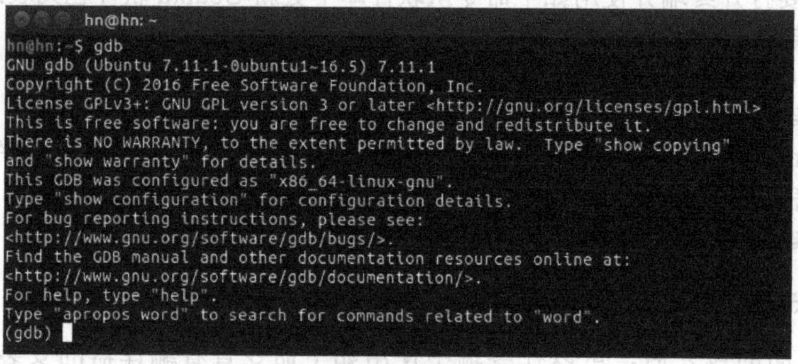
hn@hn: ~
hn@hn:~$ gdb
GNU gdb (Ubuntu 7.11.1-0ubuntu1~16.5) 7.11.1
Copyright (C) 2016 Free Software Foundation, Inc.
License GPLv3+: GNU GPL version 3 or later <http://gnu.org/licenses/gpl.html>
This is free software: you are free to change and redistribute it.
There is NO WARRANTY, to the extent permitted by law. Type "show copying"
and "show warranty" for details.
This GDB was configured as "x86_64-linux-gnu".
Type "show configuration" for configuration details.
For bug reporting instructions, please see:
<http://www.gnu.org/software/gdb/bugs/>.
Find the GDB manual and other documentation resources online at:
<http://www.gnu.org/software/gdb/documentation/>.
For help, type "help".
Type "apropos word" to search for commands related to "word".
(gdb)

图 2-3 测试 gdb 命令

在如图 2-3 所示的界面中，可以发现最后一行并不是正常终端操作命令执行后的初始行，也就是并没有出现之前操作命令按回车键执行后界面中绿色字体的标识符。这是因为当前操作命令仍然在执行，并没有结束，此时读者输入 quit 并按回车键结束 gdb 命令的执行，如图 2-4 所示。

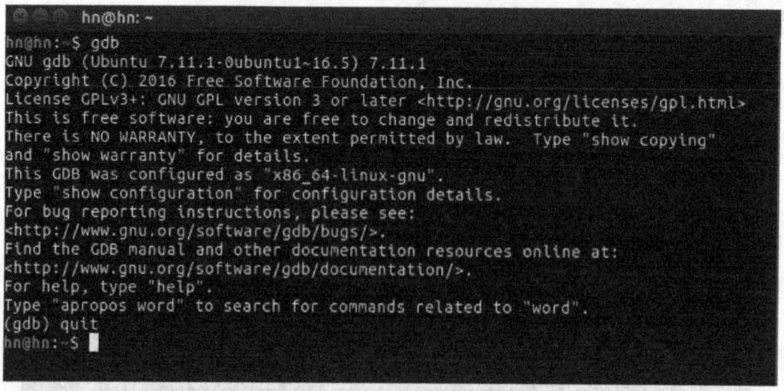
hn@hn: ~
hn@hn:~$ gdb
GNU gdb (Ubuntu 7.11.1-0ubuntu1~16.5) 7.11.1
Copyright (C) 2016 Free Software Foundation, Inc.
License GPLv3+: GNU GPL version 3 or later <http://gnu.org/licenses/gpl.html>
This is free software: you are free to change and redistribute it.
There is NO WARRANTY, to the extent permitted by law. Type "show copying"
and "show warranty" for details.
This GDB was configured as "x86_64-linux-gnu".
Type "show configuration" for configuration details.
For bug reporting instructions, please see:
<http://www.gnu.org/software/gdb/bugs/>.
Find the GDB manual and other documentation resources online at:
<http://www.gnu.org/software/gdb/documentation/>.
For help, type "help".
Type "apropos word" to search for commands related to "word".
(gdb) quit
hn@hn:~$

图 2-4 gdb 命令测试后输入 quit 结束 gdb 命令

在下一节中，我们将在 Ubuntu 中编写第一个 C++程序，然后编译并调试它，以找到程序中的错误。

7）编写第一个程序

下面我们开始在 Ubuntu 中编写第一个程序。用户可以使用 Ubuntu 中的 gedit 或 nano 终端文本编辑器来编写程序。gedit 是 Ubuntu 中一个常用的 GUI 文本编辑器，更加符合长期使用 Windows 下的 Office 操作模式的人的使用习惯，因此这里我们使用 gedit 来编写 Ubuntu 中的第一个程序。

在 Ubuntu 搜索中查找 gedit（见图 2-5），然后单击打开该文本编辑器。

图 2-5　在 Ubuntu 搜索中查找 gedit

或者也可以在终端中直接输入 gedit，然后按回车键打开 gedit，如图 2-6 所示。可见终端在 Linux 中的重要性，为了养成习惯，建议读者使用终端打开 gedit。

图 2-6　使用终端打开 gedit

打开 gedit 后，可看到如图 2-7 所示的界面。

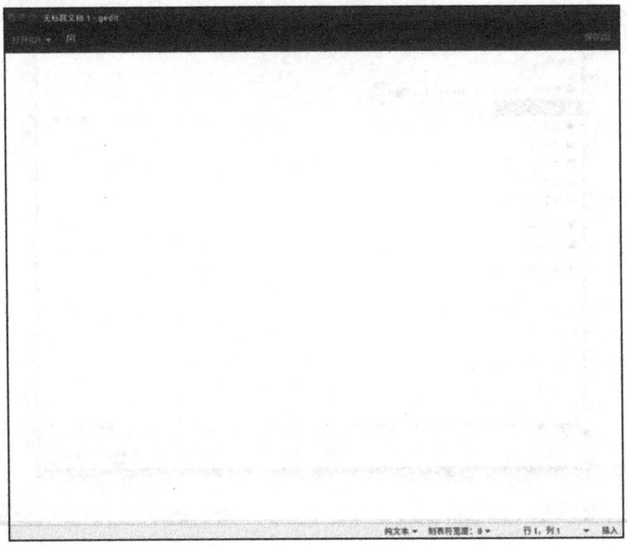

图 2-7　gedit 界面

gedit 非常类似于 Windows 中的 Notepad 或者 WordPad，页面十分简洁，除少数几个文件保存打开按钮外就只有书写界面，我们将在 gedit 中编写第一个 C++程序。

将下列内容输入打开的 gedit 界面中：

```
#include <iostream>
using namespace std;
int main()
{
 cout<<"Nice to meet you, ROS."<<endl;
 return 0;
}
```

图 2-8 显示了在 gedit 中编写的第一个 C++程序。

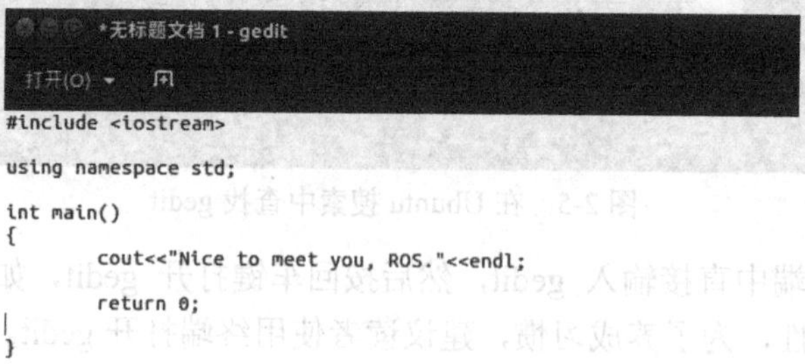

图 2-8　在 gedit 中编写程序

在 gedit 中编写完程序后，保存为 Hello ROS.cpp。需要注意的是，这里的.cpp 必须由读者自己手动输入，而不是像 Windows 中有下拉菜单可以选择文件的保存格式，这也是 Linux 的文件命名特点。

图 2-9　gedit 保存界面

保存完毕后，可以发现在 gedit 的界面中我们刚才输入的程序变成了彩色，如图 2-10 所示，这就表明该文件已经被成功保存为.cpp 格式。

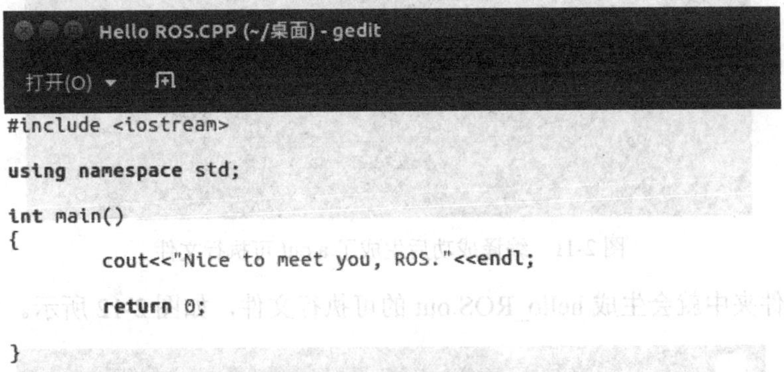
Hello ROS.CPP (~/桌面) - gedit
打开(O)
#include <iostream>
using namespace std;
int main()
{
cout<<"Nice to meet you, ROS."<<endl;
return 0;
}

图 2-10　保存为.cpp 文件后的 gedit 界面

8）代码解释

Hello ROS.cpp 里代码的功能是将消息“Nice to meet you, ROS.”打印到显示器上。代码中的第一行“#include <iostream>”是一个 C++头文件，其中包含最常用的输入/输出函数，例如，从键盘输入一段字符或者将指定内容输出到显示器上的 cin 与 cout 函数就是最典型的代表。在这个程序中，我们只使用了 cout 函数来输出消息，所以有 iostream 作为头文件就足够了。接下来的第二行则声明了使用了命名空间 namespace std。

命名空间是 C++中的一个特性，用于对一组实体进行分组。iostream 库中使用 std 定义命名空间。当我们使用命名空间 namespace std 时，可以访问 std 命名空间中包含的所有函数或其他实体，例如，cout 和 cin 等函数。如果我们不使用这行代码，则必须在函数前面添加 std::，用于访问该命名空间中的函数；例如，std::cout 是一个打印消息的函数。

在讨论了头文件和其他代码之后，我们可以讨论主函数中包含的内容了。我们使用 cout<<"Nice to meet you, ROS."<<endl；打印出一条消息。endl 表明在打印消息后换行，消息打印完毕后，函数返回 0 并退出程序。在本章稍后的内容中我们会更加详细地分析 C++的一些基础知识在 ROS 中的使用。

9）代码编译

保存代码之后，我们的.cpp 文件仍然只是个文本文档，并不是可执行的程序，因此需要对这个文档进行编译，将里面的代码生成可执行文件。下面的例程将帮助读者完成代码编译的步骤。

可以重新打开一个新终端，并使用如下命令将终端路径切换到保存代码的文件夹下。在本例中，我们将代码保存到/home/桌面文件夹中。在终端中使用如下命令切换目录和代码编译，编译结果如图 2-11 所示。

```
$ cd ~/桌面
$ g++ HELLO\ ROS.cpp
```

在当前文件夹中可以看到生成了一个新的文件 a.out，这是编译生成的可执行文件，文件名称由系统默认生成，如需生成特定名称的可执行文件，我们可以使用如下命令：

```
$ g++ HELLO\ ROS.cpp -o hello_ROS
```

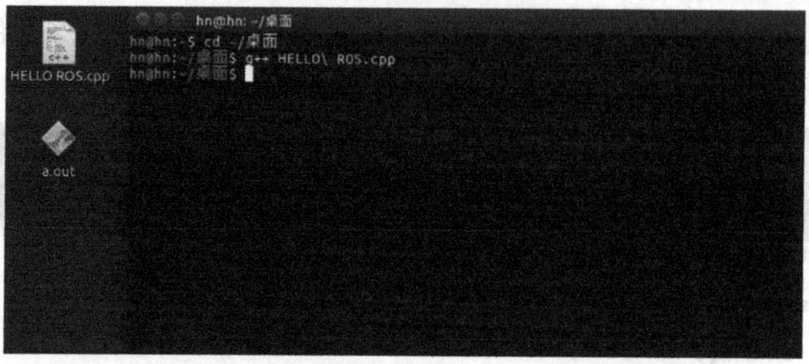

图 2-11　编译成功后生成了 a.out 可执行文件

此时在文件夹中就会生成 hello_ROS.out 的可执行文件，如图 2-12 所示。

图 2-12　编译生成指定名称的可执行文件

在终端中输入以下命令，运行生成好的可执行文件：

$ ./hello_ROS

此时显示器上会输出“Nice to meet you, ROS.”的字符串，表示程序运行成功，如图 2-13 所示。

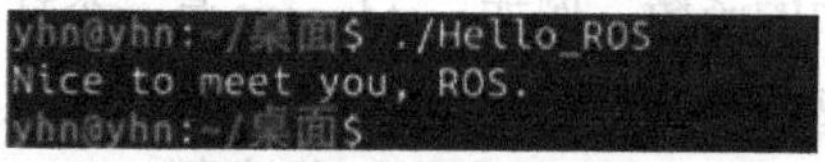

图 2-13　输出字符串

10）调试代码

使用调试器可以遍历每一行代码并检查每个变量的值。将下面的代码按照之前的方法通过 gedit 来生成相应的.cpp 文件，输入代码后保存为 SUM.cpp 文件。

```
#include <iostream>
using namespace std;
int main()
{
int Num1 = 1;
int Num2 = 2;
int Sum = Num1 + Num2;
cout<< "Sum=" <<Sum<<endl;
return 0;
}
```

生成.cpp 文件后就要对其进行编译了，而为了要调试/检查每一行代码，我们在编译时必须使用调试符号（-g）编译代码，并使其能适用于 GDB 调试。具体的编译命令如下：

```
$ g++ -g SUM.cpp -o SUM
```

通过以下命令执行它，运行结果如图 2-14 所示。

```
$. /SUM
```

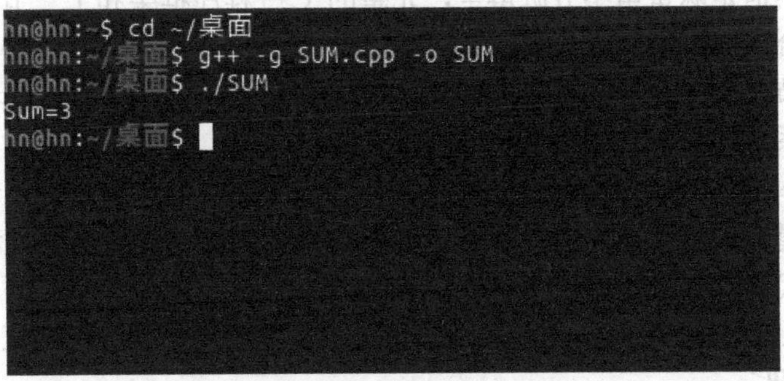
hn@hn:~$ cd ~/桌面
hn@hn:~/桌面$ g++ -g SUM.cpp -o SUM
hn@hn:~/桌面$ ./SUM
Sum=3
hn@hn:~/桌面$

图 2-14　编译并运行 SUM

可执行文件创建成功后，可以通过以下命令对其进行调试：

```
$ gdb SUM
```

其中，SUM 是可执行文件的名称，输入命令后，需使用 GDB 的操作命令进行代码调试。以下是常用的几个 GDB 的操作命令，具体解释如下：

（1）b line_number：在给定行号处创建断点。在调试时，调试器会在这个断点处停止。

（2）n：运行下一行代码。

（3）r：运行程序到断点位置。

（4）p variable_name：打印变量的值。

（5）q：退出调试器。

让我们来使用这些命令，命令的输出结果如图 2-15 所示。

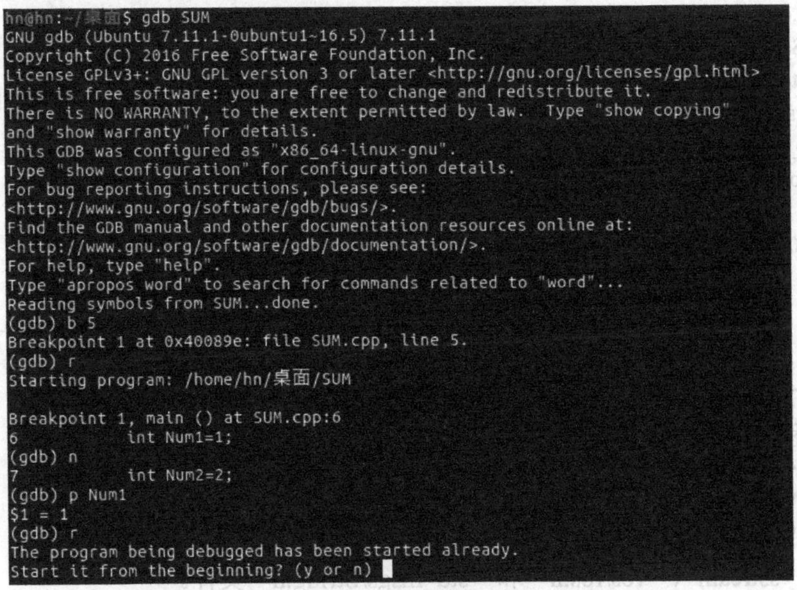
hn@hn:~/桌面$ gdb SUM
GNU gdb (Ubuntu 7.11.1-0ubuntu1~16.5) 7.11.1
Copyright (C) 2016 Free Software Foundation, Inc.
License GPLv3+: GNU GPL version 3 or later <http://gnu.org/licenses/gpl.html>
This is free software: you are free to change and redistribute it.
There is NO WARRANTY, to the extent permitted by law. Type "show copying"
and "show warranty" for details.
This GDB was configured as "x86_64-linux-gnu".
Type "show configuration" for configuration details.
For bug reporting instructions, please see:
<http://www.gnu.org/software/gdb/bugs/>.
Find the GDB manual and other documentation resources online at:
<http://www.gnu.org/software/gdb/documentation/>.
For help, type "help".
Type "apropos word" to search for commands related to "word"...
Reading symbols from SUM...done.
(gdb) b 5
Breakpoint 1 at 0x40089e: file SUM.cpp, line 5.
(gdb) r
Starting program: /home/hn/桌面/SUM
Breakpoint 1, main () at SUM.cpp:6
6 int Num1=1;
(gdb) n
7 int Num2=2;
(gdb) p Num1
$1 = 1
(gdb) r
The program being debugged has been started already.
Start it from the beginning? (y or n)

图 2-15　调试 SUM

接下来就要介绍 C++最大的特点，即面向对象编程，也是与 C 语言最大的区别。

2.1.2 从实例中学习 C++

在上一节中，我们已经完成了一个最简单的 C++程序在 Linux 中的调试。虽然程序只有几行，十分简单，但是麻雀虽小五脏俱全，完整的 C++程序框架和上一节的程序基本相同。接下来我们将结合 ROS 中更接近实际使用情况的一段程序来进行 C++基础知识的讲解。由于篇幅限制，本节的讲解相对来说比较概括，更多有关 C++的知识建议读者参考专门的 C++教学书籍，进行系统的 C++知识学习。

接下来就是本节作为示例的程序，这个程序在 ROS 中的作用是一个话题的发布者，读者暂时不需要知道话题以及发布者是什么，在这一节中主要需要关注的是程序段中的一些语法与固定格式所代表的含义。

```
#include <sstream>
#include "ros/ros.h"
#include "std_msgs/String.h"
int main(int argc, char **argv)
{
  ros::init(argc, argv, "talker");
  ros::NodeHandle n;
   ros::Publisher chatter_pub = n.advertise<std_msgs::String>("chatter", 1000);
   ros::Rate loop_rate(10);
  int count = 0;
  while (ros::ok())
  {
  std_msgs::String msg;
    std::stringstream ss;
    ss << "hello world " << count;
    msg.data = ss.str();
    ROS_INFO("%s", msg.data.c_str());
    chatter_pub.publish(msg);
    ros::spinOnce();
    loop_rate.sleep();
    ++count;
  }
  return 0;
}
```

1）头文件

该示例程序的前三行：

```
#include <sstream>
#include "ros/ros.h"
#include "std_msgs/String.h"
```

代表包含了“sstream”、“ros/ros.h”和“std_msgs/String.h”文件。

许多程序都要使用系统提供的库函数，而 C++又规定在调用函数前必须对被调用的函数进行原型声明，如果由用户来完成这些工作，是非常麻烦和枯燥的，而且容易遗漏和出错。现在，库函数的开发者把这些信息写在一个文件中，用户只需要将该文件"包含"进来即可（如调用数学函数，则应包含 cmath 文件），这就大大简化了程序，写一行#include 命令的作用相当于写几十行、几百行甚至更多行的内容。这种常用在文件头部的被包含的文件称为"头部文件"("头文件")。

头文件一般包含以下几类内容。

（1）对类型的声明。包括自定义类型和类（class）的声明。

（2）函数声明。例如，系统函数库包含了各类函数，在程序中要使用这些函数就要对其进行原型声明。为方便用户使用，可以将同一类的函数的原型声明集中在一个头文件中（如头文件 cmath 集中了数学函数的原型声明），用户只要包含了此头文件，就可以在程序中使用该类函数。应特别说明，函数的定义是不放在头文件中的，而是放在函数库中或单独编译成目标文件，在编译链接阶段与用户文件链接组成可执行文件。

（3）内置（inline）函数的定义。由于内置函数的代码是要插入用户程序中的，因此它应当与调用它的语句在同一文件中，而不能分别放在不同的文件中。

（4）宏定义。用#define 定义的符号常量和用 const 声明的常变量。

（5）全局变量定义。

（6）外部变量声明。如"extern int a;"。

（7）还可以根据需要包含其他头文件。

不同的头文件包括以上不同的信息，提供给程序设计者使用，程序设计者不用自己重复书写这些信息，只需用一行 include 命令就把这些信息包含到本文件了，显著提高了编程效率。由于有了#include 命令，就可以把不同的文件组合在一起，形成一个文件。因此说，头文件是源文件之间的接口。

前面已经说明，各种 C++编译系统都提供了许多系统函数和宏定义，相关函数的声明则分别存放在不同的头文件中。如果要调用某一个函数，就必须用#include 命令将有关的头文件包含进来。C++库除了保留 C 的大部分系统函数和宏定义，还增加了预定义的模板和类。但是不同编译系统的 C++库内容不完全相同，由各编译系统自行决定。新的 C++标准库中的头文件不再包括后缀.h，例如：

```
#include <string>
```

但为了使大批已有的 C 程序能继续使用，许多 C++编译系统保留了 C 的头文件，如 C++中提供的 cmath 头文件，其中第一个字母 c 表示它是继承标准 C 形式的头文件。也就是说，C ++提供两种不同形式的头文件，由程序设计者选用。例如：

```
#include <math.h>                    //C 形式的头文件
#include <cmath>                     //C++形式的头文件
```

这两种形式的头文件的效果是一样的。建议读者尽量用符合 C++标准的形式，即在包含 C++头文件时一般不用后缀。如果用户自己编写头文件，可以用.h 作为后缀。这样从#include 命令中即可看出哪些头文件是属于 C++标准库的，哪些头文件是用户自编或别人提供的。

2）命名空间

对比上一节中的 C++示例程序，命名空间这一知识点在本节示例程序中并没有出现，但是这并不代表命名空间在 C++中不重要。

所谓命名空间，实际上就是一个由程序设计者命名的内存区域。程序设计者可以根据需要指定一些有名称的空间域，把一些全局实体分别放在各个命名空间中，从而与其他全局实体分割开来。用比较通俗的话来说就是，一个完整的工程程序不太可能由一个人单独完成。通过头文件包含的形式可以在其他程序文件中使用别人编写的程序，但是在分工编写的情况下很容易会出现变量、函数或是类的名称重复的情况。当出现两份有相同定义的文件都被包含的情况时，整个工程在编译时就会无法分辨出接下来使用的变量函数等是由哪个头文件定义的。因此，命名空间的作用就是对这些相同名称但内容与使用情况不同的实体加上限定区域，以防止编译时系统因为名称重复而区分不出所应当使用的变量函数等。除了变量函数，实体的范围还包括常量、结构体、类、模板以及命名空间（即命名空间的定义可以嵌套在另一个命名空间内）。

知道了命名空间的作用，接下来就是要知道如何使用命名空间了。定义两个数求和的程序作为例子，新建两个名为 Header1.h 和 Header2.h 的头文件：

```
#include <iostream>
using namespace std;
int Num1 = 1;
int Num2 = 2;
int Sum = Num1 + Num2;
```

```
#include <iostream>
using namespace std;
int Num1 = 3;
int Num2 = 4;
int Sum = Num1 + Num2;
```

我们将这两个程序分别放入两个 gedit 中编辑，并新建一个名为 main.cpp 的源程序，如下所示：

```
#include<iostream>
#include "Header1.h"
#include "Header2.h"
using namespace std;
int main()
{
  cout<<"Sum="<<Sum<<endl;
  return 0;
}
```

该文件编译到 cout<<"Sum="<<Sum<<endl; 时，系统会无法区分出这里输出的 Sum 是哪个文件中的 Sum，产生错误使得编译无法通过。但是我们将两个头文件内容加上命名空间稍作修改就可以解决这个问题。修改方式如下：

```
#include <iostream>
using namespace std;
namespace ns1
{
int Num1 = 1;
int Num2 = 2;
int Sum = Num1 + Num2;
}
```

```
#include <iostream>
using namespace std;
namespace ns2
{
int Num1 = 3;
int Num2 = 4;
int Sum = Num1 + Num2;
}
```

主要的差别就在于使用 namespace 关键字，并将其命名为 ns1 和 ns2。此时主程序则相应地修改为：

```
int main()
{
cout<< "Sum=" <<ns1::Sum<<endl;
return 0;
}
```

通过在 Sum 前加上命名空间限定变成 ns1::Sum 就可以让系统区分出使用的实体是属于哪个命名空间了。

当然，这种方法在一个程序需要多次引用命名空间实体成员时会很麻烦，因此 C++中有几种方法来简化这种操作。

第一种方法是给命名空间起一个别名，用较短的名称来代替较长的名称。例如，将命名空间：

```
namespace Keyboard
{...}
```

通过以下格式简化：

```
namespace KB = Keyboard;
```

此时即可用 KB 来代替 Keyboard 进行使用。

第二种方法就是在使用该变量前提前声明，例如：

```
using ns1::Sum;
```

在接下来的作用域中所有的 Sum 就都指的是 ns1::Sum。

第三种方法就是在程序开头使用以下语句：

```
using namespace ns1;
```

这就表示接下来有可能产生编译错误的名称冲突实体都是来自 ns1 命名空间的实体。

除了普通的命名空间使用方法，还有比较普遍的命名空间使用方法，那就是标准命名空间 std 的使用，也就是程序中：

```
using namespace std;
```

所声明的标准命名空间。标准 C++库的所有的标识符都是在一个名为 std 的命名空间中定义的，或者说标准头文件（如 iostream）中函数、类、对象和类模板是在命名空间 std 中定义的。近年来提供的 C++标准库，都在命名空间 std 中声明。

3）函数定义

在确定完头文件包含与命名空间后，就要正式进入程序最重要的部分——函数的定义。函数的英文是 function，程序的完成主要依靠各个函数的功能。在示例程序中，实际定义的只有一个主函数，也就是：

```
int main(int argc, char **argv)
{...}
```

从第一行我们可以看到 C++中定义函数的格式，首先是函数的返回值类型，也就是 int 关键字，表示 main 函数执行结束后会返回一个整型值作为函数的执行结果。接下来就是函数名，示例中的函数名是 main 函数，关于 main 函数的用途会在之后详细说明。普通的函数名一般是根据函数的功能来命名的，通过函数名就能够看出该函数所能完成的功能，例如，将求和函数命名为 sum 等。在函数名确定之后，就要确定函数执行功能所需要的参数个数与参数类型了，也就是括号中的 int argc, char **argv 部分。这里一共有两个参数，一个是整型数据 argc，另一个是字符型数据**argv。程序设计者根据程序的需要去确定函数需要的参数个数与参数类型，然后在调用该函数时将实际参数传递给函数。当然也存在不需要参数的函数，这时的函数定义部分把括号内的参数部分用 void 代替，或者将函数类型改为 void，后者定义的函数不仅不需要参数，函数也没有返回值。最后的花括号中就是函数的主体了，包括声明部分与执行语句，也就是其他函数的调用与对参数的运算等语句。

现在将着重介绍主函数，即 main 函数。任何一段可执行的 C++程序都需要一个主函数，而且有且只能有一个主函数，这就显示出主函数的重要性。那么为什么必须而且只能有一个主函数呢？那是因为所有的 C++程序都是从主函数开始执行的。其他实体的定义可以在主函数之外，但是如果不在主函数内调用定义的实体，那么这些实体就只是定义了名称和作用，却无法发挥实体本身应有的功能。而如果有多个主函数，那么系统就会无法分辨应当从哪个主函数开始执行程序，导致程序逻辑混乱，因而系统不会使这样的程序通过编译。知道主函数的作用后，接下来就需要了解主函数如何使用。归根结底，主函数也是函数，它的定义也符合函数定义的要求，即有函数返回值类型、函数名及参数，只不过函数返回值类型固定为 int，函数名固定为 main，而参数在 ROS 中的大多数情况下固定为 argc 与**argv，argc 代表参数的数量，**argv 代表参数本身。这里再将**argv 扩展一下，用于说明 C++中地址的基础知识。首先要知道的是，程序中的各种实体在定义之后都存储在某个存储空间中，而要知道是哪个存储空间，就必须要知道存储空间的代号，这些代号就是地址，又称为指针。例如，地址就好比居民居住地的门牌号，而*符号的作用就是通过门牌号去找到这些居民。参数 argv 前有两个*，我们先用括号将 argv 与第二个*放在一起，也就是变成*(*argv)形式。可以看出，参数(*argv)代表的是一个地址，而第一个*就是提取出(*argv)这个地址中所存储着的实体。括号中*argv 的分析也是如此，代表 argv 也是一个地址，通过*提取出这个地址中存储的变量，而这个变量也是个地址，需要再次通过*才能提取出真正需要使用的变量参数。

至此就分析完成了函数的定义格式和主函数的作用以及使用方法，接下来就要分析函数的具体使用方式。

4）函数调用

示例程序 main 函数的第一行，也就是整个程序主体部分的第一行：

```
ros::init(argc, argv, "talker");
```

就是对 ros::init()函数的一个调用。可以根据这个调用归纳出函数调用的一般形式为

```
函数名([实参表列])
```

如果是调用无参函数，则“实参表列”可以没有，但圆括号不能省略。如果实参表列包含多个实参，则各参数间用逗号隔开。实参与定义函数时的形式参数的个数应相等，类型应匹配。实参与形参按顺序对应，一对一地传递数据，之后再通过定义的函数功能进行参数的处理。

按函数在语句中的作用来分，可以有以下三种函数调用方式。

（1）函数语句

把函数调用单独作为一个语句，并不要求函数返回一个值，只是要求函数完成一定的操作。如示例程序中：

```
ros::spinOnce();
```

就是把 ros::spinOnce()函数作为一个语句的调用，并且不需要该函数返回一个操作结果，只需要该函数完成自身功能即可。

（2）函数表达式

函数出现在一个表达式中，这时要求函数返回一个确定的值以参加表达式的运算。如示例程序中：

```
msg.data = ss.str();
```

就是将函数 ss.str()的操作结果通过等号赋给左边的 msg.data，接下来就可以使用 msg.data 代替 ss.str()的结果进行运算了。

（3）函数参数

把函数调用作为一个函数的实参，也就是把一个函数的返回值作为另一个函数的参数，如示例程序中：

```
ROS_INFO("%s", msg.data.c_str());
```

就是将 msg.data.c_str()函数的返回值作为 ROS_INFO()函数的参数，通过 ROS_INFO()函数的函数体处理该返回值。

除了可使用上述三种方式调用函数，还有一个比较重要的函数使用注意点就是函数声明。所谓函数声明（declaration），就是在函数尚未定义的情况下，事先将该函数的有关信息通知编译系统，以便使编译能正常进行。由于主函数文件中往往只需要调用头文件中的函数，因此函数声明在 C++的头文件中出现比较多。在头文件中定义函数时也会调用其他函数，如果把其他函数的定义放在开头，那么阅读程序时就要先阅读完所有函数的定义。而往往头文件的作用是只需要知道最主体的函数作用即可，完全了解所有函数十分麻烦。因此更多情况下会将头文件中调用其他函数的函数定义放在开头，而其他函数的定义放在最后。但是开头没有函数定义会导致编译错误，因此在函数定义之前使用函数声明这个机制来防止错误情况的发生。函数声明的形式一般有以下两种：

```
（1）函数类型 函数名（参数类型 1，参数类型 2…）；
（2）函数类型 函数名（参数类型 1 参数名 1，参数类型 2 参数名 2…）；
```

这两种形式都与函数的定义形式相似，但是要注意的是，函数声明的程序行末尾是有分号“;”的，表明这是一行完整的语句，而函数定义之后是没有分号的。

至此，有关函数的相关知识就介绍完毕了。可以发现，示例程序中的 main 函数里基本都是对函数的调用，由此可见函数在 C++与 ROS 中的重要性了。

5）类的使用

本章开头提到，C++可以称为带类的 C 语言。示例程序中的第 6 行：

```
ros::init(argc, argv, "talker");
```

就是对 ros 类中的 init()函数进行调用，其中的“::”符号就是使用类的标识符之一，之后我们会对此做更详细的讲解。

那么什么是类呢？类是某些具有共同属性的对象的集合，而在编程中这些对象就是程序设计者所定义的变量函数等。当某些变量函数或其他实体在性质功能上有一定共同之处时，在 C++中就可以将其集合定义成为一个类。有一定编程基础的读者一定会觉得 C++的类和 C 语言的结构体十分类似。实际上两者虽然类似却也有着不同之处。最主要的区别就在于结构体只能定义不同的成员变量，而类除了可以定义多个成员变量，还可以声明不同成员函数，正如示例程序中的第 6 行，就是对类中定义的函数进行调用。类与对象的关系就和结构体与结构体变量的关系一样，通过一个类可以去定义若干同类的对象。

了解了什么是类之后，接下来就要知道如何使用类了。与变量函数一样，在使用类之前也要先对类进行定义，也就是定义类里有什么样属性的数据以及能够进行什么样操作的函数。以人这个类作为例子：

```
class People
 {
  int weight;
  int height;
  void walk()
  {
   cout<< "walkpeed = " <<height / weight<<endl;
  }
 };
People peopOne, peopTwo;
```

在这个类定义中，首先使用关键字 class 来表明这是在定义一个类，接着就是定义的这个类的名称 People，命名主要根据该类的使用功能来确定，与函数名的确定方法类似。同样地，与函数定义中花括号内的函数体类似，类名接下来的花括号内整个部分都称为类体，也是类最重要的部分。在这里，定义了两个整型数据成员 weight 和 height，以及一个对本类数据成员进行一定操作的 walk()函数。定义完类之后，使用该 People 类定义了两个对象 peopOne 和 peopTwo。但是这种方式的定义会产生一个问题，就是这个类中的数据成员和函数成员都无法被外界调用，也就是说按照示例程序中：

```
msg.data = ss.str();
```

这样的形式使用“peopOne. walk”调用 walk()函数是不可以的。因为按照上述 People 类的定义方式，其中的成员是与外界隔绝的，也就是使用这种形式定义的类是无法被外界使用的。虽然安全性能提高，但是显然违背了定义这个类的初衷。这种情况在 C++中被称为成员私有，如果想要外界能够调用对象的成员，就需要在类定义时将成员从私有定义为公有，这也是类与结构体的区别之一。

我们将上面 People 类的定义稍做修改：

```
class People
 {
 private:
   int weight;
   int height;
 public:
   void walk()
```

```
    {
    cout<< "Walkspeed =" <<height / weight<<endl;
    }
};
People peopThree;
```

按照加粗着重部分的英文意思可以看出，这里将两个数据成员 weight 和 height 声明为私有成员，而把函数成员 walk()声明为公有成员。这时就可以按照下列形式：

```
peopThree. walk()
```

来调用 peopThree 的 walk()函数。这里的 private 与 public 关键字称为成员访问限定符，通过使用不同的限定符可以将成员定义为不同的访问权限。类中有以下 3 种访问修饰符。

（1）public：一个 public 成员可以从类之外的任何地方访问。我们可以直接访问公共变量，而不需要编写其他辅助函数。

（2）private：使用该修饰符的成员变量或函数，不能从类外部被查看或访问。只有类和友元函数可以访问私有成员。

（3）protected：访问非常类似于 private 成员，但是不同的是 protected 的子类可以访问其成员。

有关子类等知识点会在之后进行介绍，接下来将先介绍类与对象中成员的使用方法。从上面的讲解中我们可以发现类的成员引用有两种格式，一种是使用“::”，另一种是使用“.”，这两种格式有一定的区别。

“::”是作用域限定符（field qualifer），也称为作用域运算符，用它声明函数是属于哪个类的。最重要的作用之一就是可以在类外定义成员函数。我们还是以 People 类为例：

```
class People
 {
 private:
   int weight;
   int height;
 public:
   void walk();
 };
void People::walk()
 {
   cout<< "Walkspeed = "<<height / weight<<endl;
 }
```

在这次修改中，我们在 People 类中仅对 walk()函数进行了一个声明，而把 walk()函数的定义放在了类之外。因此，为了能让系统分辨出定义的函数属于哪个类就诞生了作用域限定符“::”，在外部按照函数定义格式定义 walk()函数名之前加上了“People::”作为限定，意思就是在编译时告诉系统这个函数是类中的函数成员，并非定义的全局函数，保证了这个函数的权限符合程序设计者的要求，并且也提升了程序的可读性。此外，作用域限定符还可以作为调用类成员函数的标志，就如示例程序中：

```
ros::init(argc, argv, "talker");
```

这里的格式并不是代表在类中去定义属于 ros 类的 init()函数，并且其后也没有紧跟函数定义应有的函数体部分。此处的程序表示的是直接调用 ros 类中的 init()函数。可以看到，这里调用时传递的参数并不是属于 ros 类的数据成员，而是全局变量 argc 与 argv，以及一个字符串“talker”，因此不需要额外定义一个对象，再对对象中的数据成员进行赋值运算，直接调用类中的函数完成一定的功能即可。

除了“::”，示例程序中还出现了“.”符号，这个符号的名称是成员运算符。这个符号专门用来对成员进行限定，指明所访问的是哪一个对象的成员。请注意，这里访问的成员是对象的成员，也就是说必须是通过类实例化的对象的成员才能使用成员运算符进行调用。例如，以下形式的调用就是合法语句：

```
class People
 {
public:
    int weight;
    int height;
    void walk()
     {
      cout<< "Walkspeed = " <<height / weight<<endl;
     }
};
People peopFour;
peopFour.height = 175;
peopFour.weight = 140;
peopFour.run();
```

这里类定义之后的第一行就定义了一个 People 类的对象 peopFour，之后的两行对对象的数据成员进行赋值。因为把数据成员定义为了公有成员，所以可以在外调用数据成员并对其赋值。最后调用了对象中的公有函数成员。如果没有定义对象，就不能使用“People.height = 175;”这样的语句来进行调用或赋值。

接下来我们介绍类的另一个特性——继承。

继承是面向对象编程最重要的特征。在传统的程序设计中，人们需要为每种应用项目单独进行一次程序开发，因为每种应用有不同的目的和要求，即使两种应用具有许多相同或相似的特点，但是人们仍然不得不重写程序或者对已有的程序进行较大的改写。显然，这种方法的重复工作量很大，这是因为过去的程序设计方法和计算机语言缺乏软件重用的机制。

C++中的继承就是在一个已存在的类的基础上建立一个新的类。已存在的类称为“基类”或“父类”，新建立的类则称为“派生类”或“子类”。一个新类从已有的类获得其已有特性，这种现象称为类的继承。类的继承主要通过以下形式实现：

```
class 派生类名:[继承方式]基类名
{
派生类新增加的成员
};
```

这里的继承方式与类的定义中的成员权限很相似，分为 3 种，分别是 public、protected 和

private。3 种继承方式产生的效果如下。

（1）public：当我们派生自 public 基类时，基类的 public 成员成为派生类的 public 成员，并且基类的 protected 成员成为派生类的 protected 成员。基类的 private 成员不能在派生类中访问，但可以通过对基类的 public 和 protected 成员函数的调用来访问。

（2）protected：当我们使用 protected 基类继承时，基类的 public 和 protected 成员成为派生类的 protected 成员。

（3）private：当我们派生自 private 基类时，基类的 public 和 protected 成员成为派生类的 private 成员。

从这里就可以看出 C++类对整个程序的保护作用是如何体现的，不仅体现在外界无法调用，还体现在子类存在对父类特性无法继承的情况。这里我们给出一个 public 继承的简单示例：

```
#include <iostream>
#include <string>
using namespace std;
class UGV_Class
{
public:
    int UGV_id;
    int four_wheels;
    string UGV_name;
    void move_UGV();
    void stop_UGV();
};
class UGV_Class_Derived:public UGV_Class
{
public:
    void turn_left();
    void turn_right();
};
void UGV_Class::move_UGV()
{
    cout<<"Moving UGV"<<endl;
}
void UGV_Class::stop_UGV()
{
    cout<<"Stopping UGV"<<endl;
}
void UGV_Class_Derived::turn_left()
{
    cout<<"UGV Turn left"<<endl;
}
void UGV_Class_Derived::turn_right()
{
    cout<<"UGV Turn Right"<<endl;
}
```

```
int main()
{
    UGV_Class_Derived UGV;
    UGV.UGV_id=1;
    UGV.UGV_name = "Mobile UGV";
    cout<<"UGV ID="<<UGV.id<<endl;
    cout<<"UGV Name="<<UGV.UGV_name<<endl;
    UGV.move_UGV();
    UGV.stop_UGV();
    UGV.turn_left();
    UGV.turn_right();
    return 0;
}
```

在本例中，我们创建了名为 UGV_Class_Derived 的新类，它派生自一个名为 UGV_ Class 的基类。公共继承是通过使用 public 关键字加后边的基类名实现的。UGV_Class 在这种情况下，如果选择公共继承，则可以访问基类的 public 和 protected 修饰的变量和函数。这里我们选择了公共继承并派生出子类 UGV_Class_Derived。在类 UGV_Class_Derived 中，我们没有声明 UGV_id 和 UGV_name 变量，它是在类 UGV_Class 中定义的。通过使用继承属性，我们可以在子类 UGV_Class_Derived 中访问 UGV_Class 的变量，即对用类 UGV_Class_Derived 定义的对象 UGV 的 UGV_id 和 UGV_name 两个数据成员赋予一个初值，并且除了调用父类函数成员，也可以调用派生子类时新添加的函数成员。

2.2 Python 基础知识

Python 和 C++一样，也是一种面向对象的解释型计算机程序设计语言，由荷兰人 Guido van Rossum 于 1989 年发明。Python 具有丰富和强大的库，它常被称为胶水语言，即能够把用其他语言制作的各种模块（尤其是 C/C++）很轻松地联结在一起。它是一门跨平台、开源、免费的解释型高级动态编程语言，与 C++最大的区别就是，Python 是一种解释型语言，而 C++是一种编译型语言。解释型语言是指程序不需要编译，程序在运行时才翻译成机器语言，每执行一次都要翻译一次。而编译型语言程序在执行之前需要一个专门的编译过程，把程序编译成为机器语言的文件，运行时不需要重新翻译，直接使用编译的结果就行了。相比较之下，使用解释型语言进行程序编写时跨平台性更好，这也是 Python 成为 ROS 程序编写热门语言的一大重要原因。

2.2.1 在 Linux 中使用 Python

1）Linux 中的 Python 解释器

与 GNU C/C++编译器一样，Ubuntu 也预装了 Python 解释器。使用以下命令：

```
$ python
```

可以查看系统默认的 Python 解释器版本。图 2-16 展示了系统默认的 Python 解释器的版本。

图 2-16　系统默认的 Python 解释器的版本

从图中可以看到，当前 Python 的默认版本是 2.7.12 版本。在输入 Python 命令后按两次 Tab 键，还可以获得已安装的 Python 版本的列表。图 2-17 显示了 Ubuntu 中可用的 Python 版本列表。

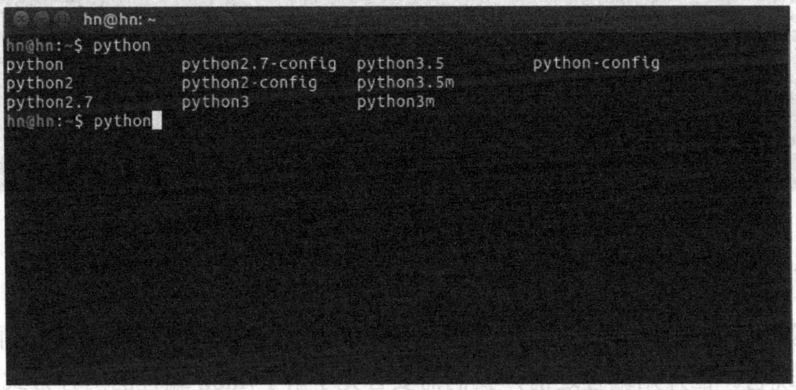

图 2-17　在 Ubuntu 上安装的 Python 版本的列表

在这里，我们可以看到若干条 python 命令，它们分别服务于 2.7.12 版本和 3.5.2 版本。Python、Python 2 和 Python 2.7 命令用于启动 2.7.12 版本，其余的命令则用于启动 3.5.2 版本。Python 3m 和 Python 3.5m 是带有 pymalloc 的版本，它比使用 malloc 的默认内存分配性能更好。如前所述，Python 在 Ubuntu 中是预装的，除此之外，也可以通过下面的命令手动安装相应版本的 Python 解释器：

```
$ sudo apt-get install Python Python3
```

2）验证 Python 的安装

本节展示如何查看 Python 可执行路径和版本。下面是查看 Python 和 Python 3 命令的当前路径的两条命令，显示结果如图 2-18 所示。

```
$ which python
$ which python3
```

如果读者想查看 Python 解释器、源文件和文档的位置，则可以使用以下两条命令查看，显示结果如图 2-19 所示。

```
$ whereis python
$ whereis python3.5
```

图 2-18　当前路径

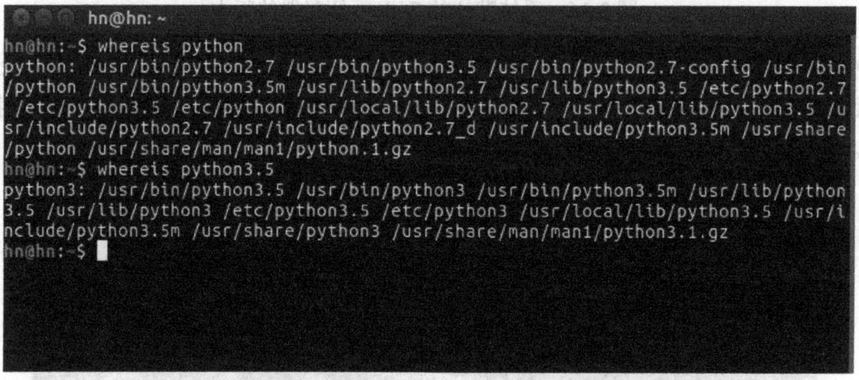

图 2-19　Python 解释器、源文件和文档的位置

3）编写第一个程序

Python 第一个程序同样将打印一个“Nice to meet you, ROS.”消息，让我们看看如何使用 Python 实现它。在开始编程之前，我们需要首先了解 Python 编程的两种方式。

（1）在 Python 解释器中直接编程；

（2）编写 Python 脚本并使用解释器运行。

这两种方式以相同的方法工作。第一种方式中的代码在解释器中逐行执行。编写脚本的方式则要求在文件中写入所有代码，然后再使用解释器执行。

首先我们在命令行中用 Python 解释器打印“Nice to meet you, ROS.”消息，如图 2-20 所示。

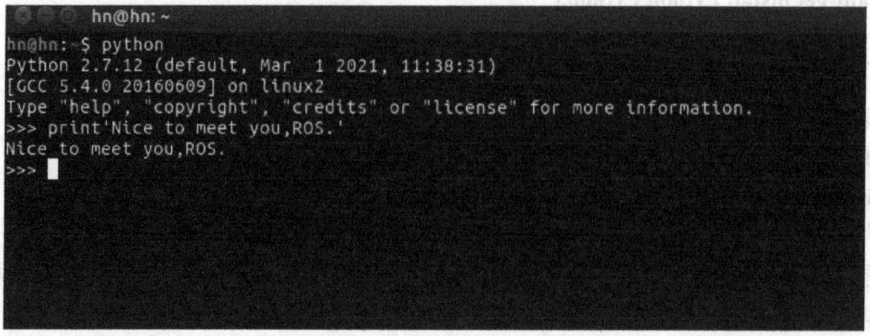

图 2-20　在 Python 2.7 中的运行结果

从图 2-20 可以看出，用 Python 输出消息非常容易，只需输入 print 语句和被打印的消息数据，然后按回车键即可，如下所示：

```
>>> print 'Nice to meet you, ROS.'
```

如果读者在 Python 3.0 及以上的版本中执行程序，那么需要修改 Python 打印消息语句。与 Python 2.x 中使用的 print 语句不同，Python 3.x 使用下面的语句来打印消息，运行结果如图 2-21 所示。

```
>>> print('Nice to meet you, ROS.')
```

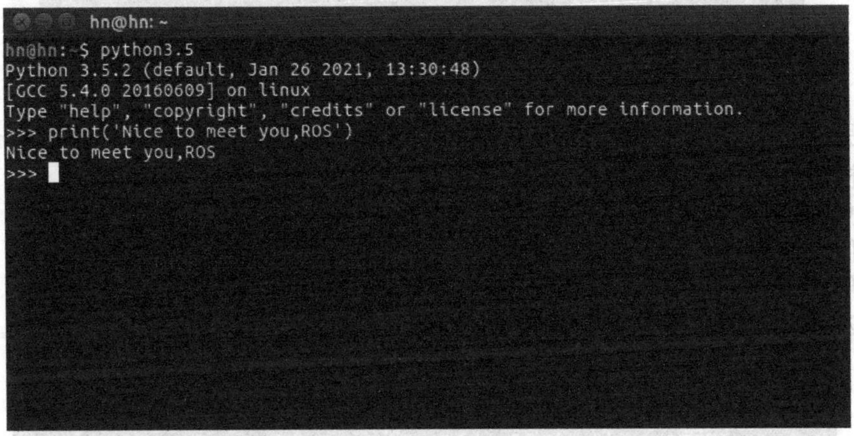

图 2-21　在 Python 3.x 中运行 Nice to meet you, ROS.

下面介绍在脚本中编写 Python 程序。使用脚本时，我们将代码写入扩展名为.py 的文件中。

与创建 C++可执行文件类似，我们将先创建一个名为 Hello ROS.py 的文件，并在文件中编写代码，具体内容如下：

```
#! /usr/bin/env python
# -*- coding: utf-8 -*-
print 'Nice to meet you, ROS.'
```

其中的第一行“#! /usr/bin/env python”称为 Shebang。当我们执行 Python 代码时，程序加载器将解析这一行命令并使用该语句指定的执行环境来执行代码。这里我们将 Python 设置为执行环境，因此其余代码将在 Python 解释器中执行。第二行代码用来指定文件编码格式为 utf-8。

4）运行 Python 代码

将 Hello ROS.py 保存到 home 文件夹或其他文件夹下。本书代码的保存路径是桌面文件夹，因此我们需要把路径切换到桌面文件夹下并用如下命令执行 Python 代码。

```
$ python Hello\ ROS.py
```

这里的脚本名称因为含有空格所以需要加上转义符号“\”。如果代码没有任何错误，它将显示如图 2-22 所示的输出。

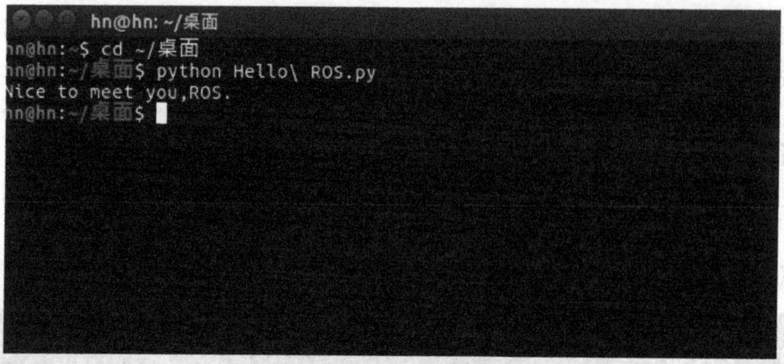

图 2-22　执行 Hello ROS.py 脚本（一）

还有另外一种方式可以执行 Python 文件。首先使用下面的命令向给定的 Python 代码提供可执行权限：

```
$ chmod a+x Hello\ ROS.py
```

然后使用以下命令执行 Python 代码：

```
$ ./Hello\ ROS.py
```

图 2-23 展示了如何通过上述方式执行 Python 脚本。

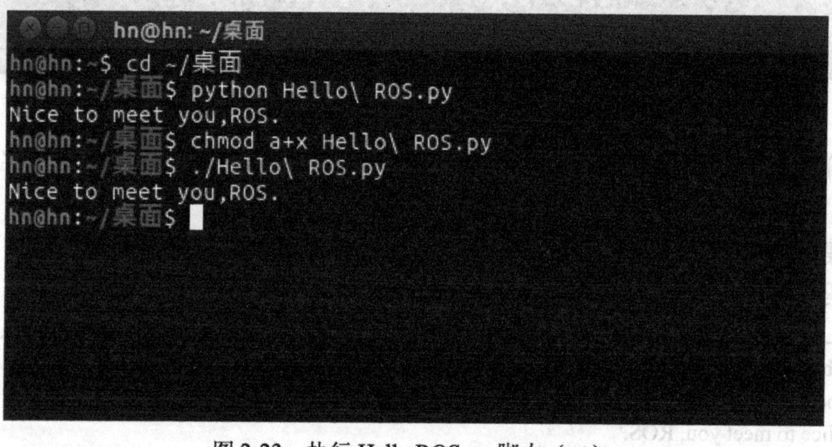

图 2-23　执行 Hello ROS.py 脚本（二）

接下来我们将讨论 Python 的基础语法。这一话题涵盖了很多内容，我们将通过具体的例子来讨论其中的各个部分，以加强读者的理解。

2.2.2　从实例中学习 Python

介绍完如何使用 Python 进行可执行文件的编写后，我们就要通过 ROS 中的 Python 使用实例来为读者更加详细地介绍 Python 的相关基础知识了。同样地，更多有关 Python 的知识建议读者参考专门的 Python 教学书籍，进行系统的 Python 知识学习。

本节所要用到的示例程序如下，该程序的作用是创建一个话题的发布者，通过这个简单但是实用的示例相信能够为读者讲解清楚 Python 的一些语法基础。

```
#!/usr/bin/env python
# license removed for brevity
```

```
3  import rospy
4  from std_msgs.msg import String
5  def talker():
6      pub = rospy.Publisher('chatter', String, queue_size=10)
7      rospy.init_node('talker', anonymous=True)
8      rate = rospy.Rate(10) # 10hz
9      while not rospy.is_shutdown():
10         hello_str = "hello world %s" % rospy.get_time()
11         rospy.loginfo(hello_str)
12         pub.publish(hello_str)
13         rate.sleep()
14 if __name__ == '__main__':
15     try:
16         talker()
17     except rospy.ROSInterruptException:
18         pass
```

我们可以看到，该示例程序的第 1 行和上一节中的程序的第 1 行完全一样，表示该程序文件将作为一个 Python 脚本执行。第 2 行的意思直译成中文为“为简洁起见，已删除许可证”，并没有实际作用。这两行的共同符号为开头的“#”，这个符号代表该行之后的语句都是解释性的语句，并没有实际执行的功能，常用于对代码或者是整个脚本文件的说明。

阐述完前两行说明后，我们就开始对真正的代码部分进行讲解了。

1）模块导入与使用

该示例程序的第 3 行和第 4 行，即：

```
import rospy
from std_msgs.msg import String
```

代表的意思是导入“rospy”模块以及从模块“std_msgs.msg”中导入 String 对象。

Python 默认安装仅包含部分基本或核心模块，但用户可以很方便地安装大量的其他扩展模块，pip 是管理扩展模块的重要工具，同样，在 Python 启动时，也仅加载了一部分模块，在需要时由用户显式地加载，有些模块可能需要先安装其他模块，这样可以减小程序运行的压力，仅加载真正需要的模块和功能，且具有很强的可扩展性，可以使用 sys. modules. items()显示所有预加载模块的相关信息。

（1）import 模块名[as 别名]

使用这种方式导入以后，需要在要使用的对象之前加上前缀，即以“模块名.对象名”的方式访问。也可以为导入的模块设置一个别名，然后可以使用“别名.对象名”的方式来使用其中的对象。例如，以下程序就是使用某些 Python 模块中的某些对象进行了特定功能的运算。

```
>>> import math
>>> math.sin(0.8) #求 0.8 的正弦
0. 7173560908995228
>>> import random
>>> X= random. random() #获得[0,1)内的随机小数
```

```
>>> y= random. random()
>>> n= random. randint (1, 100) #获得[1,100]上的随机整数
>>> import numpy as np #导入模块并设置别名
>>> a=np.array((1,2,3,4)) #通过模块的别名来访问其中的对象
>>> print (a)
array([1, 2, 3, 4])
```

在这个程序中首先导入了 math 模块，并使用“math.sin(0.8)”来计算出 0.8 的正弦。math 模块是 Python 提供的内置数学类函数库，math 模块不支持复数类型，仅支持整数和浮点数运算。math 模块一共提供了 4 个数字常数和 44 个函数，44 个函数共分为 4 类，包括 16 个数值表示函数、8 个幂对数函数、16 个三角对数函数和 4 个高等特殊函数。之后导入了 random 模块，并使用“random.random()”获得[0,1)内的随机小数以及“random. randint(1,100)”获得[1,100]上的随机整数。random 模块使用随机数的 Python 标准库，包含两类函数，常用的函数共 8 个。最后导入了 numpy 模块并为其设置了 np 别名，通过“a=np.array((1,2,3,4))”创建了一个数组。numpy 模块支持大量的维度数组和矩阵运算，对数组运算提供了大量的数学函数库。numpy 模块比 Python 列表更具优势，其中一个优势便是速度。在对大型数组执行操作时，numpy 模块的速度比 Python 列表的速度快了好几百倍。因为 numpy 模块的数组本身能节省内存，并且 numpy 模块在执行算术、统计和线性代数运算时采用了优化算法。numpy 模块的另一个强大功能是具有可以表示向量和矩阵的多维数组数据结构。numpy 模块对矩阵运算进行了优化，使我们能够高效地执行线性代数运算，使其非常适合解决机器学习问题。与 Python 列表相比，numpy 模块具有的另一个强大优势是具有大量优化的内置数学函数。这些函数使用户能够快速地进行各种复杂的数学计算，并且用到很少的代码，无须使用复杂的循环，使程序更容易读懂和理解。

（2）from 模块名 import 对象名[as 别名]

使用这种方式仅导入明确指定的对象，并且可以为导入的对象起一个别名，这种导入方式可以减少查询次数，提高访问速度，同时也减少了用户需要输入的代码量，而不需要使用模块名作为前缀。例如：

```
>>>from math import sin
>>> sin(3)
0.1411200080598672
>>> from math import sin as f
>>>f(3)
0.1411200080598672
```

比较极端的情况是一次导入模块中所有对象，例如：

```
from math import *
```

使用这种方式固然简单省事，但是并不推荐使用，一旦多个模块中有同名的对象，这种方式将会导致混乱。

在测试自己编写的模块时，可能需要频繁地修改代码并重新导入模块，在 Python 2.x 中可以使用内置方法“reload()”重新导入一个模块，而在 Python 3.x 中，需要使用“imp”模块或“importlib”模块的“reload()”函数。无论使用哪种方式重新加载模块，都要求该模块

已经被正确加载，即第一次导入和加载模块时不能使用内置方法。

在导入模块时，Python 首先在当前目录中查找需要导入的模块文件，如果没有找到，则从 sys 模块的 path 变量所指定的目录中查找，如果仍没有找到模块文件，则提示模块不存在。可以使用 sys 模块的 path 变量查看 Python 导入模块时搜索模块的路径，也可以使用 append()方法向其中添加自定义的文件夹以扩展搜索路径。在导入模块时，会优先导入相应的.pyc 文件，如果相应的.pyc 文件与.py 文件时间不相符或不存在对应的. pyc 文件，则导入.py 文件并重新将该模块文件编译为.pyc 文件。在大的程序中可能会需要导入很多模块，此时应按照以下顺序来依次导入模块：

（1）导入 Python 标准库模块，如 os、sys、re；

（2）导入第三方扩展库，如 PIL、numpy、scipy；

（3）导入自己定义和开发的本地模块。

2）函数的定义与调用

导入了相应的模块后就要开始依照我们的代码需求去使用这些模块了，但是这些模块往往包含的都是比较基础的、简单的功能，因此我们需要将这些简单的功能像 C++程序一样进行组合，也就是定义函数。示例程序的第 5 行，即：

```
def talker():
```

这个语句就是 Python 语句中定义函数的语法格式。在 Python 中，定义函数的语法如下：

```
def 函数名([参数列表]):
函数体
```

在 Python 中使用 def 关键字来定义函数，然后是一个空格和函数名称，接下来是一对圆括号，在圆括号内是形式参数（简称为形参）列表，如果有多个参数，则使用逗号分隔开，圆括号之后是一个冒号和换行，最后是必要的注释和函数体代码。定义函数时需要注意：

（1）函数形参不需要声明其类型，也不需要指定函数返回值类型；

（2）即使该函数不需要接收任何参数，也必须保留一对空的圆括号；

（3）圆括号后面的冒号必不可少；

（4）函数体相对于 def 关键字必须保持一定的空格缩进。

细心的读者可以发现，Python 在定义函数时，并不需要像 C++中那样指定参数的类型，这也是 Python 变量的特征之一，形参的类型完全由调用者传递的实参类型以及 Python 解释器的理解和推断来决定。这里提及了参数的传递，因此在这里我们来区分一下参数传递相关概念并展示 Python 函数调用的一些特殊之处。

形参的全称为“形式参数”，是在定义函数名和函数体时使用的参数，目的是用来接收调用该函数时传入的参数。在调用函数时，实参将赋值给形参。因而，必须注意实参的个数，类型应与形参一一对应，并且实参必须要有确定的值。实参的全称为“实际参数”，是在调用时传递给函数的参数。实参可以是常量、变量、表达式、函数等，无论实参是何种类型的量，在进行函数调用时，它们都必须具有确定的值，以便把这些值传送给形参。因此应预先用赋值、输入等办法使实参获得确定值。形参和实参的功能是进行数据传送，发生函数调用时，主调函数把实参的值传送给被调函数的形参，从而实现主调函数向被调函数的数据传送。Python 函数参数的类型就是在这个过程中确定的。

除了参数类型的差异，Python 在参数传递时还有一种特殊的功能，称为序列解包。为含有多个变量的函数传递参数时，可以使用 Python 列表、元组、集合、字典，以及其他可迭代对象作为实参，并在实参名称前加一个“*”，Python 解释器将自动进行解包，然后传递给多个单变量形参。如果使用字典对象作为实参，则默认使用字典的“键”，如果需要将字典中“键值对”作为参数，则需要使用 items()方法，如果需要将字典的“值”作为参数，则需要调用字典的 values()方法。最后需要保证实参中元素个数与形参个数相等，否则将出现错误。以下程序就是 Python 中对函数各种序列的解包使用，读者可以根据这个小程序输出的结果来体会序列解包的作用，尤其是要理解字典作为序列解包时的作用方法。

```
>>> def demo(a,b,c):
print (a+b+c)
>>> seq= [1, 2， 3]
>>> demo(*seq)
6
>>> tup= (1, 2, 3)
>>> demo(*tup)
6
>>> dic={1:'a',2:'b',3:'C'}
>>> demo(*dic)
6
>>> Set={1, 2， 3}
>>> demo(*Set)
6
>>> demo(* dic.values())
abC
```

3）变量的定义

当定义完函数的名称与所需要的参数后，就要进行函数体的编写了。示例程序中函数体的第 1 行也就是整个程序的第 6 行：

```
pub = rospy.Publisher('chatter', String, queue_size=10)
```

进行的操作是对变量 pub 进行赋值。

在 Python 中，不需要事先声明变量名及其类型，直接赋值即可创建各种类型的变量。例如，语句：

```
>>> x= 3
```

创建了整型变量 x，并赋值为 3，再如语句：

```
>>> x= 'Hello world.'
```

创建了字符串变量 x，并赋值为'Hello world.'，这一点适用于 Python 任意类型的对象。虽然不需要在使用之前显式地声明变量及其类型，但是 Python 仍属于强类型编程语言，Python 解释器会根据赋值或运算来自动推断变量类型。每种类型支持的运算也不完全一样，因此在使用变量时需要用户自己确定所进行的运算是否合适，以免出现异常或者意料之外的结果。同一个运算符对于不同类型数据操作的含义和计算结果也是不一样的，后面会介绍。另外，Python 还是一种动态类型语言，也就是说，变量的类型是可以随时变化的，下面的代码演示了 Python 变量类型的变化。

```
>>> x=3
>>> print (type(x))
<class 'int'>
>>> x= 'Hello world. '
>>> print(type (x))
<class 'str ' >
>>> x=[1,2,3]
>>> print (type(x))
<class 'list'>
>>> isinstance(3, int)
True
>>> isinstance('Hello world', str)
True
```

其中，内置函数 type()用来返回变量类型，内置函数 isinstance()用来测试对象是否为指定类型的实例。代码中首先创建了整型变量 x，然后又分别创建了字符串和列表类型的变量 x。当创建了字符串类型的变量 x 之后，之前创建的整型变量 x 将自动失效，创建列表对象 x 之后，之前创建的字符串变量 x 自动失效。可以将该模型理解为“状态机”，在显式修改其类型或删除之前，变量将一直保持上次的类型。

在示例程序中，变量 pub 的数据类型由等号右边的函数“rospy.Publisher('chatter', String, queue_size=10)”部分来决定，这就和上一部分函数定义中不指定参数类型类似，是 Python 十分重要的一大特点。由于参数不需要指定类型，编写过程中更加方便，但是对程序设计者的要求也更高，需要能够自己确定变量所进行的运算是否合适，以防出现运算异常或者是其他意料之外的结果，尤其容易出现代码编译通过但是运行的结果与意想中完全不一样的情况，因此在使用 Python 时不能只关注函数体的运行逻辑，也要关注变量的类型对结果的影响。

4）Python 中类的使用

在本章开头，我们说过 Python 也是一门面向对象的编程语言，所以和 C++一样，Python 中也有类这一概念。同样是示例程序的第 6 行：

```
pub = rospy.Publisher('chatter', String, queue_size=10)
```

与 C++的类相似，等号右边就是调用了 rospy 类中的 Publisher 函数。

Python 使用 class 关键字来定义类，class 关键字之后是一个空格，然后是类的名称，再后是一个冒号，最后换行并定义类的内部实现。类名的首字母一般要大写，当然也可以按照自己的习惯定义类名，但是一般推荐参考惯例来命名，并在整个系统的设计和实现中保持风格一致，这一点对于团队合作尤其重要。例如：

```
class Car:                    #新式类必须有至少一个基类
  def infor (self) :
    print ("This is a car")
```

定义了类之后，可以用来实例化对象，并通过“对象名.成员”的方式来访问其中的数据成员或成员方法，例如，下面的代码：

```
>>> car=Car ()
>>> car.infor ()
This is a car
```

在 Python 中，可以使用内置方法 isinstance()来测试一个对象是否为某个类的实例，下面的代码演示了 isinstance()的用法。

```
>>> isinstance(car, Car)
True
>>> isinstance (car, str)
False
```

此外，Python 提供了一个关键字 pass，类似于空语句，可以用在类和函数的定义中或者选择结构中。当暂时没有确定如何实现功能，或者为以后的软件升级预留空间时，可以使用该关键字来“占位”。例如，下面的代码都是合法的：

```
>>> class A:
pass
>>> def demo() :
pass
>>> if 5> 3:
pass
```

同样地，Python 的类中也有私有成员和公有成员。在定义类的属性时，如果属性名以两个下画线“__”（中间无空格）开头，则表示是私有属性。私有属性在类的外部不能直接访问，需要通过调用对象的公有成员方法来访问，或者通过 Python 支持的特殊方式来访问。Python 提供了访问私有属性的特殊方式，可用于程序的调试和测试。

私有属性是为了数据封装和保密而设的属性，一般只能在类的成员中使用访问。公有属性是可以公开使用的，既可以在类的内部进行访问，也可以在外部程序中使用。

```
>>> class A:
def __init__ (self, value1=0, value2=0):
    self. value1=value1
    self. value2= value2
def setValue (self, value1, value2):
    self. valuel=value1
    self. value2=value2
def show(self) :
    print(self. value1)
    print (self._ value2)
>>> a=A()
>>> a._value1
```

```
0
>>> a._A__value2                #在外部访问对象的私有数据成员
0
```

可以看出，在 Python 中，以下画线开头的变量名和方法名有特殊的含义，尤其是在类的定义中，用下画线作为变量名和方法名的前缀和后缀来表示类的特殊成员。

（1）_xxx：这样的对象称为保护成员，不能用“from module import*”导入，只有类对象和子类对象能访问这些成员。

（2）__xxx__：系统定义的特殊成员。

（3）__xxx：类中的私有成员，只有类对象自己能访问，子类对象也不能访问这个成员，但在对象外部可以通过“对象名，类名_xxx”这样的特殊方式来访问。

上述类 A 的定义中含有一个特殊的“self”参数，Python 类的所有实例方法都必须至少有一个名为 self 的参数，并且必须是方法的第一个形参，self 代表对象本身。在类的实例方法中访问实例属性时需要以 self 为前缀，但在外部通过对象名调用对象方法时并不需要传递这个参数。

定义的方法可以粗略分为四大类：公有方法、私有方法、静态方法和类方法。其中，公有方法、私有方法都属于对象，私有方法的名字以两个下画线“__”开始，每个对象都有自己的公有方法和私有方法，在这两类方法中可以访问属于类和对象的成员；公有方法通过对象名直接调用，私有方法不能通过对象名直接调用，只能在属于对象的方法中通过 self 调用或在外部通过 Python 支持的特殊方式来调用。如果通过类名来调用属于对象的公有方法，需要显式地为该方法的 self 参数传递一个对象名，用来明确指定访问哪个对象的数据成员。静态方法和类方法都可以通过类名和对象名调用，但不能直接访问属于对象的成员，只能访问属于类的成员。一般将 cls 作为类方法的第一个参数名称，但也可以使用其他的名称作为参数，并且在调用类方法时不需要为该参数传递值。例如：

```
>>> class Root:
__total=0
def.__init__(self, v):
    self.__value=v
    Root.__total+=1
def show(self):
    print('self.__value:',self.__value)
    print('Root.__total:',Root.__total)
@ classmethod
def classShowTotal (cls):               #类方法
    print(cls.__total)
@ staticmethod
def staticShowTotal() :                 #静态方法
    print (Root.__total)
>>> r=Root (3)
>>> r. classShowTotal ()                #通过对象来调用类方法
1
>>> r. staticShowTotal()                #通过对象来调用静态方法
```

```
1
>>> r.show()
self.__value:3
Root.__total:1
>>> rr=Root(5)
>>> Root.classShowTotal ()        #通过类名调用类方法
2
>>> Root.staticShowTotal ()       #通过类名调用静态方法
2
>>> Root.show()      #试图通过类名直接调用实例方法，失败
TypeError; unbound method show() must be called with Root instance as first argument(got nothing instead)
>>> Root.show (r)             #可以通过这种方法来调用方法并访问实例成员
self.__value:3
Root.__total:2
>>> r.show()
self.__value:3
Root.__total:2
>>>Root.show(rr)
self.__value:5
Root.__total:2
>>>rr.show()
self.__value:5
Root.__total:2
```

5）Python 中的缩进

示例程序接下来的代码基本都是对类和对象的使用，也就是说它们都是属于同一模块的。但是我们可以发现，与 C++不同的是，Python 的语句并没有被包含在“{}”中，那么如何区分程序语句属于哪一个模块呢？Python 是依靠代码块的缩进来体现代码之间的逻辑关系的。对于类定义、函数定义、选择结构、循环结构以及异常处理结构来说，行尾的冒号以及下一行的缩进表示一个代码块的开始，而缩进结束则表示一个代码块结束了。在编写程序时，同一个级别的代码块的缩进量必须相同。例如，示例代码中，第 6 行到第 9 行：

```
pub = rospy.Publisher('chatter', String, queue_size=10)
rospy.init_node('talker', anonymous=True)
rate = rospy.Rate(10) # 10hz
while not rospy.is_shutdown():
```

有着相同的缩进量，因此它们属于同一模块，即属于 talker()函数的函数体。而在接下来的第 10 行到第 13 行：

```
    hello_str = "hello world %s" % rospy.get_time()
    rospy.loginfo(hello_str)
    pub.publish(hello_str)
    rate.sleep()
```

比第 6 行到第 9 行有更多的缩进量，则它们属于第 9 行的 while 循环模块。当需要书写新的模块时就要重新调整缩进量，使其与相应的并行模块的开头有着相同的缩进量，如示例程序第 14 行与第 5 行有着相同的缩进量。

6）Python 脚本的__name__属性

函数定义后的下一个模块，也就是示例程序中的第 14 行：

```
if __name__ == '__main__':
```

看起来是一个判断条件语句，但是细心的读者可以发现，我们的示例程序中只有这个语句出现了“main”关键字，那么是不是这个语句和主函数有关呢？答案是肯定的，但是 Python 使用主函数的形式比较特殊，接下来我们将介绍 Python 中的主函数，也就是一个 Python 脚本从哪里执行。

每个 Python 脚本在运行时都有一个__name__属性。如果脚本作为模块被导入，则其__name__属性的值被自动设置为模块名；如果脚本独立运行，则其__name__属性的值被自动设置为“__main__”。例如，假设文件 nametest.py 中只包含下面一行代码：

```
print(__name__)
```

在 Python 解释器中直接运行该程序时，或者在命令行提示符环境中运行时，运行结果如下：

```
>>>main
```

而将该文件作为模块导入时，将得到如下执行结果：

```
>>> import nametest
nametes t
```

利用__name__属性即可控制 Python 程序的运行方式。例如，编写一个包含可被其他程序调用的函数的模块，而不希望该模块可以直接运行，则可以在程序文件中添加以下代码：

```
if_ name_ =='_main_ ':
    print('Please use me as a module. ')
```

这样一来，程序直接执行时将会得到提示“Please use me as a module.”，而使用 import 语句将其作为模块导入后可以使用其中的类、方法、常量或其他成员。如果这一部分读者难以理解，可以直接将该语句作为 Python 中主函数使用的固定格式来使用即可。

7）异常处理

介绍完主函数，我们就已经知道程序的主体是从哪里开始的了，也就是示例程序中的第 15 行到第 18 行。这里的主体：

```
try:
    talker()
except rospy.ROSInterruptException:
    pass
```

也是属于某一种功能的 Python 结构，而这个模块就是 Python 中的异常处理结构。异常是指程序运行时引发的错误，引发错误的原因有很多，例如，除 0、下标越界、文件不存在、网络异常、类型错误、名字错误、字典键错误、磁盘空间不足等。如果这些错误得不到正确的处理，那么将会导致程序终止运行，而合理地使用异常处理结构可以使程序更加稳定，具有更强的容错性，不会因为用户的错误输入或其他运行时的特殊情况而造成程序终止。也可以使用异常处理结构为用户提供更加友好的提示。

我们先来看几个示例：

```
>>> x,y=10,5
>>>a=x/y
>>> print (A)    #拼写错误，Python 区分变量名等标识符字母的大小写
Traceback (most recent call last):
File "<pyshe11#2>", line 1,in<module>
print A
NameError: name 'A' is not defined
>>> 10*(1/0)    #除 0 错误
ZeroDivisionError: division by zero
>>> 4+spam* 3  #使用了未定义的变量，与拼写错误的情形相似
NameError: name 'spam' is not defined
>>> '2' +2       #对象类型不支持特定的操作
TypeError: Can't convert 'int' object to str implicitly
```

这几个例子就是一些常见的 Python 程序运行中出现的错误提示。熟练运用异常处理机制对于提高程序的稳定性和容错性具有重要的作用，同时也可以把 Python 晦涩难懂的错误提示转换为友好的提示显示给最终用户。

异常处理是指因为程序执行过程中出错而在正常控制流之外采取的行为。严格来说，语法错误和逻辑错误不属于异常，但有些语法或逻辑错误往往会导致异常，例如，由于大小写拼写错误而试图访问不存在的对象，或者试图访问不存在的文件等。当 Python 检测到一个错误时，解释器就会指出当前程序流已无法继续执行下去，这时就出现了异常。当程序执行过程中出现错误时，Python 会自动引发异常，程序设计者也可以通过 raise 语句显式地引发异常。在编程时应避免过多依赖于异常处理来提高程序的稳定性。

在了解什么是异常后我们将介绍如何使用异常处理。

（1）try…except 结构

异常处理中最常见也最基本的是 try…except 结构。其中 try 子句包含可能出现异常的语句，而 except 子句用来捕捉相应的异常，except 子句中用来处理异常。如果 try 子句没有出现异常，则继续往下执行异常处理结构后面的代码；如果出现异常并且被 except 子句捕获，则执行 except 子句中的异常处理代码；如果出现异常但没有被 except 捕获，则继续往外层抛出；如果所有层都没有捕获并处理该异常，则程序终止并将该异常抛给最终用户。该结构语法如下：

```
try:
    try 子句              #被监控的语句，可能会引发异常
except Exception[as reason] :
    except 子句           #处理异常的代码
```

如果需要捕获所有类型的异常，可以使用 BaseException，即 Python 异常类的基类，代码格式如下：

```
try:
    ...
except BaseException as e:
    except 子句           #处理所有错误
```

上面的结构可以捕获所有异常，尽管这样做很安全，但是一般并不建议这样做。对于异常处理结构，一般的建议是尽量显式地捕捉可能会出现的异常，并且有针对性地编写代码进行处理，因为在实际应用开发中，很难使用同一段代码去处理所有类型的异常。当然，为了避免遗漏没有得到处理的异常干扰程序的正常执行，在捕捉了所有可能想到的异常之后，也可以使用异常处理结构的最后一个 except 来捕捉 BaseException。

下面的代码演示了 try…excpet 结构的用法，代码运行后提示用户输入内容，如果输入的是数字，则循环结束，否则提示用户输入正确格式的内容。

```
>>> while True:
        try:
            x= int (input ("Please enter a number:"))
            break
        except ValueError:
            print ("That was not a valild number. Try again…")
```

在使用时，except 子句可以在异常类名称后面指定一个变量，用来捕获异常的参数或者更详细的信息。

```
>>> try:
        raise Exception('spam', 'eggs')
    except Exception as inst:
        print (type (inst))        #the exception instance
        print (inst.args)          #arguments stored in .args
        print (inst)               #__str__ allows args to be printed directly,
                                   #but may be overridden in exception subclasses
        x,y=inst.args              #unpack args
        print('x=',x)
        print('y=',y)
```

（2）try…except…else 结构

另外一种常用的异常处理结构是 try…except…else 结构。前面章节中已经提到过，带 else 子句的异常处理结构也是一种特殊形式的选择结构。如果 try 子句的代码抛出了异常，并且被某个 except 捕捉，则执行相应的异常处理代码，这种情况下不会执行 else 子句中的代码；如果 try 中的代码没有抛出任何异常，则执行 else 子句。

```
a_list= ['China', 'America', 'England', 'France']
while True:
    n= input("请输入字符串的序号：")
    try:
        n=int (n)
        print(a_list[n])
    except IndexError:
        print('列表元素的下标越界或格式不正确，请重新输入字符串的序号')
```

```
    else:
        break          #结束循环
```

（3）带有多个 except 的 try 结构

在实际开发中，同一段代码可能会抛出多个异常，需要针对不同的异常类型进行相应的处理。为了支持多个异常的捕捉和处理，Python 提供了带有多个 except 的异常处理结构，类似于多分支选择结构。一旦某个 except 捕获了异常，则后面剩余的 except 子句将不会再执行。该结构的语法为：

```
try:
    try 子句              #被监控的语句
except Exception1:
    except 子句 1         #处理异常 1 的语句
except Exception2:
    except 子句 2         #处理异常 2 的语句
```

下面的代码演示了该结构的用法：

```
try:
    x= input('请输入被除数: ')
    y=input('请输入除数: ')
    z=float(x) / float (y)
except ZeroDivisionError:
    print('除数不能为 0)
except TypeError:
    print ('被除数和除数应为数值类型')
except NameError:
    print('变量不存在')
else:
    print(x,'/',y,'=',z)
```

将要捕获的异常写在一个元组中，可以使用一个 except 语句捕获多个异常，并且共用同一段异常处理代码。

```
import sys
try:
    f=open('myfile,txt')
    s=f.readline ()
    i=int(s.strip())
except (OSError,ValueError,RuntimeError,NameError):
    pass
```

（4）try…except…finally 结构

最后一种常用的异常处理结构是 try…except…finally 结构。在该结构中，finally 子句无论是否发生异常都会执行，常用来做些清理工作以释放 try 子句中申请的资源。语法如下：

```
try:
    ...
finally:
    ...          #无论如何都会执行的代码
```

例如，下面的代码，无论是否发生异常，语句 print(5)都会被执行。

```
>>> try:
    3/0
except:
        print (3)
finally:
        print (5)
3
5
```

再如下面的代码，无论读取文件是否发生异常，总是能够保证正常关闭该文件。

```
try:
        f=open('test.txt','r')
        line=f.readline()
        print(line)
finally:
        f.close()
```

2.3　本章小结

本章对 ROS 中的 C++和 Python 基础知识已经做了简要介绍，由于本书篇幅的限制，并不能将 Python 及 C++介绍得十分详细。在此还是建议读者能够更加系统地学习 C++与 Python，以便在未来的 ROS 开发过程中读懂程序代码。

第3章　ROS概述

在这一章，我们将深入探讨 ROS 的架构和一些重要概念。ROS 是两个程序或者进程间通信的框架，是一个优秀的机器人分布式框架。ROS 系统的架构主要被划分为三部分，每一部分代表一个层级的概念：

1）文件系统级（The filesystem level）；

2）计算图级（The computation graph level）；

3）开源社区级（The community level）。

3.1　文件系统级

如果用户是刚刚接手 ROS 方面的开发或项目，那么肯定会觉得 ROS 中的各种概念非常奇怪，但是当用户对 ROS 的使用熟练之后，就觉得这些概念很好理解了。与其他操作系统相似，一个 ROS 程序的不同组件要被放在不同的文件夹下，这些文件夹是根据不同的功能来对文件进行组织的，如图 3-1 所示。

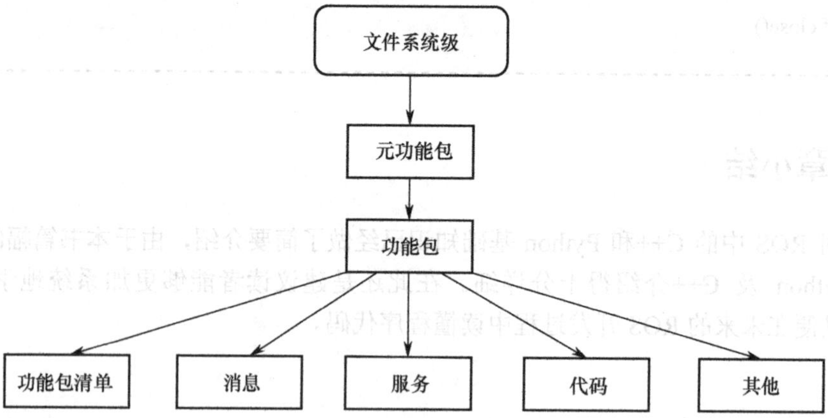

图 3-1 文件系统级

1）功能包（Package）：功能包是 ROS 中软件组织的基本形式。它可以包含 ROS 运行的进程（节点）、配置文件等。

2）功能包清单（Package Manifest）：功能包清单提供关于功能包、许可信息、依赖关系、编译标志等信息。一个功能包清单由一个名为 package.xml 的文件管理。

3）元功能包（Metapackage）：将几个具有某些功能的功能包组织在一起，就获得了一个元功能包。例如，一个 ROS 导航的元功能包中包含建模、定位、导航等功能包。

4）消息（Message）：消息是一个节点发送到其他节点的信息。ROS 有很多标准消息类型。消息类型的说明存储在对应功能包的 msg 文件夹下。

5）服务（Service）：服务描述说明存储在对应功能包的 srv 文件夹下，定义了在 ROS 中由每个进程提供的关于服务请求和响应的数据结构。

3.1.1　工作空间

工作空间就是一个包含功能包、可编辑源文件或编译包的文件夹。当用户想同时编译不同的功能包时非常有用，并且可以用来保存本地开发包，一般包含 src、bulid 和 devel 三个文件夹。开发过程中只需要更改 src 文件夹里的文件，build 文件夹和 devel 文件夹无须手动创建，编译功能包时会自动生成。

src 文件夹（源文件空间）：在 src 文件夹放置了功能包等。

build 文件夹（编译空间）：build 文件夹存放 CMake 和 catkin 的缓存信息、配置和其他中间文件。

devel 文件夹（开发空间）：devel 文件夹用来保存编译后的程序。

图 3-2 是一个典型的 ROS 程序包结构。

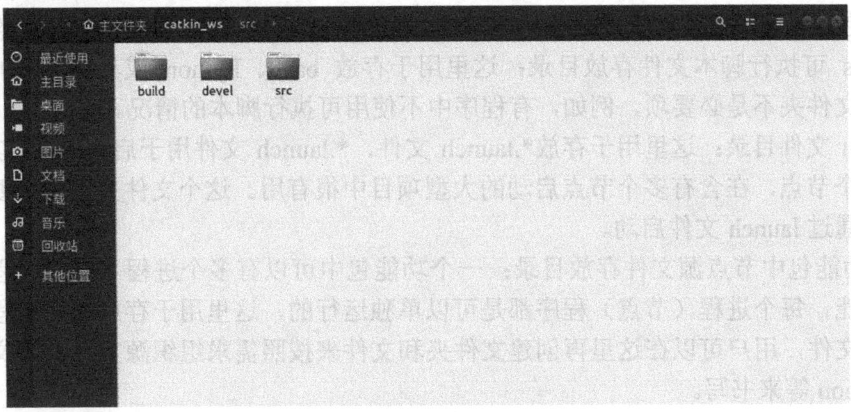

图 3-2　典型的 ROS 程序包结构

3.1.2　功能包

功能包是 ROS 中软件组织的基本形式，一个功能包具有用于创建 ROS 程序的最小结构和最少内容，它可以包含 ROS 运行的进程（节点）、配置文件等。一个功能包中主要包含以下几个文件，典型的 ROS 功能包结构如图 3-3 所示。

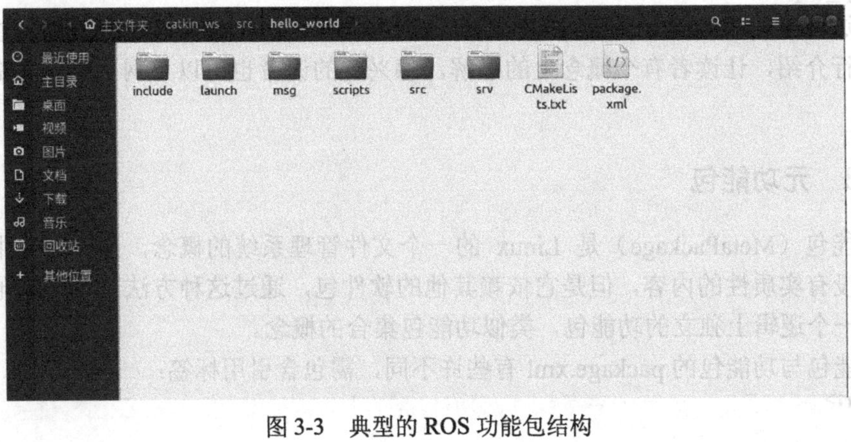

图 3-3　典型的 ROS 功能包结构

CMakeLists.txt 功能包配置文件：用于这个功能包 cmake 编译时的配置文件。

package.xml 功能包清单文件：用 xml 的标签格式标记这个功能包的各类相关信息，如包的名称、依赖关系等，主要是为了更容易地安装和分发功能包。

include 功能包头文件目录：用户可以把功能包程序包含的*.h 头文件放在这里，include 下还要加一级路径<package_name>是为了更好地区分自己定义的头文件和系统标准头文件，<package_name>用实际功能包的名称替代。这个文件夹不是必要项，例如，有些程序没有头文件。

msg 非标准消息定义目录：消息是 ROS 中一个进程（节点）发送到其他进程（节点）的信息，消息类型是消息的数据结构，ROS 系统提供了很多标准类型的消息可以直接使用，如果用户要使用一些非标准类型的消息，就需要自己来定义该类型的消息，并把定义的文件放在这里。这个文件夹不是必要项，例如，有程序中只使用标准类型的消息的情况。

srv 服务类型定义目录：服务是 ROS 中进程（节点）间的请求/响应通信过程，服务类型是服务请求/响应的数据结构，服务类型的定义放在这里。如果要调用此服务，用户需要使用该功能包名称和服务名称。这个文件夹不是必要项，例如，有程序中不使用服务的情况。

scripts 可执行脚本文件存放目录：这里用于存放 bash、Python 或其他脚本的可执行文件。这个文件夹不是必要项，例如，有程序中不使用可执行脚本的情况。

launch 文件目录：这里用于存放*.launch 文件，*.launch 文件用于启动 ROS 功能包中的一个或多个节点，在含有多个节点启动的大型项目中很有用。这个文件夹不是必要项，节点也可以不通过 launch 文件启动。

src 功能包中节点源文件存放目录：一个功能包中可以有多个进程（节点）程序来完成不同的功能，每个进程（节点）程序都是可以单独运行的，这里用于存放这些进程（节点）程序的源文件，用户可以在这里再创建文件夹和文件来按照需求组织源文件，源文件可以用 C++、Python 等来书写。

为了创建、修改、使用功能包，ROS 给我们提供了一些实用的工具，常用的有以下几种工具。

1）rospack：用于获取信息或在系统中查找工作空间。

2）catkin_create_pkg：用于在工作空间的 src 源空间下创建一个新的功能包。

3）catkin_make：用于编译工作空间中的功能包。

4）rosdep：用于安装功能包的系统依赖项。

5）rqt_dep：用于查看功能包的依赖关系图。

关于这些工具命令的具体使用方法，会在后面的章节中结合实例进行具体的讲解。这里只是先进行介绍，让读者有个概念上的了解，感兴趣的读者也可以上网了解这些命令的具体用法。

3.1.3 元功能包

元功能包（MetaPackage）是 Linux 的一个文件管理系统的概念，是 ROS 中的一个虚包，里面没有实质性的内容，但是它依赖其他的软件包，通过这种方法可以把其他包组合起来，构成一个逻辑上独立的功能包，类似功能包集合的概念。

元功能包与功能包的 package.xml 有些许不同，需包含引用标签：

```
<export>
```

```
    <metapackage />
  </export>
```

此外，元功能包还不需要<build_depend>标签声明编译过程依赖的其他功能包，只需要使用<run_depend>标签声明功能包运行时依赖的其他功能包。

3.2 计算图级

ROS 会创建一个连接到所有进程的网络，在系统中的任何节点都可以访问此网络，并通过该网络与其他节点交互，获取其他节点发布的信息，并且将自身数据发布到网络上。以下是一些与 ROS 计算图级有关的术语，计算图级如图 3-4 所示。

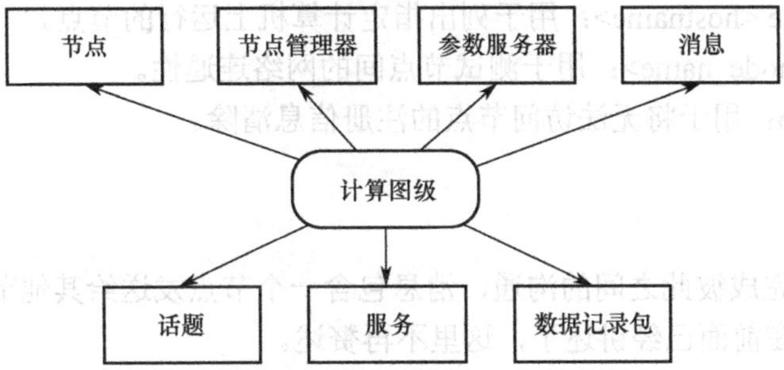

图 3-4 计算图级

节点（node）：使用 ROS API 进行运算的进程。

节点管理器（master）：连接 ROS 节点的媒介程序。

参数服务器（parameter server）：通常指与 ROS 节点管理器一起运行的一个程序。用户可以在此服务器上存储不同的参数，所有的节点都可以访问它，用户也可以设置参数的保密性。如果某个参数是公共的，那么所有节点都可以访问这个参数，但如果某个参数具有私有属性，那么只有特定的节点才可以访问这个参数。

话题（topics）： ROS 节点可以通过话题发送或接收信息。一个节点可以发布或者接收任意数量的话题。

消息（message）：消息基本上都是通过话题传送的。ROS 含有许多内建的消息类型，当然用户也可以定义自己的消息类型。

服务（service）：与 ROS 的话题相比，ROS 服务有请求/应答的机制。服务具有根据客户节点的请求进行服务响应的功能。能够处理服务请求的节点称为服务节点，而请求服务的节点称为客户节点。

数据记录包（bags）：ROS 数据记录包是一种可用于保存和查看 ROS 话题历史记录的有效方式，可用于在机器人中记录数据以便离线处理。

3.2.1 节点

节点是主要的计算执行进程。系统包含能够实现不同功能的多个节点。用户最好让众多节点都具有单一的功能，而不是在系统中创建一个包罗万象的大节点。节点需要使用如 roscpp 或 rospy 的 ROS 客户端库进行编写。

ROS 有另一种类型的节点，即动态加载节点 nodelet。nodelet 单个进程中可以运行多个 nodelet，其中每个 nodelet 为一个线程（轻量级进程）。nodelet 可以减少 ROS 节点之间的数据传输，将多个算法的 nodelet 跑到一个进程中，这样就无须数据传输，这是因为进程内部内存是共享的，数据传输只需要取地址即可，从而实现零拷贝（Zero Copy），这样节点通信效率更高，例如，nodelet 对于摄像头和 3D 传感器这类大数据传输量的设备特别有用。

ROS 提供了处理节点的工具，用于节点信息、状态、可用性等查询操作，例如，可以用以下命令对正在运行的节点进行操作。

rosnode info <node_name>：用于输出当前节点信息。

rosnode kill <node_name>：用于结束正在运行节点的进程。

rosnode list：用于列出当前活动的节点。

rosnode machine <hostname>：用于列出指定计算机上运行的节点。

rosnode ping <node_name>：用于测试节点间的网络连通性。

rosnode cleanup：用于将无法访问节点的注册信息清除。

3.2.2 消息

节点通过消息完成彼此之间的沟通，消息包含一个节点发送给其他节点的信息数据。关于消息类型的知识在前面已经讲述了，这里不再赘述。

ROS 提供了获取消息相关信息的命令工具，以下列举一些常用的命令。

rosmsg show <message_type>：用于显示一条消息的字段。

rosmsg list：用于列出所有消息。

rosmsg package <package _name>：用于列出功能包的所有消息。

rosmsg packages：用于列出所有具有该消息的功能包。

rosmsg users <message_type>：用于搜索使用该消息类型的代码文件。

rosmsg md5 <message_type>：用于显示一条消息的 MD5 求和结果。

3.2.3 话题

每个消息都必须发布到相应的话题，通过话题来实现在 ROS 计算图网络中的路由转发。当一个节点发送数据时，我们就说该节点正在向话题发布消息；节点可以通过订阅某个话题，接收来自其他节点的消息。通过话题进行消息路由不需要节点之间直接连接，这就意味着发布者节点和订阅者节点之间不需要知道彼此是否存在，这样就保证了发布者节点与订阅者节点之间的解耦合。同一个话题可以有多个订阅者，也可以有多个发布者，不过要注意必须使用不同的节点发布同一个话题。每个话题都是强类型的，无论是发布消息到话题，还是从话题中订阅消息，发布者和订阅者定义的消息类型必须与话题的消息类型相匹配。

ROS 提供了操作话题的命令工具，以下列举一些常用的命令。

rostopic bw </topic_name>：用于显示话题所使用的带宽。

rostopic echo </topic_name>：用于将话题中的消息数据输出到屏幕。

rostopic find <message_type>：用于按照消息类型查找话题。

rostopic hz </topic_name>：用于显示话题的发布频率。

rostopic info </topic_name>：用于输出活动话题、发布的话题、话题订阅者和服务的信息。

rostopic list：用于列出当前活动话题的列表。

rostopic pub </topic_name> <message_type> <args>：用于通过命令行将数据发布到话题。

rostopic type </topic_name>：用于输出话题中发布的消息类型。

3.2.4 服务

在一些特殊的场合，节点间需要点对点的高效率通信并及时获取应答，这时就需要用服务的方式进行交互。提供服务的节点称为服务端，向服务端发起请求并等待响应的节点称为客户端，客户端发起一次请求并得到服务端的一次响应，这样就完成了一次服务通信过程。服务通信过程中服务的数据类型需要用户自己定义，与消息不同，节点并不提供标准服务类型。服务类型的定义文件都是以*.srv为扩展名，并且放在功能包的srv文件夹下。

ROS提供了操作服务的命令工具，以下列举一些常用的命令。

rosservice call </service_name> <args>：用于通过命令行参数调用服务。

rosservice find <service_type>：用于根据服务类型查询服务。

rosservice info </service_name>：用于输出服务信息。

rosservice list：用于列出活动服务清单。

rosservice type </service_name>：用于输出服务类型。

rosservice uri </service_name>：用于输出服务的ROSRPC URI。

3.2.5 节点管理器

节点管理器用于节点的名称注册和查找等，也负责设置节点间的通信。如果在整个ROS系统中没有节点管理器，就不会有节点、消息、服务之间的通信。由于ROS本身就是一个分布式的网络系统，所以用户可以在某台计算机上运行节点管理器，在这台计算机和其他计算机上运行节点。

ROS中提供了与节点管理器相关的命令行工具，即roscore，roscore用于启动节点管理器，这个命令会加载ROS节点管理器和其他ROS核心组件。

3.2.6 参数服务器

参数服务器能够使数据通过关键词存储在一个系统的核心位置，使用参数就能够在节点运行时动态配置节点或改变节点的工作任务。参数服务器是可以通过网络访问的共享的多变量字典，节点使用参数服务器来存储和检索运行时的参数。

ROS中有关于参数服务器的命令行工具，以下列举一些常用的命令。

rosparam list：用于列出参数服务器中的所有参数。

rosparam get <parameter_name>：用于获取参数服务器中的参数值。

rosparam set <parameter_name> <value>：用于设置参数服务器中参数的值。

rosparam delete <parameter_name>：用于将参数从参数服务器中删除。

rosparam dump <file>：用于将参数服务器的参数保存到一个文件。

rosparam load <file>：用于从文件将参数加载到参数服务器。

3.2.7 消息记录包

消息记录包是一种用于保存和回放 ROS 消息数据的文件格式。消息记录包是一种用于存储数据的重要机制，它可以帮助用户记录一些难以收集的传感器数据，然后通过反复回放数据进行算法的性能开发和测试。ROS 创建的消息记录包文件以*.bag 为扩展名，通过播放、停止、后退操作该文件，可以像实时会话一样在 ROS 中再现情景，便于算法的反复调试。

3.3 开源社区级

ROS 开源社区中的资源非常丰富，而且可以通过网络共享以下软件和知识，主要资源包括以下几个。

发行版（Distribution）：类似于 Linux 发行版，ROS 发行版包括一系列带有版本号、可以直接安装的功能包，这使得 ROS 的软件管理和安装更加容易，而且可以通过软件集合来维持统一的版本号。

软件源（Repository）：ROS 依赖于共享网络上的开源代码，不同的组织结构可以开发或者共享自己的机器人软件。

ROS wiki：ROS wiki 记录 ROS 信息文档的主要论坛。所有人都可以注册、登录该论坛，并且上传自己的开发文档、进行更新、编写教程。

邮件列表（Mailing List）：ROS 邮件列表是交流 ROS 更新的主要渠道，同时也可以交流 ROS 开发的各种疑问。

ROS Answers：ROS Answers 是一个咨询 ROS 相关问题的网站，用户可以在该网站提交自己的问题并得到其他开发者的问答。

ROS discourse：ROS discourse 是一个论坛，在这个论坛中开发人员可以分享与 ROS 有关的新闻或者咨询与 ROS 相关的问题。

3.4 本章小结

本章介绍了 ROS 的系统架构，以及 ROS 的文件系统级、计算图级和开源社区级三个层次的概念。文件系统级是对整个 ROS 系统的架构描述，计算图级帮助理解 ROS 运行机制，开源社区级是 ROS 最大的特点，方便开发人员交流共享技术。读者熟知 ROS 的整体架构，方便后续对 ROS 进一步学习。

第 4 章　ROS 环境搭建

本章中我们将学习如何搭建 ROS 运行环境，主要包括 Ubuntu 18.04 和 ROS Melodic 发行版的安装方法。

4.1　Ubuntu 安装

4.1.1　制作 Ubuntu 系统盘

打开 Ubuntu 镜像文件下载页面，如图 4-1 所示。

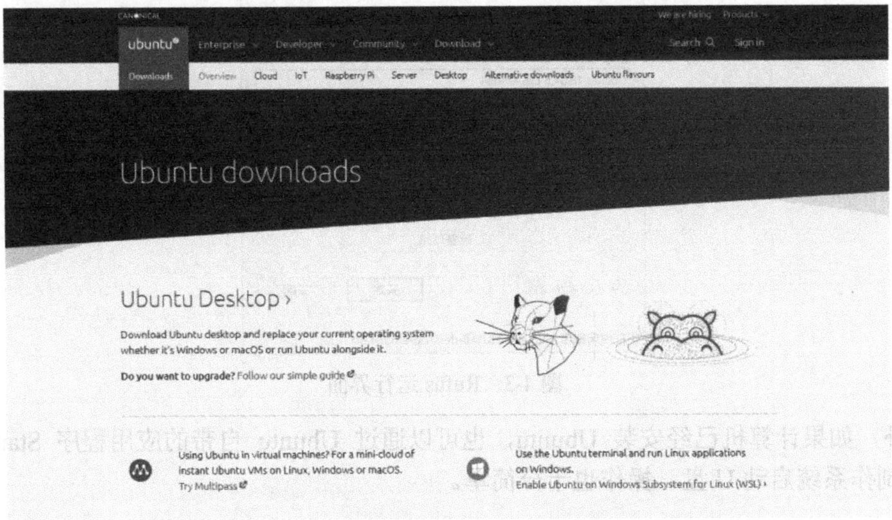

图 4-1　Ubuntu 镜像文件下载页面

单击 Alternative downloads，进入 Ubuntu 18.04 下载界面，如图 4-2 所示，找到 Ubuntu 18.04 LTS。根据自己计算机的配置下载相应的版本，这里我们下载 Ubuntu 18.04.6 Desktop (64-bit)镜像文件。

BitTorrent
BitTorrent is a peer-to-peer download network that sometimes enables higher download speeds and more reliable downloads of large files. You need a BitTorrent client on your computer to enable this download method.
Ubuntu 21.10
Ubuntu 21.10 Desktop (64-bit)
Ubuntu Server 21.10
Ubuntu 20.04.3 LTS
Ubuntu 20.04.3 Desktop (64-bit)
Ubuntu Server 20.04.3 LTS
Ubuntu 18.04.6 LTS
Ubuntu 18.04.6 Desktop (64-bit)
Ubuntu Server 18.04.6 LTS

图 4-2　Ubuntu 18.04 下载界面

用于制作 U 盘启动盘或刻录系统光盘的软件有很多，这里我们推荐使用 Rufus，它功能强大，大小仅有 1MB 左右，并且是开源的。

插上 U 盘（4GB 以上）后运行 Rufus，设备会自动加载 U 盘，然后“引导类型选择”选择刚下载好的 Ubuntu 系统 ISO 镜像文件，“分区类型”根据计算机的配置进行选择，它和“目标系统类型”组合选择（GPT+UEFI 和 MBR+BIOS），一般默认即可，最后单击“开始”等待制作完成，如图 4-3 所示。

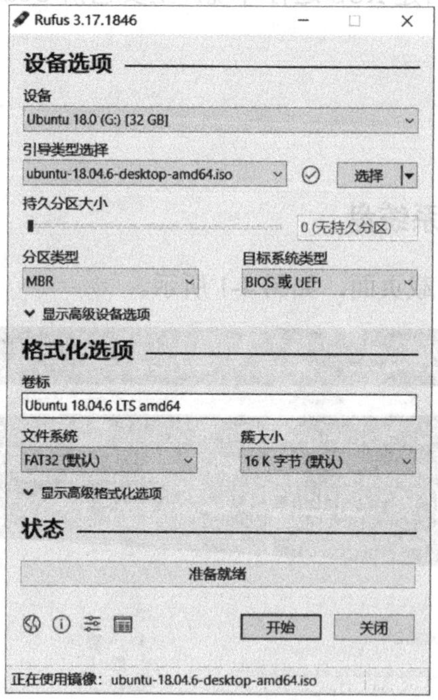

图 4-3　Rufus 运行界面

此外，如果计算机已经安装 Ubuntu，也可以通过 Ubuntu 自带的应用程序 Startup Disk Creator 制作系统启动 U 盘，操作也十分简单。

4.1.2　安装 Ubuntu

1）概述

Ubuntu 桌面版易于使用和安装，并包含运行组织、学校、家庭或企业所需的大部分功能。它是开源的、安全的、可访问的，并且可以免费下载。在本节教程中，我们将使用计算机的 USB 闪存驱动器将 Ubuntu 安装到计算机上。

2）要求

开始安装之前，我们需要考虑以下事项：

（1）将计算机连接至电源。

（2）确保至少有 25GB 的可用存储空间，或最少安装 5GB 的可用存储空间。

（3）可以访问包含要安装的 Ubuntu 版本的 U 盘。

（4）备份好计算机中所有的数据。

3）从 U 盘启动

首先将 U 盘插入计算机的 USB 接口，然后启动计算机，按 Escape 键进入计算机主板的 BIOS 启动界面，将启动顺序设为从 U 盘启动。Escape 是调出系统 BIOS 最常用的按键，但是 F2、F10 和 F12 是常用的替代按键。如果不确定，请在系统启动时寻找系统 BIOS 的提示。

4）准备安装 Ubuntu

（1）首先选择语言，界面如图 4-4 所示。

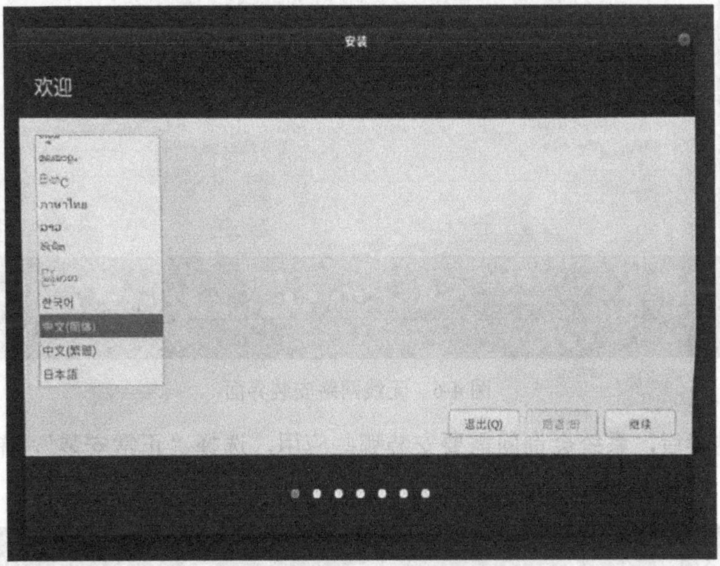

图 4-4　选择语言安装界面

（2）然后选择键盘布局。如果安装程序无法正确确认默认布局，请使用“探测键盘布局”按钮来执行简短的配置过程，如图 4-5 所示。

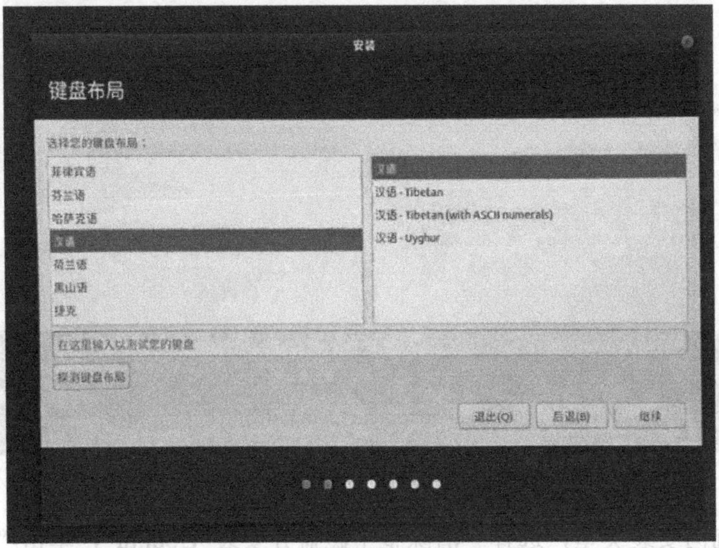

图 4-5　键盘布局安装界面

（3）选择继续后，系统会询问是否需要连接 Wi-Fi 无线网络，选择“我现在不想连接 Wi-Fi 无线网络”，并继续安装，如图 4-6 所示。

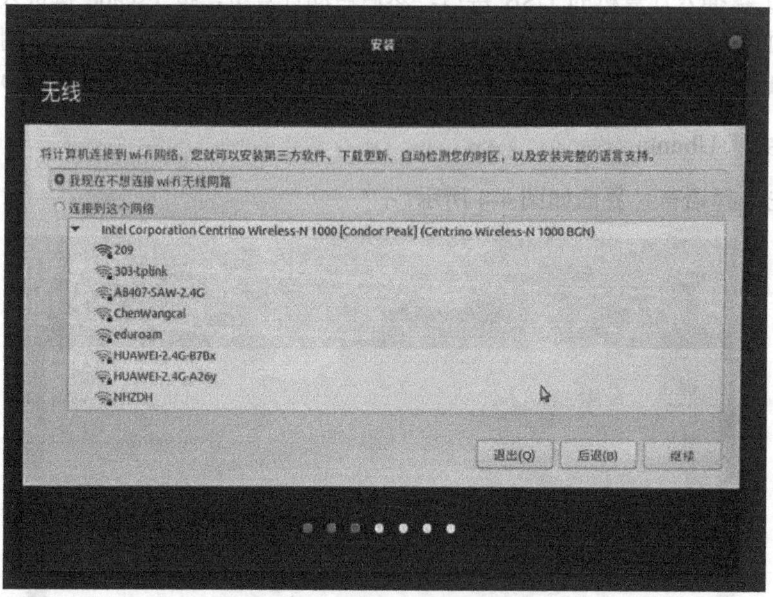

图 4-6　无线网络安装界面

（4）选择继续后，系统会询问需要安装哪些应用，选择“正常安装”，单击“继续”，如图 4-7 所示。

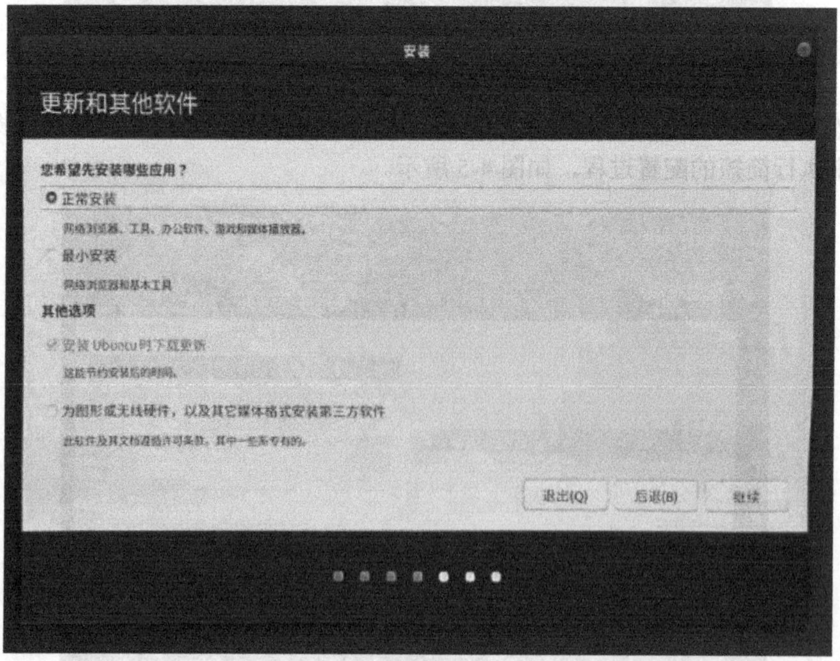

图 4-7　更新和其他软件安装界面

（5）系统询问安装类型，选择“清除整个磁盘并安装 Ubuntu”，单击“现在安装”，如图 4-8 所示。

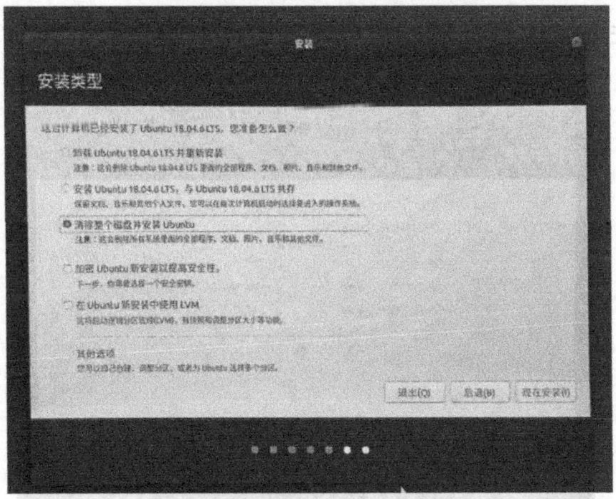

图 4-8 “安装类型”界面

（6）此时系统会提示是否继续，单击“继续”，如图 4-9 所示。

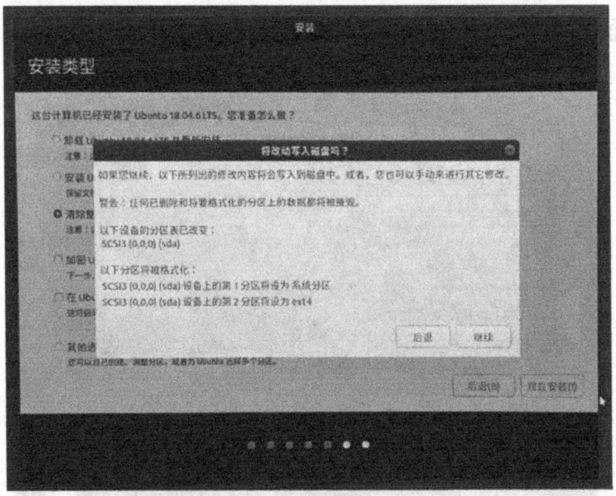

图 4-9 确认安装的界面

（7）选择继续后，系统将询问所在时区，选择“Shanghai”，并单击“继续”，如图 4-10 所示。

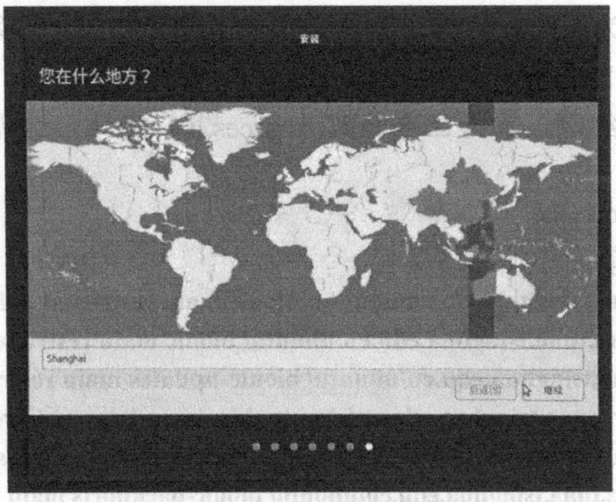

图 4-10 确认所在时区的安装界面

（8）最后，设置姓名、计算机名、用户名和密码，单击“继续”，如图 4-11 所示。

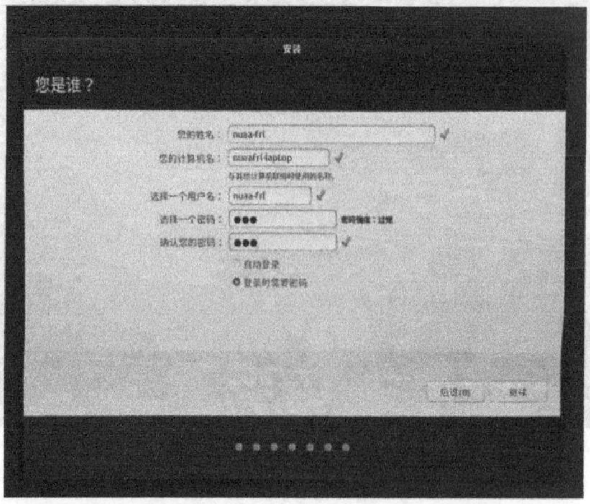

图 4-11　设置用户名、密码等的安装界面

（9）进入安装界面，等待一段时间，完成安装，如图 4-12 所示。

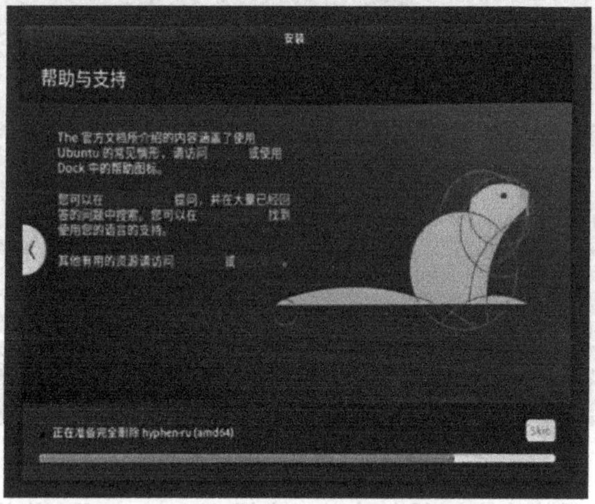

图 4-12　等待安装完成的安装界面

（10）设置软件库。

将系统软件库修改为国内软件库，具体操作参考 4.2.2 节。另外也可以使用命令行方式进行修改，具体操作如下。

第一步，打开一个终端，输入命令修改 sources.list 文件，这需要超级权限，所以要加 sudo 命令：

```
sudo gedit /etc/apt/sources.list
```

第二步，在文件最前面添加以下条目。

```
deb https://mirrors.tuna.tsinghua.edu.cn/ubuntu/ bionic main restricted universe multiverse
# deb-src https://mirrors.tuna.tsinghua.edu.cn/ubuntu/ bionic main restricted universe multiverse
deb https://mirrors.tuna.tsinghua.edu.cn/ubuntu/ bionic-updates main restricted universe multiverse
# deb-src https://mirrors.tuna.tsinghua.edu.cn/ubuntu/ bionic-updates main restricted universe multiverse
deb https://mirrors.tuna.tsinghua.edu.cn/ubuntu/ bionic-backports main restricted universe multiverse
# deb-src https://mirrors.tuna.tsinghua.edu.cn/ubuntu/ bionic-backports main restricted universe multiverse
```

```
deb https://mirrors.tuna.tsinghua.edu.cn/ubuntu/ bionic-security main restricted universe multiverse
# deb-src https://mirrors.tuna.tsinghua.edu.cn/ubuntu/ bionic-security main restricted universe multiverse
```

第三步，修改完成后，保存文件，然后运行下面的命令。

```
sudo apt-get update
sudo apt-get upgrade
```

4.1.3 Linux常用操作指令

1）cd：切换目录，其相关命令和功能如表4-1所示。

表4-1 cd相关命令和功能

命 令	功 能
Cd ./path	切换到当前目录下的文件夹中（path指当前目录下的文件夹名称）
Cd ..	返回上一层目录
Cd ../..	返回上两级目录
Cd /	返回到根目录
Cd -	返回上次所在的目录

2）ls：列出目录下的文件，其相关命令和功能如表4-2所示。

表4-2 ls相关命令和功能

命 令	功 能
Ls	不加任何参数，表示查询当前目录下的文件/文件夹
ls -a	表示查询所有的文件/文件夹，也包括以.开头的隐藏文件
ls -l	-l参数，表示查询文件的详细信息 后面加文件名，如果想查看具体某个文件的详细信息，可以再加上它的文件名
ls -F	列出文件或者目录，其中目录会以/结尾
ls -d	只显示当前目录自身，通常和-l搭配使用来显示当前目录自身的权限和属性信息
ls -r	倒序显示文件
ls -iR	将目录和子目录下的文件（夹）以树格式输出
ls *.xxx	显示后缀为xxx的文件
ls -lh	列出文件大小

3）mkdir：创建目录，其相关命令和功能如表4-3所示。

表4-3 mkdir相关命令和功能

命 令	功 能
mkdir xx1	在当前目录创建名称为xx1的文件夹
mkdir xx1 xx2	同时创建两个目录
mkdir -p path/xx1	创建多级目录

4）cp：复制文件/目录，其相关命令和功能如表4-4所示。

表4-4 cp相关命令和功能

命 令	功 能
cp file1 file2	复制一个文件，其中file1为源文件，file2为目标文件
cp -a dir1 dir2	复制一个目录，其中dir1为源文件夹，dir2为目标文件夹

5）rm：永久删除文件/目录，其相关命令和功能如表 4-5 所示。

表 4-5 rm 相关命令和功能

命　令	功　能
rm -f file1	强制删除一个名称为“file1”的文件
rm -rf dir1	删除一个名称为“dir1”的目录并删除其内容
rm -rf dir1 dir2	同时删除两个目录及其内容
rm -i file	删除文件 file，在删除之前会询问是否进行该操作

6）chmod：用于改变文件的权限。Linux 的文件调用权限分为三级：文件所有者（Owner）、用户组（Group）、其他用户（Other Users），如图 4-13 所示。例如，chmod 777 file 中 777 代表 111 111 111，将 file 的文件权限改变为 rwx，即可读、可写、可执行。

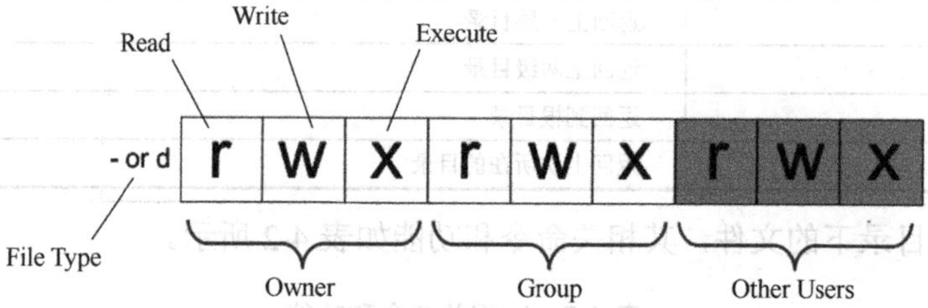

图 4-13 文件调用权限

7）mv：用于移动文件或目录。例如，mv file1 file2 dir 表示把文件 file1 和 file2 移动到目录 dir 中。mv file1 file2 表示把文件 file1 重命名为 file2。

8）whoami：显示当前登录的用户名。

9）who：显示目前系统中有哪些使用者。

10）users：显示登录 Linux 的当前用户。

11）uname：显示操作系统的信息，在命令中加入选项可以改变所显示的消息类型，其相关命令和功能如表 4-6 所示。

表 4-6 uname 相关命令和功能

命　令	功　能
uname -n	显示所使用系统的主机名称
uname -i	显示所使用系统的硬件平台名称
uname -r	显示操作系统发布的版本信息
uname -s	显示操作系统名称
uname -m	显示机器硬件名称
uname -p	显示中央处理器的类型
uname -a	显示所有的信息

12）date：显示系统当前的日期和时间。

13）cal：显示某月的日历。

14）clear：清除终端窗口中的显示。

15）whatis：whatis 后加其他命令，显示所查询命令的简单说明。

16）man：用来获取某个 Linux 命令的使用说明，在 Linux 中每个命令都有对应的说明文件。

17）info：info 命令作用和 man 类似，但 info 命令提供的信息更详细。

18）pwd：显示当前目录的绝对路径。

4.1.4　Shell 基础知识

Shell 既是一种脚本编程语言，也是一个连接内核和用户的软件，它连接了用户和 Linux 内核，让用户能够更加高效、安全、低成本地使用 Linux 内核。与其他语言不同，Shell 编程中的变量是非类型性质的，不必指定变量是数字还是字符串。Linux 的 Shell 编程支持三种变量类型。

1）用户自定义变量：可在编写 Shell 脚本时定义，用户自定义变量只在当前的 Shell 中生效。

2）环境变量：环境变量是全局变量，环境变量会在当前 Shell 和这个 Shell 的所有子 Shell 中生效。如果把环境变量写入相应的配置文件，那么这个环境变量就会在所有的 Shell 中生效。

3）内部变量：内部变量是 Linux 提供的一种特殊变量，在程序中用来进行判断。常见的内部变量及功能如表 4-7 所示。

表 4-7　常见的内部变量及功能

变　量	功　能
$0	当前脚本文件名称
$n	传递给脚本或函数的参数（n 表示第几个参数）
$#	传递给脚本或函数的参数个数
$*	传递给脚本或函数的所有参数
$@	传递给脚本或函数的所有参数
$?	上个命令的退出状态或函数的返回值
$$	当前 Shell 进程 ID

定义变量的形式一般为：变量名=值。变量的命名遵守规则如下：①首个字符必须为字母（a～z 和 A～Z）；②中间不能有空格，可以使用下画线；③不能使用标点符号；④不能使用 Shell 中的关键字。

访问变量值时，需在变量名前加一个$，例如，使用$myName 可以访问 myName 变量。

下面由一个简单的 hello.sh 脚本认识 Shell 的使用。新建一个文本文档，将文件名称改为.sh 或.bash，在文档中输入以下代码：

```
#!/bin/bash
echo "Hello World!"
```

第一行 #!/bin/bash 标识该 Shell 脚本由哪个 Shell 解释，接下来通过以下流程执行。

（1）chmod a+x hello.sh 表示赋予可执行权限，其中 a+x 代表将文件所有者、用户组、其

他用户都增加可执行权限，也可以改为 chmod 777 hello.sh。

（2）./hello.sh 表示执行，结果是得到 Hello World!的输出。

echo 关键字和 read 关键字的功能如下：

（1）echo：打印文字到屏幕；

（2）read：读标准输入。

新建一个.sh 文件，输入以下代码：

```
#!/bin/bash
read -p "请输入三个数字：" a b c
echo $a
echo $b
echo $c
```

运行该代码，终端会出现“请输入三个数字”，接着输入三个数字，在终端可以看到三个数字的输出。

（3）expr：对表达式进行求值操作。

新建一个.sh 文件，输入以下代码：

```
#!/bin/bash
n=1
m=3
expr $n + $m
```

运行该文件，在终端会显示出结果 4。

（4）test：用来判断表达式的真假，具体格式为：test 逻辑表达式。例如，用于比较两个字符串是否相等可以使用 tes"abc" = "xyz"。Linux 每个版本都包含 test 命令，但该命令有一个更常用的别名，即方括号“[ ]”，例如["abc" = "xyz"]。

（5）exec：执行另一个 Shell 脚本。

（6）exit：退出。

4.1.5 使用文本编辑器

Linux 配置需要编辑大量的配置文件，在图形界面中编辑这些文件很简单，通常用 gedit，它类似于 Windows 里的记事本。在很多情况下没有图形界面，只能在文本模式下编辑文件，这就需要掌握文本编辑器。接下来，我们来介绍两个主流的文本编辑器 vim 和 nano。

1）vim

vi（visual editor）是一个功能强大的文本模式全屏幕编辑器，它是 Linux 和 Unix 上最基本的文本编辑器，Ubuntu 提供的版本为 vim，是 vi 的改进型，vim 交互界面如图 4-14 所示。

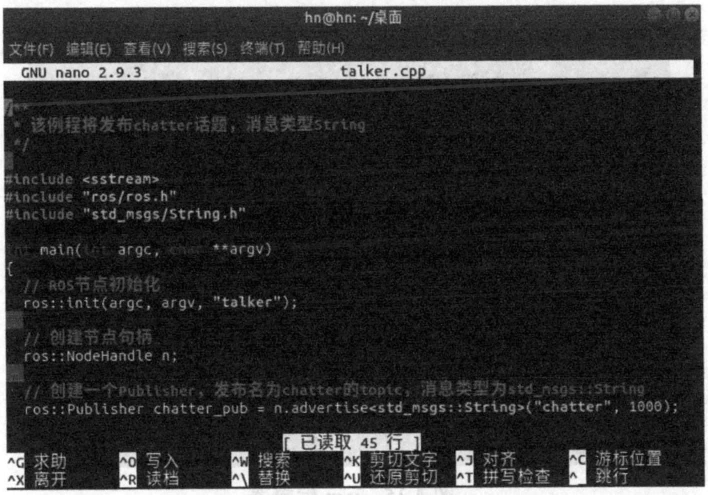

图 4-14 vim 交互界面

（1）vim 操作模式

vim 包括三种操作模式：命令模式、插入模式和末行模式。

命令模式（Command mode）：命令模式是默认模式，用 vi 打开一个软件以后自动进入此模式。输入任何字符都作为命令进行处理。

插入模式（Insert mode）：输入任何字符都将作为插入的字符进行处理。命令模式中无法编辑文件，要编辑内容需进入插入模式，按下“i、I、a、A、o、O”等就会进入插入模式，按下 Esc 键可退出插入模式，相关命令及功能如表 4-8 所示。

表 4-8 插入模式相关命令及功能

命 令	功 能
A	从当前光标位置右边开始输入下一个字符
A	从当前光标所在行的行尾开始输入下一个字符
I	从当前光标位置左边插入新的字符
I	从当前光标所在行的行首开始插入字符
O	从当前光标所在行新增一行并进入插入模式，光标移到新一行的行首
O	从当前光标所在行上方新增一行并进入插入模式，光标移到新一行行首

末行模式（Last line mode）：末行模式进行文件级操作，如保存文件、退出编辑器、设置编辑环境等。由命令模式输入“:”切换到末行模式，在末行模式按下 Esc 键可以进入命令模式。

（2）打开 vim

打开终端，输入 vi，进入 vim 编辑器，如图 4-15 所示。

输入 vi filename 即可打开指定的文件，若指定的文件名不存在，则打开一个新文件，保存时使用该文件名。

（3）编辑文件

进入 vim 后处于命令模式，按下“i、I、a、A、o、O”等进入插入模式，再进行编辑。接下来介绍常用的 vim 编辑命令。

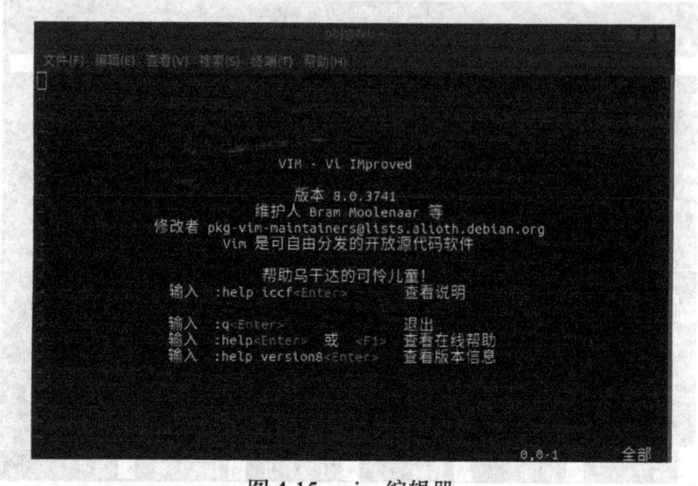

图 4-15 vim 编辑器

移动光标的命令及功能如表 4-9 所示。

表 4-9 移动光标的命令及功能

命 令	功 能
h 或左箭头	光标向左移动一格
j 或下箭头	光标向下移动一行
k 或上箭头	光标向上移动一行
l 或右箭头	光标向右移动一格
0	移到光标所在行首
$	移到光标所在行尾
w	跳转到下个单词的开头
gg	移到文件第一行
Shift+g 组合键	移到文件最后一行
Ngg	移到文件第 *N* 行（*N* 为自然数）
Ctrl+b 组合键	上翻一页
Ctrl+f 组合键	下翻一页
Ctrl+d 组合键	光标向下移动半个屏幕
Ctrl+u 组合键	光标向上移动半个屏幕

删除的命令及功能如表 4-10 所示。

表 4-10 删除的命令及功能

命 令	功 能
x	向后删除一个字符
nx	向后删除 *n* 个字符
dd	删除光标所在行
ndd	从光标所在行开始向下删除 *n* 行

复制的命令及功能如表 4-11 所示。

表 4-11　复制的命令及功能

命　令	功　能
y	复制光标所在字符
yw	复制光标所在处到字尾的字符
yy	复制光标所在行
nyy	复制从光标所在行开始往下的 *n* 行

粘贴的命令分为以下两种情况。

若之前操作（删除或复制）的是数据行，则相关的命令及功能如表 4-12 所示。

表 4-12　粘贴的命令及功能（一）

命　令	功　能
p	将数据粘贴到当前行之下
P	将数据粘贴到当前行之上

若之前操作（删除或复制）的是字符，则相关的命令及功能如表 4-13 所示。

表 4-13　粘贴的命令及功能（二）

命　令	功　能
p	将数据粘贴到光标之后
P	将数据放置到光标之前

查找字符串的命令及功能如表 4-14 所示。

表 4-14　查找字符串的命令及功能

命　令	功　能
/关键字	向下搜索关键字
？关键字	向上搜索关键字

撤销或重复操作的命令及功能如表 4-15 所示。

表 4-15　撤销或重复操作的命令及功能

命　令	功　能
u	复原最近一次的操作
.	重复之前命令

（4）保存文件和退出 vim。

保存文件和退出 vim 需要进入末行模式，常用命令及功能如表 4-16 所示。

表 4-16　末行模式常用命令及功能

命　令	功　能
:w	将文件保存
:q	退出 vim
:wq	将文件保存后退出 vim
:w!	强制将文件保存
:q!	强制退出 vim
:wq!	强制将文件保存后退出 vim

2）nano

nano 是一个比 vim 简单的字符终端文本编辑器，适合 Linux 初学者使用。执行 nano 命令打开文本之后可以直接进行编辑，例如这里执行命令 sudo nano /etc/bash.bashrc 编辑 bash.bashrc 文件，结果如图 4-16 所示。

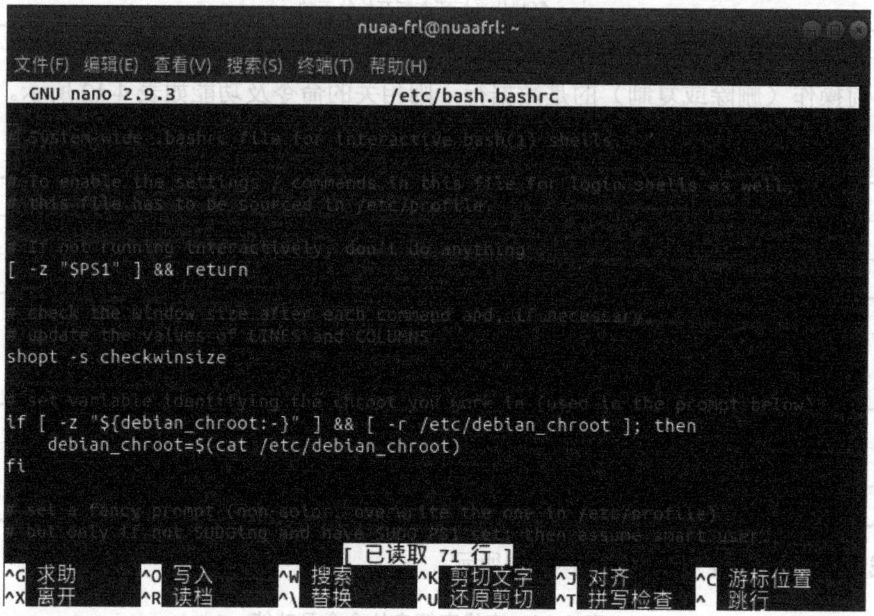

图 4-16　nano 运行界面

nano 常见命令及功能如表 4-17 所示。

表 4-17　nano 常见命令及功能

命　令	功　能
Ctrl+G 组合键	显示帮助，再按一次 Ctrl+G 组合键退出显示帮助
Ctrl+O 组合键	保存
Ctrl+W 组合键	搜索
Ctrl+K 组合键	剪切文字
Ctrl+J 组合键	对齐
Ctrl+C 组合键	显示游标位置
Ctrl+X 组合键	离开
Ctrl+R 组合键	插入其他文件到当前文件
Ctrl+\组合键	替换
Ctrl+U 组合键	还原剪切
Ctrl+T 组合键	拼写检查
Ctrl+_组合键	跳行

4.1.6　Linux 下 ssh 的使用

ssh 是一种在应用程序中提供安全通信的协议，通过 ssh 可以安全地访问服务器，是

Linux 管理中经常要用到的一种远程访问与控制技术。在 Ubuntu 中若想登录其他电脑，需安装 openssh-client，若想使用自己的计算机开放 ssh 服务，需安装 openssh-server。运行以下命令安装 ssh 工具：

```
$ sudo apt-get install openssh-server
$ sudo apt-get install openssh-client
```

可通过以下命令查看 Ubuntu 是否安装了 ssh-server 和 ssh-client，运行结果如图 4-17 所示。

```
$ dpkg -l | grep ssh
```

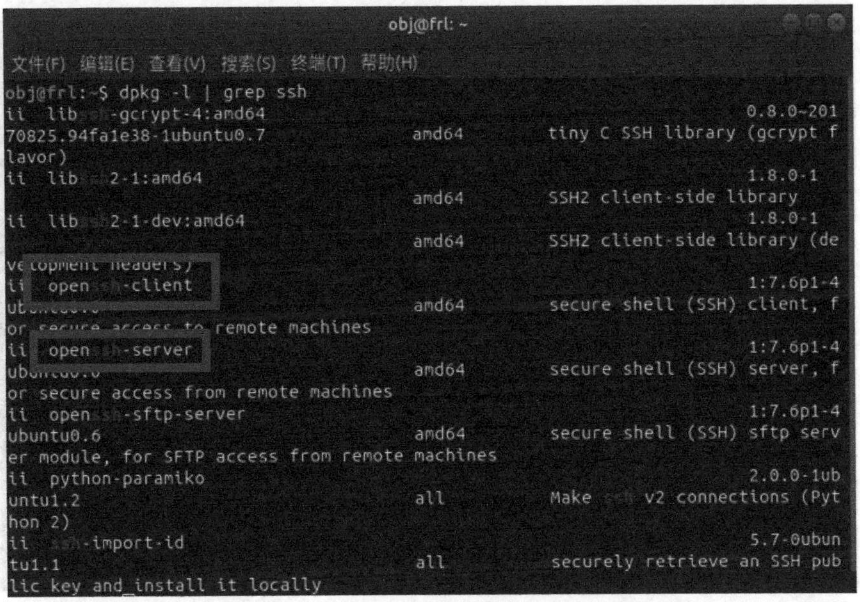

图 4-17 运行结果

运行以下命令确认 ssh-server 是否启动，运行结果如图 4-18 所示。

```
$ ps -e | grep ssh
```

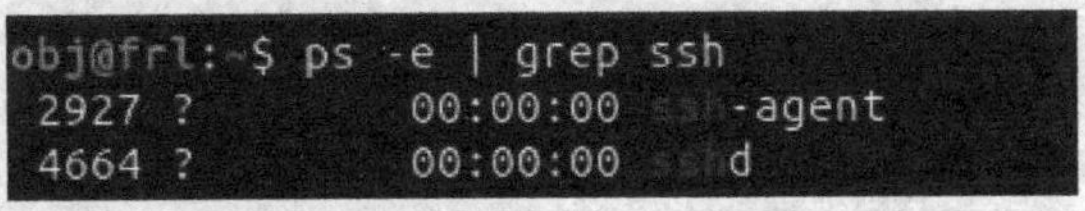

图 4-18 运行结果

如果出现 sshd，则说明 ssh-server 已经启动，若没有，可以通过以下命令启动：

```
$ sudo /etc/init.d/ssh start
```

接下来介绍如何使用 ssh 进行远程登录。

首先确定本机的用户名，如图 4-18 中@标志前的 obj 为本机用户名，通过以下命令确定本机的地址：

```
$ ifconfig
```

若出现如图 4-19 所示的问题，可以通过以下命令安装 net-tools：

```
$ sudo apt-get install net-tools
```

安装完 net-tools 后，通过 ifconfig 命令查看服务器的 IP 地址，运行结果如图 4-20 所示。

查看远程登录计算机的用户名和地址，结果如图 4-21 所示。

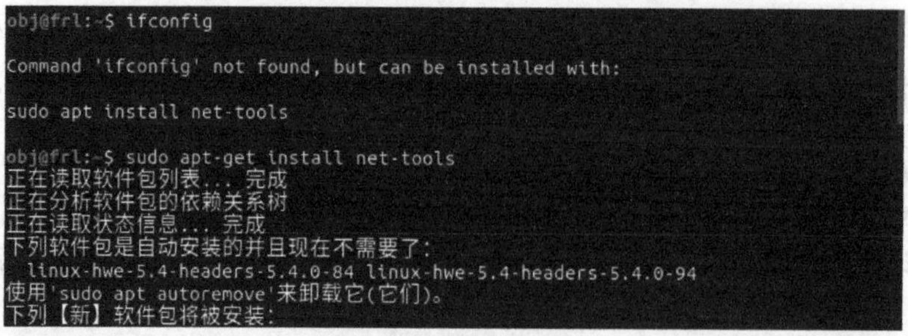

图 4-19　ifconfig 失败

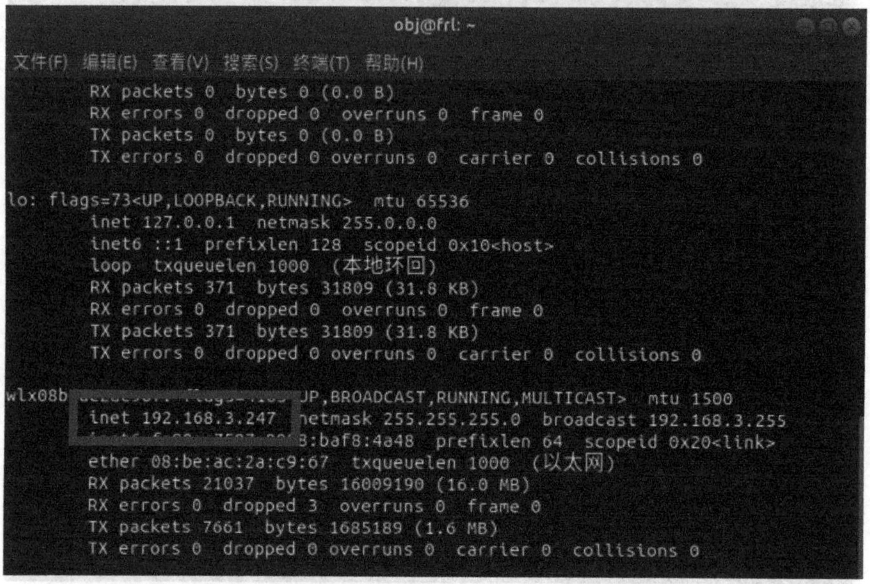

图 4-20　查看服务器的 IP 地址

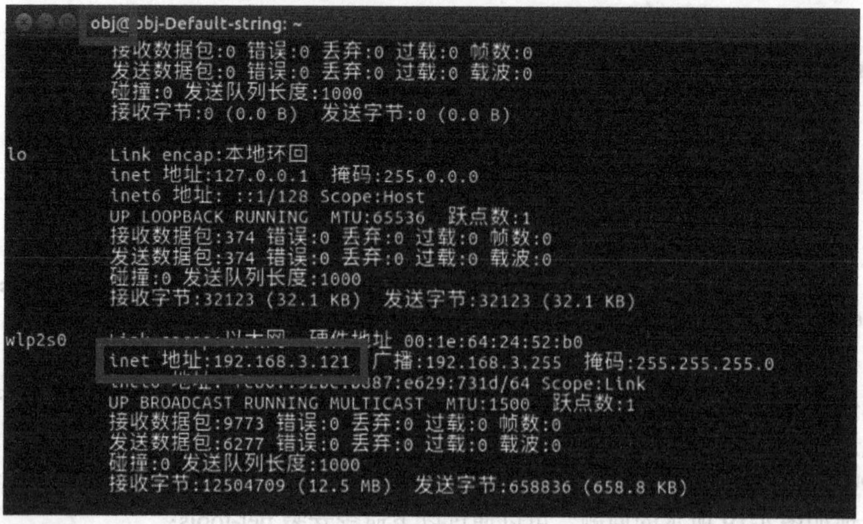

图 4-21　查看远程登录的计算机用户名和地址

运行以下命令，进行远程登录，并输入 yes 和远程登录的计算机密码，如图 4-22 所示。

$ ssh obj@192.168.3.121

图 4-22 进行远程登录

从图 4-22 中可以看出已经远程登录成功，接下来就可以进行远程操作了，如图 4-23 所示。

图 4-23 远程操作

运行 ls 指令，可以看到远程登录的计算机目录下的文件。

4.2 ROS 安装

1）ROS 版本选择

ROS 从 2010 年 3 月 2 日发布第一版 ROS Box Turtle 至今（截至 2022 年 12 月）已有 13

个版本，其中有 3 个长期支持版本，并对应着 Ubuntu 的 3 个 LTS 版本，如表 4-18 所示。

表 4-18 Ubuntu 和 ROS 的对应版本

发行日期	ROS 版本	对应 Ubuntu 版本
2020.5	ROS Noetic	Ubuntu 20.04
2018.5	ROS Melodic	Ubuntu 18.04
2016.5	ROS Kinetic	Ubuntu 16.04

目前以 ROS Melodic 版本最为常用，因此本书中的后续程序示例均基于该版本，下面我们开始安装 ROS Melodic 版本。

2）配置 Ubuntu 软件库

在 Ubuntu 桌面左下角的搜索按钮中搜索“软件和更新”，打开后的页面如图 4-24 所示。

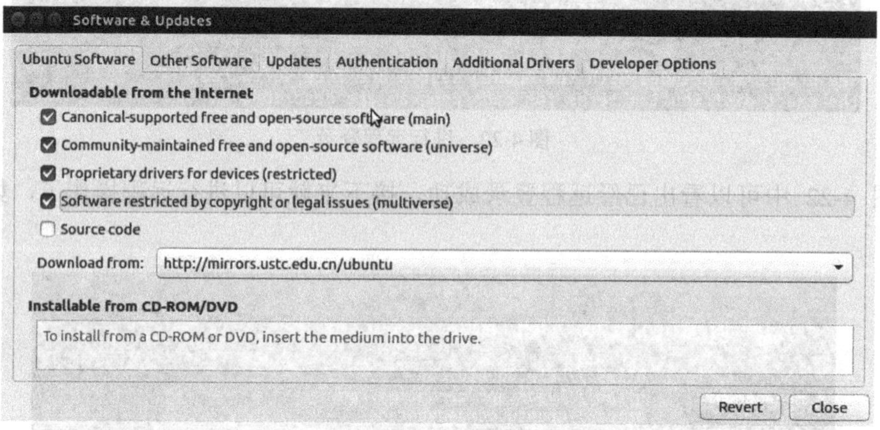

图 4-24 Software & Updates 配置

打开后按照上图进行配置（确保“main”、“universe”、“restricted”和“multiverse”已经勾选）。

3）添加软件库到 souces.list 中

配置计算机使其可以从 packages.ros.org 接收软件包。打开一个终端，输入以下指令：

```
sudo sh -c '. /etc/lsb-release && echo"deb http://mirrors.ustc.edu.cn/ros/ubuntu/ $DISTRIB_CODENAME main" > /etc/apt/sources.list.d/ros-latest.list'
```

4）设置密钥

输入以下命令设置密钥：

```
sudo apt-key adv --keyserver keyserver.ubuntu.com --recv-keys F42ED6FBAB17C654
```

5）安装 ROS

输入以下命令更新系统软件包，以确保系统软件处于最新版：

```
$ sudo apt-get update
```

安装 ROS Melodic 桌面完整版（推荐），此版本包含 ROS、rqt、rviz、通用机器人函数库、导航、2D/3D 仿真器及感知功能：

```
$ sudo apt-get install ros-melodic-desktop-full
```

该步骤可能需要耗费大量时间，请读者耐心等待。

6）配置环境

输入以下命令初始化环境变量，使得每次打开一个新的终端时 ROS 环境变量都能够自动配置好（即添加到 bash 会话中）：

```
$ echo "source /opt/ros/melodic/setup.bash" >> ~/.bashrc
$ source ~/.bashrc
```

7）安装 rosinstall

rosinstall 是一个常用的命令行工具，它使用户能够轻松地通过一个命令下载许多 ROS 包的源码。要安装这个工具和其他构建 ROS 包的依赖项，请运行以下命令：

```
$ sudo apt-get install python-rosinstall
```

8）初始化 rosdep

在开始使用 ROS 前首先需要对 rosdep 初始化，具体命令如下：

```
$ sudo apt-get install python-rosdep
$ sudo rosdep init
$ rosdep update
```

若 sudo rosdep init 命令运行错误，可参考本书 8.3.3 节实验部分 Autoware 目标检测实验的解决方法。

9）运行小海龟例程

下面运行小海龟例程来测试 ROS 是否成功安装。按照以下操作在终端中输入相应命令，具体命令的含义以及相关的讲解将会在后面的教程中详细说明。

（1）开启终端，输入以下命令启动 ROS master，如图 4-25 所示。

```
$ roscore
```

图 4-25　roscore 界面

（2）再开启一个终端，输入以下命令便可以看到一个有小海龟的界面，如图 4-26 所示。

```
$ rosrun turtlesim turtlesim_node
```

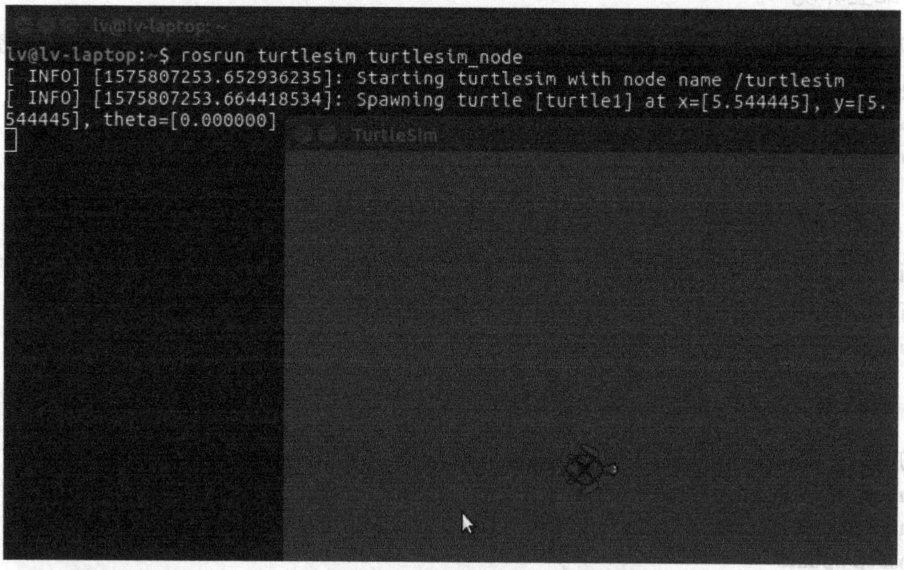

图 4-26　小海龟仿真器界面

（3）开启第三个终端，输入下面的命令便可以通过键盘的上、下、左、右键来控制小海龟在界面中运动，如图 4-27 所示。

```
$ rosrun turtlesim turtle_teleop_key
```

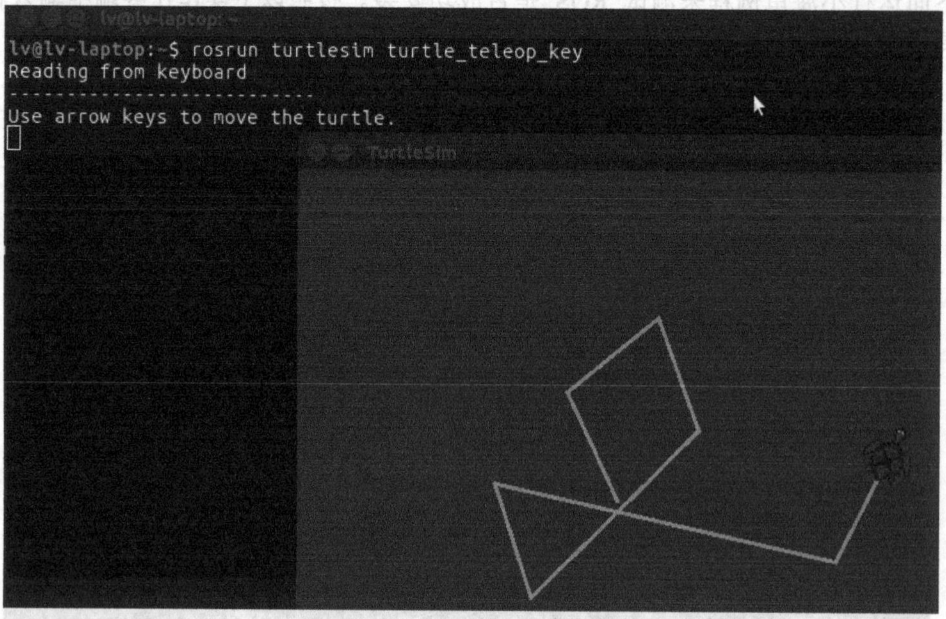

图 4-27　键盘控制小海龟运动

如果上述操作均可完成，则说明 ROS 已成功安装。到此为止，即成功安装了 ROS 系统，并运行了第一个 ROS 例程。

4.3　本章小结

本章内容主要是对 ROS 环境搭建的介绍，4.1 节介绍如何安装 Ubuntu，同时简单地讲解了 Linux 常用操作和常用工具，方便后续开发；4.2 节介绍 ROS 的安装具体步骤。我们接下来就可以实际上手操作，通过亲自动手来熟练掌握命令用法。

第 5 章　ROS 编程基础

在搭建完 ROS 环境之后，本章将会开始对 ROS 的使用方法进行初步探索，包括创建工作空间、创建功能包、使用 ROS 节点、ROS 节点交互、使用参数服务器和创建节点等。

5.1　创建工作空间

在开始具体工作之前，首先需要创建工作空间。通过 Ctrl+Alt+T 组合键打开终端，我们要新建工作空间的文件夹，输入以下命令：

```
$ mkdir -p ~/catkin_ws/src
$ cd ~/catkin_ws/src
$ catkin_init_workspace
```

执行后的界面如图 5-1 所示。

图 5-1　catkin_init_workspace 命令的输出

上述命令将在主文件夹内创建一个名为 catkin_ws 的工作空间的文件夹，在这个文件夹中有另一个名为 src 的文件夹。src 文件夹的名字不能修改，但是可以修改 src 文件夹中文件的名称。之后用 cd 命令切换到 src 文件夹并初始化一个新的 ROS 工作空间。如果不初始化工作空间，就不能正确地创建、编译和链接程序包。

创建完成后，我们可以通过 cd 命令在工作空间的根目录下使用 catkin_make 命令编译整个工作空间：

```
$ cd ~/catkin_ws/
$ catkin_make
```

编译完成后的终端界面如图 5-2 所示。

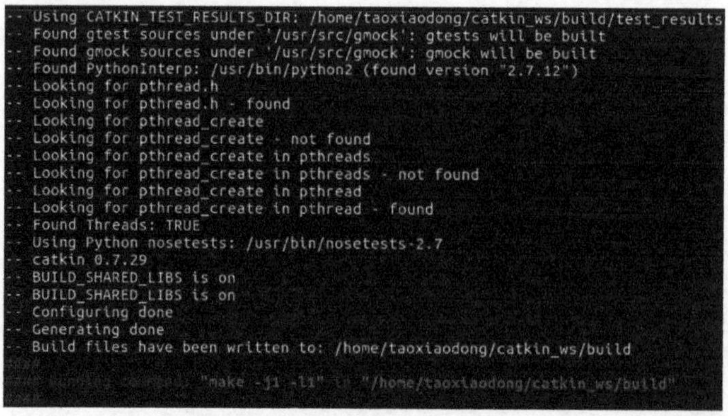

图 5-2　catkin_make 命令的输出

现在打开 home 文件夹内的 catkin_ws 工作空间文件夹，里面就自动产生了 devel 和 build 两个新的文件夹，如图 5-3 所示。

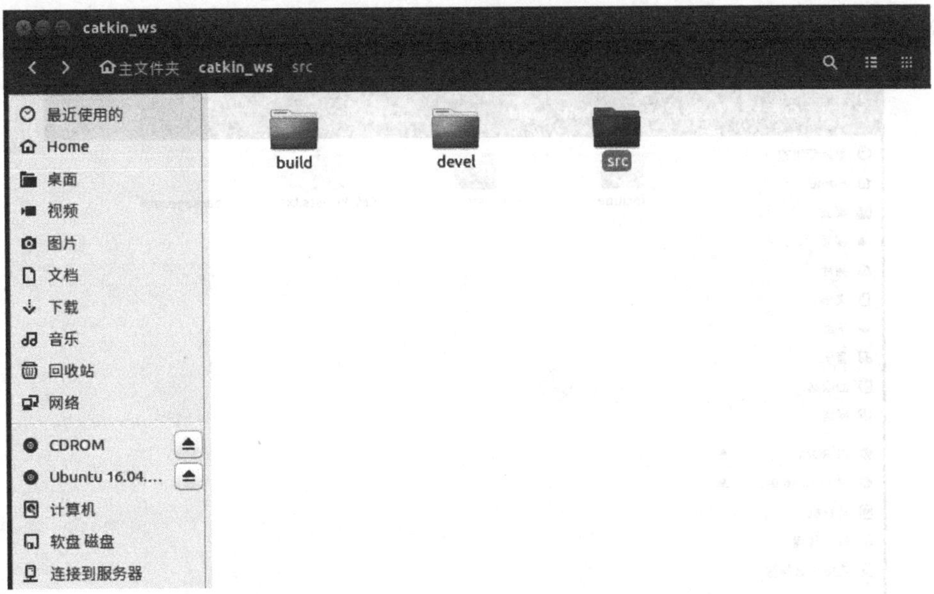

图 5-3 执行 catkin_make 命令后的 catkin_ws 文件夹

打开 devel 文件夹会发现其中已经产生了几个 setup.*sh 形式的环境变量设置脚本，我们可以使用 source 命令运行这些脚本文件，使工作空间中的环境变量得以生效。

```
$ source devel/setup.bash
```

如果不确定环境变量是否生效，可以使用以下命令进行检查：

```
$ echo $ROS_PACKAGE_PATH
```

执行命令后，如果打印的路径中包含当前工作空间的路径，则表示环境变量设置成功，命令运行结果如图 5-4 所示。

obj@frl:~$ echo $ROS_PACKAGE_PATH
/home/obj/catkin_ws/src:/opt/ros/melodic/share
obj@frl:~$

图 5-4 查看当前工作空间路径

5.2 创建功能包

一个 ROS 功能包中包含 package.xml 和 CMakeLists.txt 等文件。package.xml 文件提供了功能包的元信息，即功能包的属性；CMakeLists.txt 文件则记录了功能包的编译规则。

ROS 提供了直接创建功能包的命令，其使用方法如下：

```
$ catkin_create_pkg <package_name> [depend1] [depend2] [depend3]
```

运行命令时，需要在命令的 <package_name> 部分输入功能包的名称和所依赖的其他功能包的名称（如 depend1、depend2 等）。例如，如果我们想创建一个名为“hello_world”的功能包，这个功能包依赖于 roscpp、rospy、std_msgs 等功能包，则需要在工作空间中的 src 文件夹下执行以下命令：

```
$ cd ~/catkin_ws/src
$ catkin_create_pkg hello_world roscpp rospy std_msgs
```

执行完命令后，src 文件夹内就会自动生成一个名为 hello_world 的功能包，其中包含了 package.xml 和 CMakeLists.txt 文件，如图 5-5 所示。

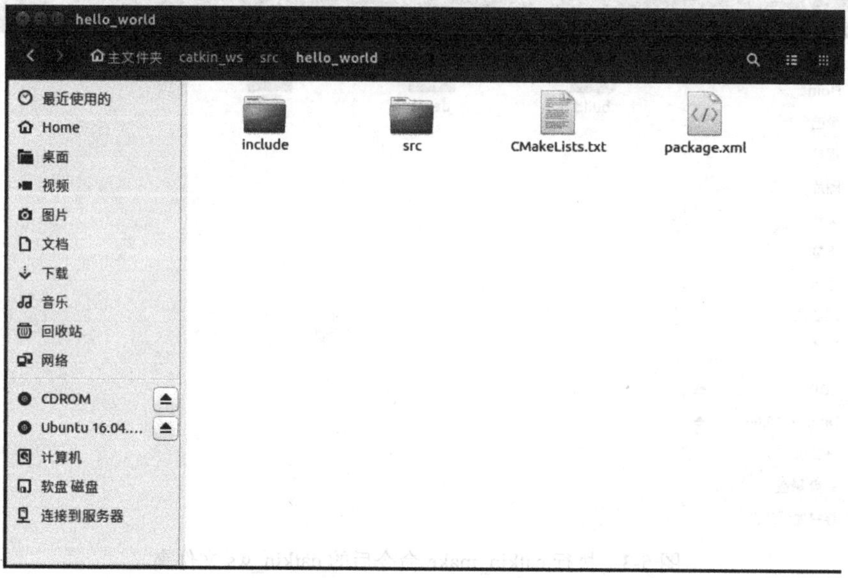

图 5-5　hello_world 功能包

可以看到，除了之前所说的 package.xml 和 CMakeLists.txt 文件，还有 src 及 include 文件夹。src 文件夹中保存着 ROS 功能包的源代码，通常是 C++文件。如果想要保存 Python 脚本，那么需要在功能包文件夹中自行创建一个名为 scripts 的文件夹。include 文件夹包含了源代码的头文件，这个文件夹可以自动生成，第三方的函数库文件也可以放到这个文件夹中。

之后回到工作空间的根目录下使用 catkin_make 命令进行编译，并且设置环境变量：

```
$ cd ~/catkin_ws/
$ catkin_make
$ source ~/catkin_ws/devel/setup.bash
```

以上便完成了对一个 ROS 功能包的创建。

需要注意的是，ROS 不允许在某个功能包中嵌套其他功能包，如果有多个功能包就需要平行存放在代码空间中；在同一个工作空间下，不能够存在具有相同名称的功能包，否则编译过程中会报错。

5.3　使用 ROS 节点

一个节点是 ROS 功能包中的一个可执行文件。ROS 节点可以与其他节点通信，节点可以发布或接收一个话题。节点都是可执行程序，放置在 devel 文件夹中。接下来我们将分析 turtlesim 的典型功能包。

首先，如果安装了完整版本的 ROS，那么系统已经有了 turtlesim 功能包。如果没有，可以使用以下命令进行安装：

$ sudo apt-get install ros-melodic-ros-tutorials

打开终端并且使用命令 roscore 打开 ROS 的 master 节点：

$ roscore

为了获得节点信息，我们可以再打开一个终端，使用 rosnode 工具。为了查看 rosnode 命令有哪些参数，可以输入命令：

$ rosnode

将会得到一个可接受参数清单，如图 5-6 所示。

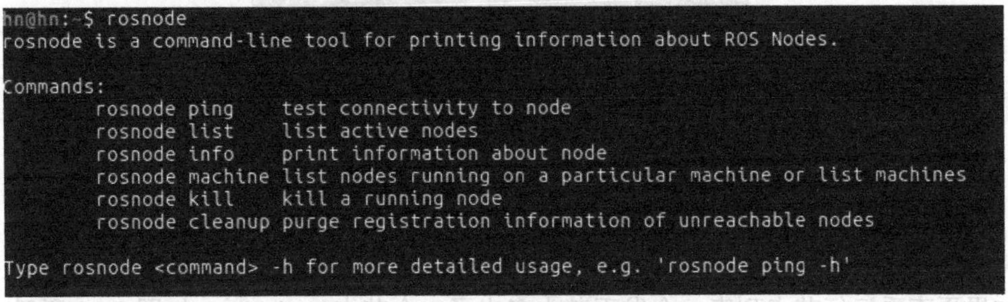

hn@hn:~$ rosnode
rosnode is a command-line tool for printing information about ROS Nodes.
Commands:
rosnode ping   test connectivity to node
rosnode list   list active nodes
rosnode info   print information about node
rosnode machine list nodes running on a particular machine or list machines
rosnode kill   kill a running node
rosnode cleanup purge registration information of unreachable nodes
Type rosnode <command> -h for more detailed usage, e.g. 'rosnode ping -h'

图 5-6　rosnode 可接受参数清单

我们若想要获取正在运行的节点的相关信息，输入命令：

$ rosnode list

将会看到系统正在运行的所有节点列表，当前系统只运行了 master 节点，因此终端只有一个 /rosout 信息，用来收集日志以及 debug 输出结果，运行结果如图 5-7 所示。

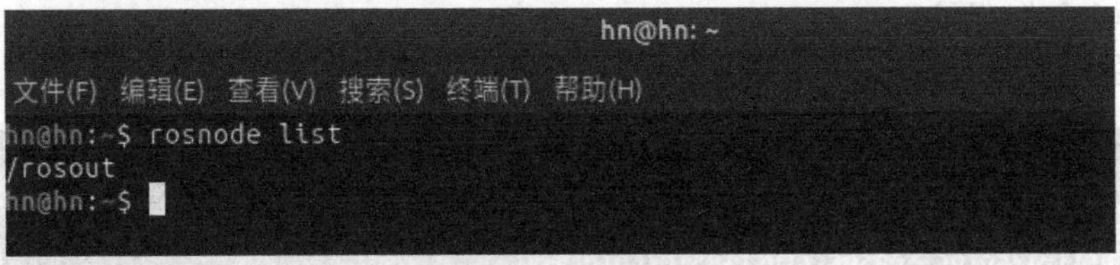

图 5-7　查看当前运行节点

要查看节点的具体信息，可以运行以下命令，运行结果如图 5-8 所示。

$ rosnode info /rosout

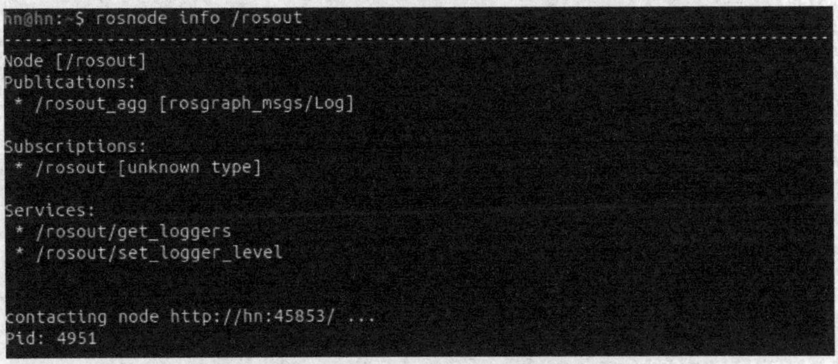

图 5-8　查看 rosout 节点信息

接下来，我们利用 rosrun 命令启动新的节点 turtlesim_node，命令如下：

$ rosrun turtlesim turtlesim_node

我们将看到弹出一个新窗口，窗口中有一只小海龟，如图 5-9 所示。

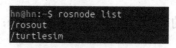

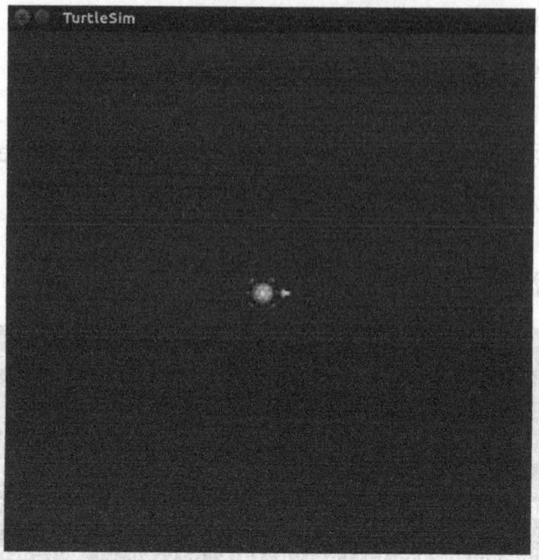

图 5-9　小海龟窗口

如果再查看运行节点列表，会发现其中多出了一个节点/turtlesim，如图 5-10 所示。

```
hn@hn:~$ rosnode list
/rosout
/turtlesim
```

图 5-10　节点清单变化

我们来尝试用 rosnode info 命令查看节点信息：

$ rosnode info /turtlesim

该命令的输出信息如图 5-11 所示。

```
--------------------------------------------------------------------------------
Node [/turtlesim]
Publications:
 * /rosout [rosgraph_msgs/Log]
 * /turtle1/color_sensor [turtlesim/Color]
 * /turtle1/pose [turtlesim/Pose]

Subscriptions:
 * /turtle1/cmd_vel [unknown type]

Services:
 * /clear
 * /kill
 * /reset
 * /spawn
 * /turtle1/set_pen
 * /turtle1/teleport_absolute
 * /turtle1/teleport_relative
 * /turtlesim/get_loggers
 * /turtlesim/set_logger_level


contacting node http://hn:39283/ ...
Pid: 3770
Connections:
 * topic: /rosout
    * to: /rosout
    * direction: outbound
    * transport: TCPROS
```

图 5-11　节点/turtlesim 信息

在以上信息中，我们可以看到 publication、subscription 以及 services，这涉及节点交互所用的通信机制。下一节将介绍节点间的交互。

5.4　ROS 节点交互

本节我们将初步使用 ROS 的两种通信方式——话题节点和服务节点。话题是 ROS 里一种异步通信模型，一般节点间分工明确，有的节点只负责发送，有的节点只负责接收处理。对于绝大多数的机器人应用场景，例如传感器数据和速度控制指令的收发，话题节点是最适合的通信方式。

服务是一种请求和反馈的通信机制。请求的一方通常被称为客户端，提供服务的一方被称为服务器端。服务相比于话题的不同之处在于：消息的传输是双向的、有反馈的，而不是单一的流向；消息往往不会以固定频率传输，是不连续的，而是在需要时才会向服务器发起请求。

1）话题

上一节我们已经运行了/turtlesim 节点，接下来我们运行以下命令：

```
$ rosrun turtlesim turtle_teleop_key
```

运行该节点，我们可以用键盘上的方向箭头按键操作小海龟移动。我们可以通过以下命令查看现在系统运行的所有话题，如图 5-12 所示。

```
$ rostopic list
```

```
hn@hn:~$ rostopic list
/rosout
/rosout_agg
/turtle1/cmd_vel
/turtle1/color_sensor
/turtle1/pose
```

图 5-12　list 查看话题清单

其中，/turtle1/cmd_vel 就是用来控制小海龟运动的话题。我们可以运行以下命令输出话题的实时消息内容，结果如图 5-13 所示。

```
hn@hn:~$ rostopic echo /turtle1/cmd_vel
linear:
  x: 2.0
  y: 0.0
  z: 0.0
angular:
  x: 0.0
  y: 0.0
  z: 0.0
---
linear:
  x: 0.0
  y: 0.0
  z: 0.0
angular:
  x: 0.0
  y: 0.0
  z: -2.0
---
linear:
  x: 2.0
  y: 0.0
  z: 0.0
angular:
  x: 0.0
  y: 0.0
  z: 0.0
---
```

图 5-13　echo 查看话题内容

```
$ rostopic echo /turtle1/cmd_vel
```

此时按下相应的方向键，消息也会实时地变化。

另外，我们还可以通过命令行发送命令的方式控制小海龟的运动。发送命令如下：

```
$ rostopic pub /turtle1/cmd_vel geometry_msgs/Twist -- '[3.0, 0.0, 0.0]' '[0.0, 0.0, 1.0]'
```

其中，线速度为 3.0，角速度为 1.0。消息发布之后，可以观察到小海龟移动了一小段距离后便会停止移动。如果需要控制小海龟连续运动，可将命令修改如下：

```
$ rostopic pub -r 20 /turtle1/cmd_vel geometry_msgs/Twist -- '[3.0, 0.0, 0.0]' '[0.0, 0.0, 1.0]'
```

其中，-r 20 表示话题以 20Hz 的频率持续发送，此时小海龟将持续做圆周运动。

如果要以图形化的方式显示当前节点与话题的关系，可以通过以下命令查看：

```
$ rqt_graph
```

这时会弹出一个窗口，其中展示了所有的节点以及话题之间的连接关系，如图 5-14 所示。

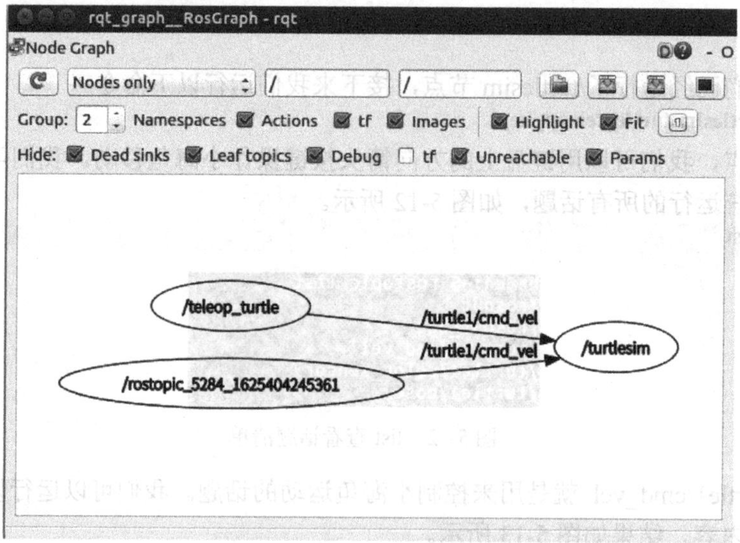

图 5-14　rqt_graph 运行结果

读者还可以继续尝试 rostopic 相关命令，相关命令及功能如表 5-1 所示。

表 5-1　rostopic 相关命令及功能

命　令	功　能
rostopic list	显示活动的话题目录
rostopic echo [话题名称]	实时显示指定话题的消息内容
rostopic find [类型名称]	显示使用指定类型的消息的话题
rostopic type [话题名称]	显示指定话题的消息类型
rostopic bw [话题名称]	显示指定话题的消息带宽（bandwidth）
rostopic hz [话题名称]	显示指定话题的消息数据发布周期
rostopic info [话题名称]	显示指定话题的信息
rostopic pub [话题名称] [消息类型] [参数]	用指定的话题名称发布消息
rosmsg show [msg/srv]	查看 msg/srv 的详细内容
rosmsg list	显示所有的 msg/srv

2）服务

服务是提供节点之间相互通信的另一种方法，服务允许节点发送请求和接收响应。我们使用命令：

$ rosservices list

查看当前运行的服务列表，注意此时应提前运行 roscore 并启动 turtlesim 节点，将得到如图 5-15 所示的结果。

```
hn@hn:~$ rosservice list
/clear
/kill
/reset
/rosout/get_loggers
/rosout/set_logger_level
/spawn
/turtle1/set_pen
/turtle1/teleport_absolute
/turtle1/teleport_relative
/turtlesim/get_loggers
/turtlesim/set_logger_level
hn@hn:~$
```

图 5-15　list 查看服务清单

如果想查看某个特定服务的类型，如/clear 服务，可以使用以下命令，结果如图 5-16 所示。

$ rosservice type /clear

```
hn@hn:~$ rosservice type /clear
std_srvs/Empty
hn@hn:~$
```

图 5-16　查看/clear 服务的类型

若想使用该服务，可以使用以下命令：

$ rosservice call /clear

此时小海龟的移动线条消失了。

接下来我们尝试其他服务，如/spawn 服务。/spawn 服务将在小海龟弹窗中创建另外一只小海龟。运行以下命令查看该服务的相关信息，结果如图 5-17 所示。

$ rosservice info /spawn

```
hn@hn:~$ rosservice info /spawn
Node: /turtlesim
URI: rosrpc://hn:52283
Type: turtlesim/Spawn
Args: x y theta name
```

图 5-17　/spawn 服务信息

我们可以通过以下命令获得该服务的具体数据类型，结果如图 5-18 所示。

$ rossrv show turtlesim/spawn

```
hn@hn:~$ rossrv show turtlesim/spawn
float32 x
float32 y
float32 theta
string name
---
string name
```

图 5-18　查看/spawn 服务的信息

通过这些字段，我们就可以知道，调用/spawn 服务需指定新创建的小海龟的位置坐标、方向角以及名字，运行以下命令进行新的小海龟的创建，命令运行结果如图 5-19 和图 5-20 所示。

```
$ rosservice call /spawn "x:2.0 y:5.0 theta:1.0 name:'turtle2' "
```

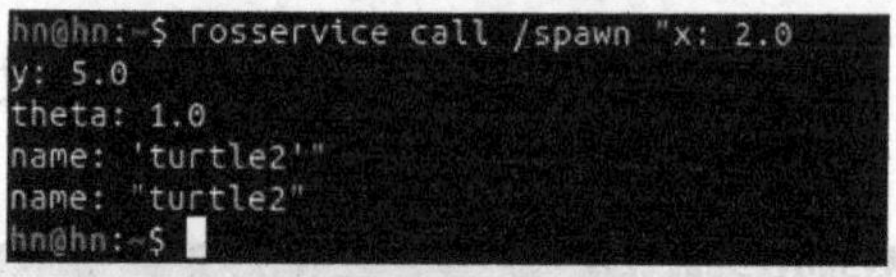

图 5-19　调用/spawn 服务生成新的小海龟

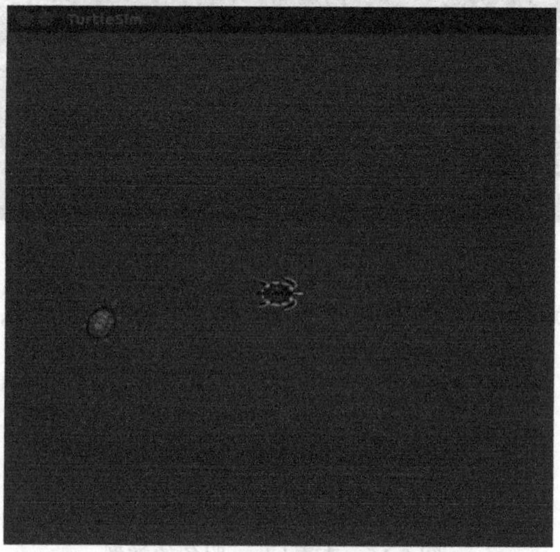

图 5-20　生成新的小海龟结果图

读者可以继续尝试 rosservice 相关命令，相关命令及功能如表 5-2 所示。

表 5-2　rosservice 相关命令及功能

命　令	功　能
rosservice list	显示活动的服务信息
rosservice info [服务名称]	显示指定服务的信息
rosservice type [服务名称]	显示服务类型
rosservice find [服务类型]	查找指定服务类型的服务
rosservice uri [服务名称]	显示 ROSRPC URI 服务
rosservice args [服务名称]	显示服务参数
rosservice call [服务名称] [参数]	用输入的参数请求服务
rossrv show <pkg_name>/srv_name	显示服务类型的所有信息
rossrv list	显示所有服务类型信息

5.5　使用参数服务器

我们有时需要在机器人工作时对机器人的参数（如传感器参数、算法的参数）进行设置。有些参数（如机器人的外型、传感器的高度）在机器人启动时就已经设定好了，参数无须再进行修改；另外有些参数则需要动态改变（如配置文件、调试参数等）。ROS 提供了参数服务器来满足这一需求。我们可以将参数设置在参数服务器中，在需要用到的时候再从参数服务器中获取。

首先，我们使用命令：

```
$ rosparam list
```

查看当前所有节点使用的参数，其输出结果如图 5-21 所示。

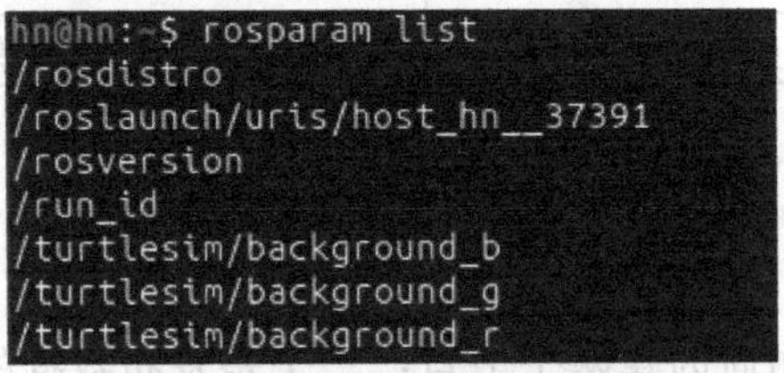
hn@hn:~$ rosparam list
/rosdistro
/roslaunch/uris/host_hn__37391
/rosversion
/run_id
/turtlesim/background_b
/turtlesim/background_g
/turtlesim/background_r

图 5-21　list 查看参数名

其中，/background 参数用来调整 turtlesim 节点背景颜色。我们通过命令：

```
$ rosparam get /turtlesim/background_b
```

可以得到当前背景的蓝色 RGB 值为 255，运行结果如图 5-22 所示，我们可以通过调整 RGB 值来改变背景颜色，命令如下：

```
$ rosparam set /turtlesim /background_r 255
```

同时还需要输入命令：

```
$ rosservice call /clear
```

调用清除服务使得修改后的参数生效，这时背景就变成了粉色，结果如图 5-23 所示。

hn@hn:~$ rosparam get /turtlesim/background_b
255

图 5-22　获取/background_b 参数数值

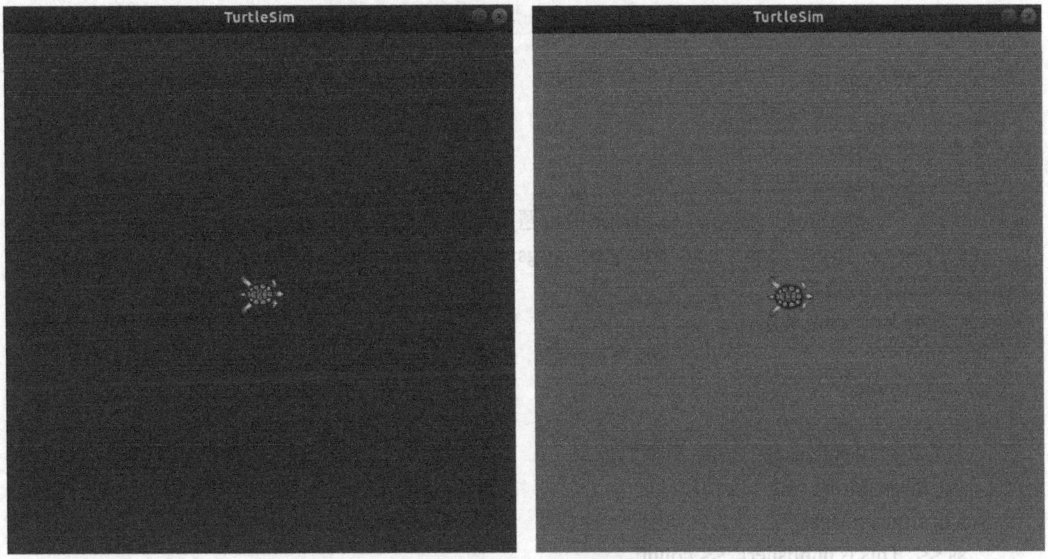
TurtleSim
TurtleSim

图 5-23　更改背景颜色结果

读者还可以继续尝试 rosparam 相关命令，相关命令及功能如表 5-3 所示。

表 5-3　rosparam 相关命令及功能

命　　令	功　　能
rosparam load xxx.yaml	加载配置文件中参数信息
rosparam set [参数名称] [参数]	设置某个节点的信息（如果没有，则新建节点）
rosparam get [参数名称]	获取某个节点的信息
rosparam dump filename	将参数信息写入具体的文件中
rosparam list	列出服务器中有哪些参数信息

5.6　创建节点

在本节中我们要学习如何创建两个节点：一个是发布数据的节点（publisher），另一个是接收这些数据的节点（subscriber）。

5.6.1　创建 publisher 节点

我们首先尝试使用代码在节点中创建一个 publisher 并发布字符串“This is publisher!”。

创建 publisher 程序的大致步骤为：初始化 ROS 节点；向 ROS master 注册节点信息，包括发布的话题名和话题中的消息类型；按照一定频率循环发布消息。

将本书提供的 talker.cpp 源码放在 catkin_ws/src/hello_word/src 文件夹下，详细内容如下：

```
#include <sstream>
#include "ros/ros.h"
#include "std_msgs/String.h"
int main(int argc, char **argv)
{
  // ROS 节点初始化
  ros::init(argc, argv, "talker");
  // 创建节点句柄
  ros::NodeHandle n;
  // 创建一个 publisher，发布名为 chatter 的话题，消息类型为 std_msgs::String
  ros::Publisher chatter_pub = n.advertise<std_msgs::String>("chatter", 1000);
  // 设置循环的频率
  ros::Rate loop_rate(10);
  int count = 0;
  while (ros::ok())
  {
      // 初始化 std_msgs::String 类型的消息
    std_msgs::String msg;
    std::stringstream ss;
    ss << "This is publisher!" << count;
    msg.data = ss.str();
      // 发布消息
    ROS_INFO("%s", msg.data.c_str());
```

```
        chatter_pub.publish(msg);
          // 循环等待回调函数
        ros::spinOnce();
          // 按照循环频率延时
        loop_rate.sleep();
        ++count;
    }
    return 0;
}
```

接下来，对以上代码逐一解释用法和功能。

1）头文件部分

```
#include "ros/ros.h"
#include "std_msgs/String.h"
```

ros/ros.h 包含了标准 ROS 类的声明，每个 ROS 程序都应该包含此头文件。另外，本节点会发布 String 类型的消息，所以需要先包含该消息类型的头文件 String.h，该头文件根据 String.msg 的消息结构定义自动生成。我们也可以自定义消息结构，并生成所需要的头文件。

2）初始化部分

```
ros::init(argc, argv, "talker");
```

初始化 ROS 节点，名称为“talker”，该名称在运行的 ROS 中必须是独一无二的，不允许同时存在两个相同名称的节点。

```
ros::NodeHandle n;
```

创建一个节点句柄，方便对节点资源进行使用和管理。

```
ros::Publisher chatter_pub = n.advertise<std_msgs::String>("chatter", 1000);
```

在 ROS master 端注册一个 publisher，并告诉系统 publisher 节点将会发布以 chatter 为话题的 String 消息类型，消息队列大小为 1000，当发布消息的实际速度较慢时，publisher 会将消息存储在一定空间的队列中；如果消息数量超过队列大小时，ROS 会自动删除队列中最早入队的消息。

3）主循环部分

```
ros::Rate loop_rate(10);
```

设置主程序循环的频率，单位是 Hz，这里设置为 10 Hz，即 100ms 程序执行一次。当调用 Rate::sleep()函数时，ROS 节点会根据此处设置的频率休眠相应的时间，以保证循环维持一致的时间周期。

```
while (ros::ok())
```

进入节点的主循环，在节点未发生异常的情况下将一直循环运行，一旦发生异常，ros::ok()就会返回 false，从而跳出循环，退出程序。

```
std_msgs::String msg;
std::stringstream ss;
ss << "This is publisher!" << count;
msg.data = ss.str();
```

初始化即将发布的消息。ROS 中定义了很多通用的消息类型，这里我们使用了最为简单的 String 消息类型，该消息类型只有一个成员，即 data，用来存储字符串数据。

```
chatter_pub.publish(msg);
```

发布封装完毕的消息 msg。消息发布后，master 会查找订阅该话题的节点，并且帮助两个节点建立连接，完成消息的传输。

```
ROS_INFO("%s", msg.data.c_str());
```

ROS_INFO 类似于 C/C++中的 printf/cout 函数，用来打印日志信息。这里我们将发布的数据在本地打印，以确保发出的数据符合要求。

```
ros::spinOnce();
```

该命令是用来处理节点订阅话题的所有回调函数。

```
loop_rate.sleep();
```

程序执行一次完成后，根据前面设置的循环频率进行休眠。

5.6.2 创建 subscriber 节点

我们尝试创建一个 subscriber 以订阅 publisher 节点发布的“This is publisher!”字符串，将本书提供的 listener.cpp 源码放在 catkin_ws/src/hello_word/src 文件夹下。

subscriber 程序大致步骤为：初始化 ROS 节点；订阅需要的话题；循环等待话题消息；接收到消息后进入回调函数，然后在回调函数中完成消息处理。

其中源码 listener.cpp 的详细内容如下：

```
#include "ros/ros.h"
#include "std_msgs/String.h"

// 接收到订阅的消息后，会进入消息回调函数
void chatterCallback(const std_msgs::String::ConstPtr& msg)
{
  // 将接收到的消息打印出来
  ROS_INFO("I heard: [%s]", msg->data.c_str());
}
int main(int argc, char **argv)
{
  // 初始化 ROS 节点
  ros::init(argc, argv, "listener");
  // 创建节点句柄
  ros::NodeHandle n;
  // 创建一个 subscriber，订阅名为 chatter 的话题，注册回调函数 chatterCallback
  ros::Subscriber sub = n.subscribe("chatter", 1000, chatterCallback);
  // 循环等待回调函数
  ros::spin();

  return 0;
}
```

下面剖析以上代码中 subscriber 节点的实现过程。

1）回调函数部分

```
void chatterCallback(const std_msgs::String::ConstPtr& msg)
{
// 将接收到的消息打印出来
```

```
ROS_INFO("I heard: [%s]", msg->data.c_str());
}
```

这是一个回调函数，当有新消息到达 chatter 话题时它就会被自动调用，用来接收 publisher 发布的消息，并将该消息打印出来。

2）main 函数部分

main 函数中 ROS 节点初始化部分的代码与 publisher 的代码相同。

```
ros::Subscriber sub = n.subscribe("chatter", 1000, chatterCallback);
```

订阅节点首先需要声明自己订阅的消息话题，该信息会在 ROS master 中注册。master 会关注系统中是否存在发布该话题的节点，如果存在则会帮助两个节点建立连接，完成数据传输。NodeHandle::subscribe()用来创建一个 subscriber。第一个参数即为消息话题名称；第二个参数是接收消息队列的大小，与发布节点的队列相似，当消息入队数量超过设置的队列大小时，会自动舍弃最早的消息；第三个参数是接收到话题消息后的回调函数。

```
ros::spin();
```

进入消息回调处理函数，当有消息到达时，调用回调函数进行数据的处理。

5.6.3　编译功能包

C++是一种编译语言，在运行之前需要将代码编译成可执行文件，ROS 中的编译器使用的是 CMake，编译规则通过功能包中的 CMakeLists.txt 文件进行设置，使用 catkin 命令创建的功能包中会自动生成该文件。

打开功能包中的 CMakeLists.txt 文件，不要修改注释示例，只需将以下几行添加到 CMakeLists.txt 文件的底部：

```
add_executable(talker src/talker.cpp)
target_link_libraries(talker ${catkin_LIBRARIES})
add_dependencies(talker ${PROJECT_NAME}_generate_messages_cpp)

add_executable(listener src/listener.cpp)
target_link_libraries(listener ${catkin_LIBRARIES})
add_dependencies(listener ${PROJECT_NAME}_generate_messages_cpp)
```

CMakeLists.txt 文件中主要包括以下几种编译配置项。

1）include_directories

用于设置头文件的相对路径。头文件的默认路径是功能包的所在目录，如功能包的头文件一般会放到功能包根目录下的 include 文件夹中。此外，该配置项还包含 ROS catkin 编译器默认包含的其他头文件路径，如 ROS 默认安装路径、Linux 系统路径等。

2）add_executable

用于设置需要编译的代码和生成的可执行文件。第一个参数为期望生成的节点的名称，第二个参数为参与编译的源码文件，如果需要多个源码文件，则可在后面依次列出，中间使用空格进行分隔。

3）target_link_libraries

用于设置链接库。很多功能需要使用系统或者第三方的库函数，通过该选项可以配置执行文件链接的库文件，其第一个参数与 add_executable 相同，是节点的名称，后面依次列出需要链接的库。本章编译的 publisher 节点和 subscriber 节点没有使用其他依赖库，因此添加默认链接库即可。

4）add_dependencies

用于设置依赖。在很多应用中，我们需要定义语言无关的消息类型，消息类型会在编译过程中产生相应语言的代码，如果编译的节点依赖这些动态生成的代码，则需要使用 add_dependencies 添加${PROJECT_NAME}_generate_messages_cpp 配置，即该功能包动态产生的消息代码。该编译规则也可以添加其他需要依赖的功能包。

CMakeLists.txt 修改完成后，在工作空间的路径下开始编译：

```
$ cd ~/catkin_ws
$ catkin_make
```

以上编译内容会帮助系统生成两个节点：talker 和 listener，放置在工作空间的~/catkin_ws/devel/lib/<package name>路径下，如图 5-24 所示。

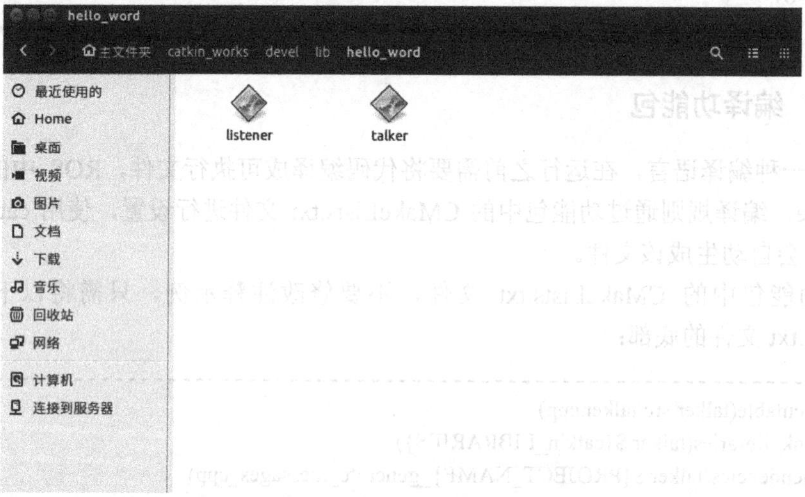

图 5-24 编译生成的执行文件结果

假如编译不通过，出现如图 5-25 所示的问题，则将 talker.cpp 和 listener.cpp 源文件的权限改为如图 5-26 所示的权限状态。

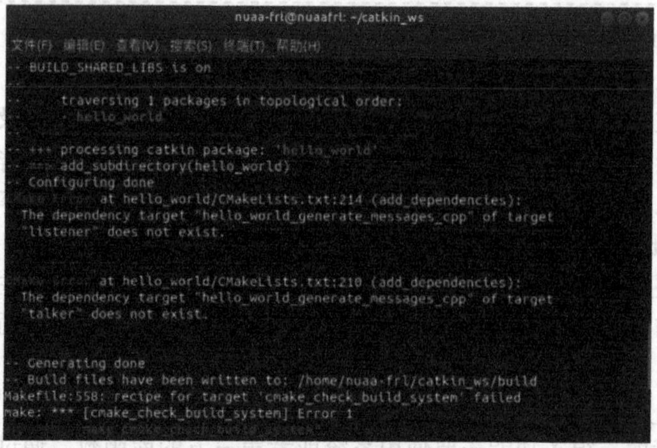

图 5-25 编译错误

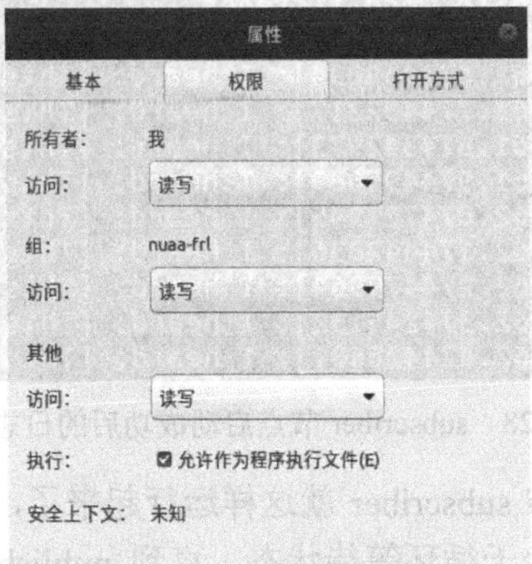
属性
基本
权限
打开方式
所有者:
我
访问:
读写
组:
nuaa-frl
访问:
读写
其他
访问:
读写
执行:
允许作为程序执行文件(E)
安全上下文:
未知

图 5-26　修改文件权限

5.6.4　运行 publisher 与 subscriber 节点

编译完成后，可以运行 publisher 和 subscriber 节点了。在运行节点之前，需要在终端中设置环境变量，否则无法找到功能包最终编译生成的可执行文件：

```
$ source ~/catkin_ws /devel/setup.bash
```

如果只有一个工作空间，可以将环境变量的配置脚本添加到终端的配置文件中：

```
$ echo "source ~/catkin_ws/devel/setup.bash" >> ~/.bashrc
$ source ~/.bashrc
```

环境变量设置成功后，可以按照以下步骤启动例程。

1）启动 ROS master，命令如下。

```
$ roscore
```

2）启动 publisher，命令如下。

```
$ rosrun learning_communication talker
```

如果 publisher 节点运行正常，终端中会出现如图 5-27 所示的日志信息。

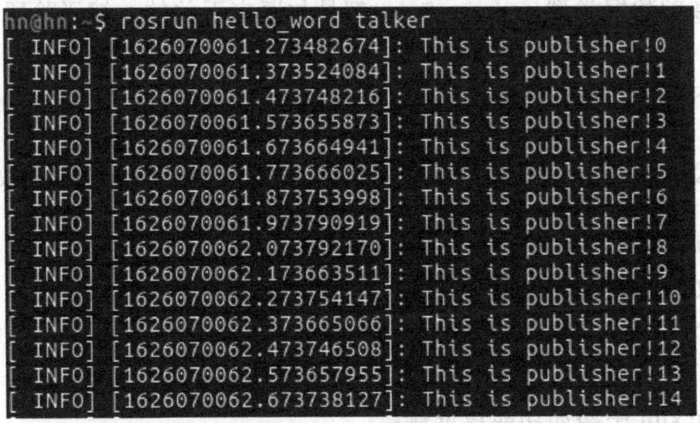
hn@hn:~$ rosrun hello_word talker
[INFO] [1626070061.273482674]: This is publisher!0
[INFO] [1626070061.373524084]: This is publisher!1
[INFO] [1626070061.473748216]: This is publisher!2
[INFO] [1626070061.573655873]: This is publisher!3
[INFO] [1626070061.673664941]: This is publisher!4
[INFO] [1626070061.773666025]: This is publisher!5
[INFO] [1626070061.873753998]: This is publisher!6
[INFO] [1626070061.973790919]: This is publisher!7
[INFO] [1626070062.073792170]: This is publisher!8
[INFO] [1626070062.173663511]: This is publisher!9
[INFO] [1626070062.273754147]: This is publisher!10
[INFO] [1626070062.373665066]: This is publisher!11
[INFO] [1626070062.473746508]: This is publisher!12
[INFO] [1626070062.573657955]: This is publisher!13
[INFO] [1626070062.673738127]: This is publisher!14

图 5-27　publisher 节点启动成功后的日志信息

3）启动 subscriber，命令如下。

```
$ rosrun learning_communication listener
```

如果消息订阅成功，会在终端中显示接收到的消息内容，如图 5-28 所示。

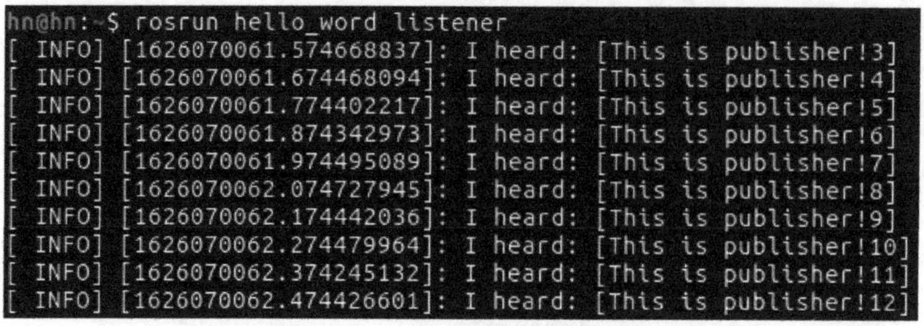
hn@hn:~$ rosrun hello_word listener
[INFO] [1626070061.574668837]: I heard: [This is publisher!3]
[INFO] [1626070061.674468094]: I heard: [This is publisher!4]
[INFO] [1626070061.774402217]: I heard: [This is publisher!5]
[INFO] [1626070061.874342973]: I heard: [This is publisher!6]
[INFO] [1626070061.974495089]: I heard: [This is publisher!7]
[INFO] [1626070062.074727945]: I heard: [This is publisher!8]
[INFO] [1626070062.174442036]: I heard: [This is publisher!9]
[INFO] [1626070062.274479964]: I heard: [This is publisher!10]
[INFO] [1626070062.374245132]: I heard: [This is publisher!11]
[INFO] [1626070062.474426601]: I heard: [This is publisher!12]

图 5-28　subscriber 节点启动成功后的日志信息

这个例程中的 publisher 与 subscriber 就这样运行起来了，也可以调换两者的运行顺序，先启动 subscriber，该节点会处于循环等待状态，直到 publisher 启动后终端中才会显示订阅收到的消息内容。

5.6.5　自定义话题消息

以上例程中话题的消息类型是 ROS 中预定义的 String 数据类型。在 ROS 的元功能包 common_msgs 中提供了许多不同消息类型的功能包，如 std_msgs（标准数据类型）、geometry_msgs（几何学数据类型）、sensor_msgs（传感器数据类型）等。读者还可以针对自己的机器人应用设计特定的消息类型，ROS 也提供了一套语言无关的消息类型定义方法。

msg 文件就是 ROS 中定义消息类型的文件，一般放置在功能包根目录下的 msg 文件夹中。在功能包编译过程中，可以使用 msg 文件生成不同编程语言使用的代码文件。例如下面的 msg 文件（hello_world/msg/gps_rtk.msg）定义了一个描述 RTK 信息的消息类型，包括 RTK 接收机型号、经度、纬度和高度信息：

```
string name
float32 longitude
float32 latitude
float32 height
```

这里使用的基础数据类型 string、float 都是与语言无关的，编译阶段会变成各种语言对应的数据类型。

首先通过以下命令在 helloword 功能包目录下新建一个 msg 文件夹：

```
$mkdir msg
```

然后在 msg 文件夹下通过以下命令新建一个名为 gps_rtk.msg 的消息文件：

```
$cd msg
$gedit gps_rtk.msg
```

然后将上述文件内容添加到该文件中，如图 5-29 所示。

为了使用这个自定义的消息类型，还需要编译 msg 文件。msg 文件的编译需要修改相应依赖和编译选项。

1）在 package.xml 中添加功能包依赖。

```
<build_depend>message_generation</build_depend>
<build_export_depend>message_runtime</build_export_depend>
<exec_depend>message_runtime</exec_depend>
```

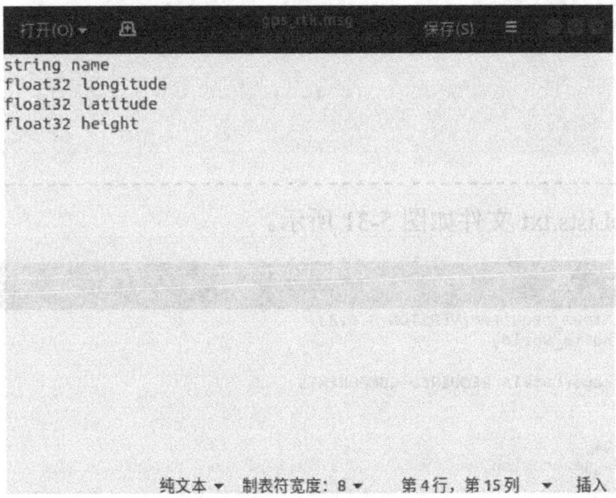

图 5-29　新建的 gps_rtk.msg 的消息文件

修改后的 package.xml 文件如图 5-30 所示。

图 5-30　修改后的 package.xml 文件

2）在 CMakeLists.txt 中添加编译选项。

```
find_package(catkin REQUIRED COMPONENTS geometry_msgs
roscpp rospy std_msgs
message_generation
)
catkin_package(
……
CATKIN_DEPENDS roscpp rospy std_msgs message_runtime
……)
add_message_files(
FILES
gps_rtk.msg
```

```
)
generate_messages(
DEPENDENCIES
std_msgs
)
```

修改后的 CMakeLists.txt 文件如图 5-31 所示。

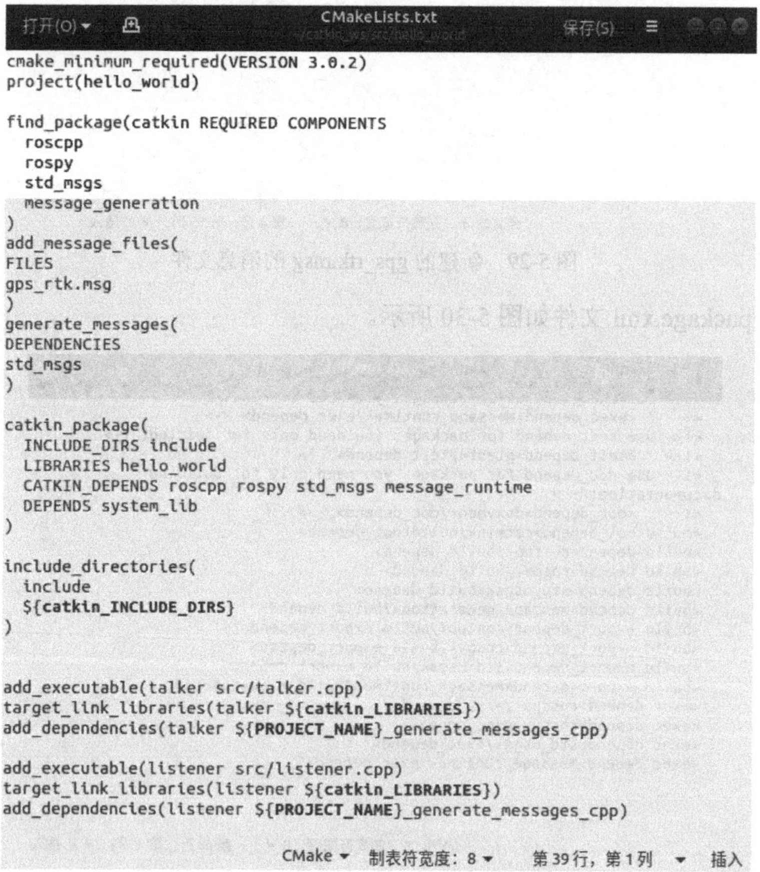


```
cmake_minimum_required(VERSION 3.0.2)
project(hello_world)

find_package(catkin REQUIRED COMPONENTS
  roscpp
  rospy
  std_msgs
  message_generation
)
add_message_files(
FILES
gps_rtk.msg
)
generate_messages(
DEPENDENCIES
std_msgs
)

catkin_package(
  INCLUDE_DIRS include
  LIBRARIES hello_world
  CATKIN_DEPENDS roscpp rospy std_msgs message_runtime
  DEPENDS system_lib
)

include_directories(
  include
  ${catkin_INCLUDE_DIRS}
)


add_executable(talker src/talker.cpp)
target_link_libraries(talker ${catkin_LIBRARIES})
add_dependencies(talker ${PROJECT_NAME}_generate_messages_cpp)

add_executable(listener src/listener.cpp)
target_link_libraries(listener ${catkin_LIBRARIES})
add_dependencies(listener ${PROJECT_NAME}_generate_messages_cpp)
```

图 5-31　修改后的 CMakeLists.txt 文件

以上配置工作都完成后，就可以回到工作空间的根路径下，使用 catkin_make 命令进行编译了。编译成功后，可以使用以下命令查看自定义的 gps_rtk 消息类型，结果如图 5-32 所示。

```
$ rosmsg show gps_rtk
```

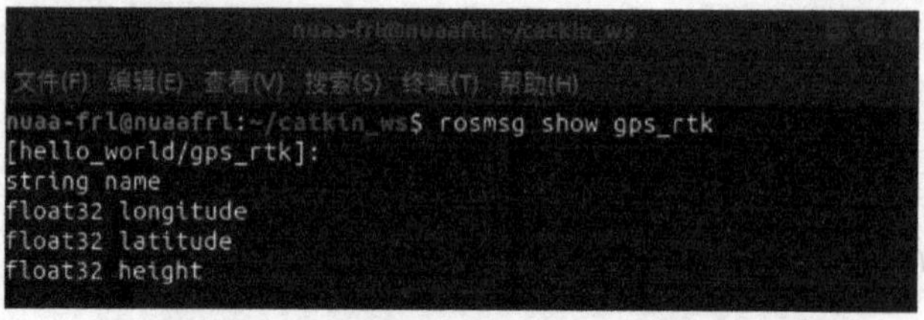


```
nuaa-frl@nuaafrl:~/catkin_ws$ rosmsg show gps_rtk
[hello_world/gps_rtk]:
string name
float32 longitude
float32 latitude
float32 height
```

图 5-32　查看自定义的 gps_rtk 消息类型

5.6.6 自定义服务数据

与自定义话题消息类似，ROS 中服务数据通过 srv 文件进行与语言无关的接口定义，一般放置在功能包根目录下的 srv 文件夹中。该文件包含两个部分，由“---”隔开，上面为请求数据区域，下面为应答数据区域。

首先创建一个服务数据类型的 srv 文件 hello_world/srv/MultiplyTwoInts.srv。

```
int64 a
int64 b
---
int64 multi
```

通过以下命令在 hello_word 功能包目录下新建一个 srv 文件夹：

```
$mkdir srv
```

然后在 srv 文件夹下通过以下命令新建一个名为 MultiplyTwoInts.srv 的服务文件：

```
$cd srv
$gedit MultiplyTwoInts.srv
```

然后将上述文件内容添加到该文件中，如图 5-33 所示。

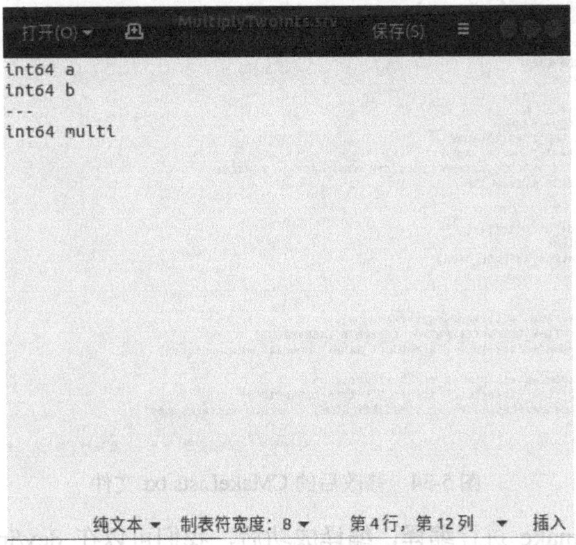

图 5-33　新建的 MultiplyTwoInts.srv 的服务文件

该 srv 文件的内容较为简单，在服务请求的数据区域中定义了两个 int64 类型的变量 a 和 b，分别作为两个乘数；在应答数据区域定义了一个 int64 类型的变量 multi，用于存储结果，即“a*b”。

接下来需要修改 package.xml 文件配置，与上节中自定义消息时修改 package.xml 文件类似。

打开 package.xml 文件，添加以下依赖文件（5.6.5 节自定义话题消息已经添加）：

```
<build_depend>message_generation</build_depend>
<build_export_depend>message_runtime</build_export_depend>
<exec_depend>message_runtime</exec_depend>
```

然后打开 CMakeLists.txt 文件，将以下内容添加到文件中：

```
add_service_files(
FILES
MultiplyTwoInts.srv
)
```

修改后的 CMakeLists.txt 文件如图 5-34 所示。

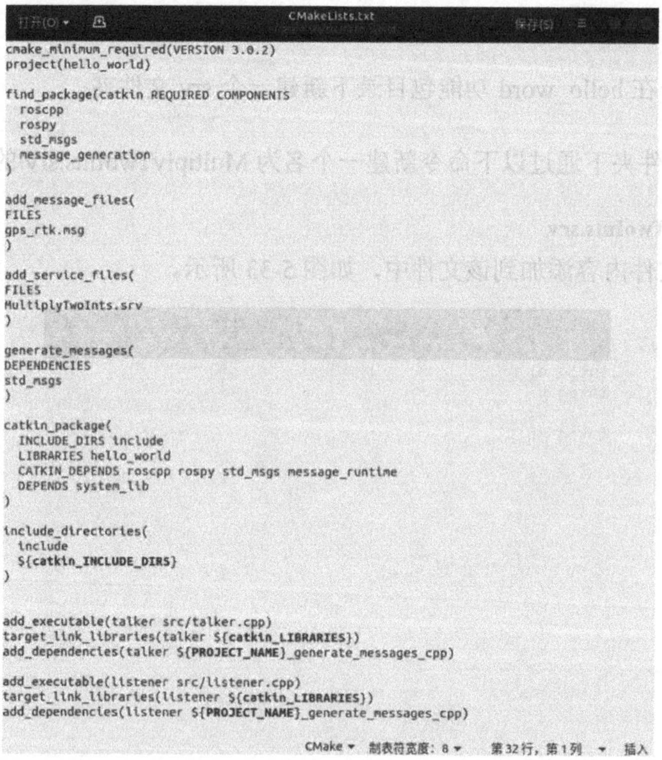


```
cmake_minimum_required(VERSION 3.0.2)
project(hello_world)

find_package(catkin REQUIRED COMPONENTS
  roscpp
  rospy
  std_msgs
  message_generation
)

add_message_files(
FILES
gps_rtk.msg
)

add_service_files(
FILES
MultiplyTwoInts.srv
)

generate_messages(
DEPENDENCIES
std_msgs
)

catkin_package(
  INCLUDE_DIRS include
  LIBRARIES hello_world
  CATKIN_DEPENDS roscpp rospy std_msgs message_runtime
  DEPENDS system_lib
)

include_directories(
  include
  ${catkin_INCLUDE_DIRS}
)


add_executable(talker src/talker.cpp)
target_link_libraries(talker ${catkin_LIBRARIES})
add_dependencies(talker ${PROJECT_NAME}_generate_messages_cpp)

add_executable(listener src/listener.cpp)
target_link_libraries(listener ${catkin_LIBRARIES})
add_dependencies(listener ${PROJECT_NAME}_generate_messages_cpp)
```

图 5-34　修改后的 CMakeLists.txt 文件

然后运行 catkin_make 进行编译，编译成功后，我们可以在 dev/include/hello_word 文件夹找到编译好的头文件，如图 5-35 所示，也可以通过$ rossrv show 命令查看服务内容。

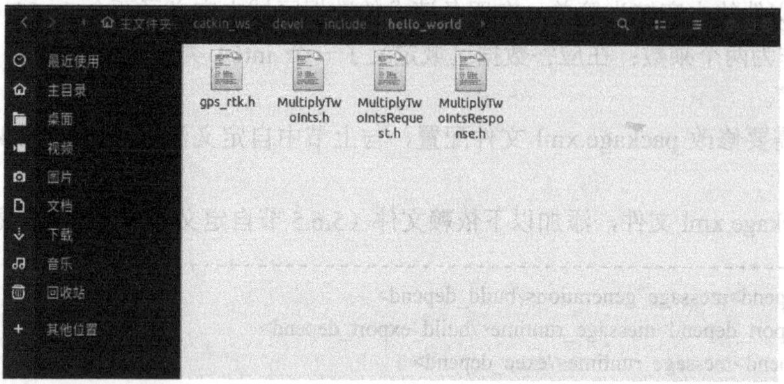

图 5-35　自定义服务编译好的头文件

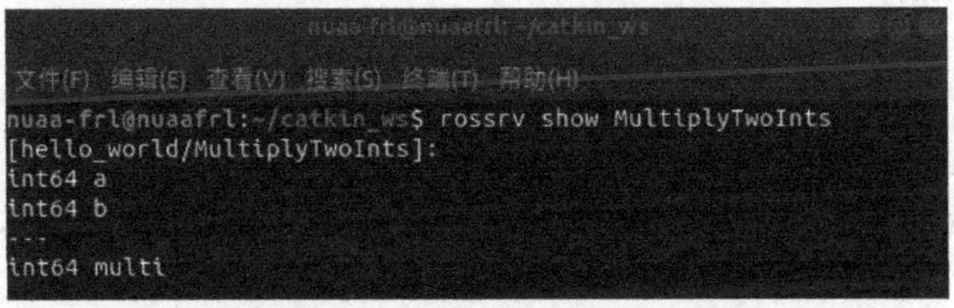

图 5-36 查看自定义服务的头文件

接下来我们创建 server 节点和 client 节点调用自定义的服务。

首先创建 server 节点，实现该功能的程序在 hello_word/src/server.cpp 里，内容如下：

```
#include "ros/ros.h"
//这里使用的头文件是 hello_word/MultiplyTwoInts.h，这是我们自定义的服务数据类型的描述文件。
#include "hello_world/MultiplyTwoInts.h"
//service 回调函数，输入参数 req，输出参数 res
bool add(hello_world::MultiplyTwoInts::Request &req,
    hello_world::MultiplyTwoInts::Response &res)
{
  //将参数中的请求数据相加，结果放入应答变量中
  res.multi = req.a * req.b;
  ROS_INFO("request: x=%1d,y=%1d" ,(long int)req.a,(long int)req.b);
  ROS_INFO("sending back response: [%1d]" ,(long int)res.multi);
  return true;
}
int main(int argc, char **argv)
{
  //ROS 节点初始化，创建节点名称
  ros::init(argc, argv, "multiply_two_ints_server");
  //创建节点句柄
  ros::NodeHandle n;
  //创建一个名为 add_two_ints 的 server，注册回调函数 add()
  ros::ServiceServer service = n.advertiseService("multiply_two_ints",add);
  //循环等待回调函数
  ROS_INFO("Ready to multiply two ints!");
  ros::spin();
  return 0;
}
```

编写好 server 节点之后，我们还需要一个 client 节点，我们在 src 的目录下创建一个名为 Clinet.cpp 的 cpp 类型文件，输入以下代码：

```
#include <cstdlib>
#include "ros/ros.h"
#include "hello_world/MultiplyTwoInts.h"
```

```
int main(int argc, char **argv)
{
  //ROS 节点初始化
  ros::init(argc, argv, "multiply_two_ints_client");
  //从终端命令行获取两个加数，if(argc !=3)的意思是引导用户输入不超过三个参数，即输入两个参数
  if(argc != 3)
  {
    ROS_INFO("usage: multiply_two_ints_client X and Y");
    return 1;
  }
  //创建节点句柄
  ros::NodeHandle n;
  //功能：创建一个 multiply_two_ints 的 client 实例，指定服务类型为 learning_sun::MultiplyTwoInts
  ros::ServiceClient client = n.serviceClient<hello_world::MultiplyTwoInts>("multiply_two_ints");
  //功能：实例化一个服务类型数据的变量，该变量包含两个成员：request 与 response，
// 将节点运行时输入的两个参数作为需要相加的两个整型变量存储到变量中
  hello_world::MultiplyTwoInts srv;
  srv.request.a = atoll(argv[1]);
  srv.request.b = atoll(argv[2]);
  //进行服务调用，如果调用过程会发生阻塞，如果调用成功则返回 ture，调用失败则返回 false.srv.response，
表示不可用
  if(client.call(srv))
  {
    ROS_INFO("Multi: %1d", (long int)srv.response.multi);
  }
  else
  {
    ROS_ERROR("Failed to call service multiply_two_ints");
    return 1;
  }
  return 0;
}
```

client 节点编写好之后，需要修改 CMakeList.txt 文件，将以下代码增添到文件的最后：

```
add_executable(server src/server.cpp)
add_executable(client src/client.cpp)
add_dependencies(server ${PROJECT_NAME}_generate_messages_cpp)
add_dependencies(client ${PROJECT_NAME}_generate_messages_cpp)
target_link_libraries(server    ${catkin_LIBRARIES} )
target_link_libraries(client    ${catkin_LIBRARIES} )
```

修改好之后的 CMakeList.txt 文件如图 5-37 所示。

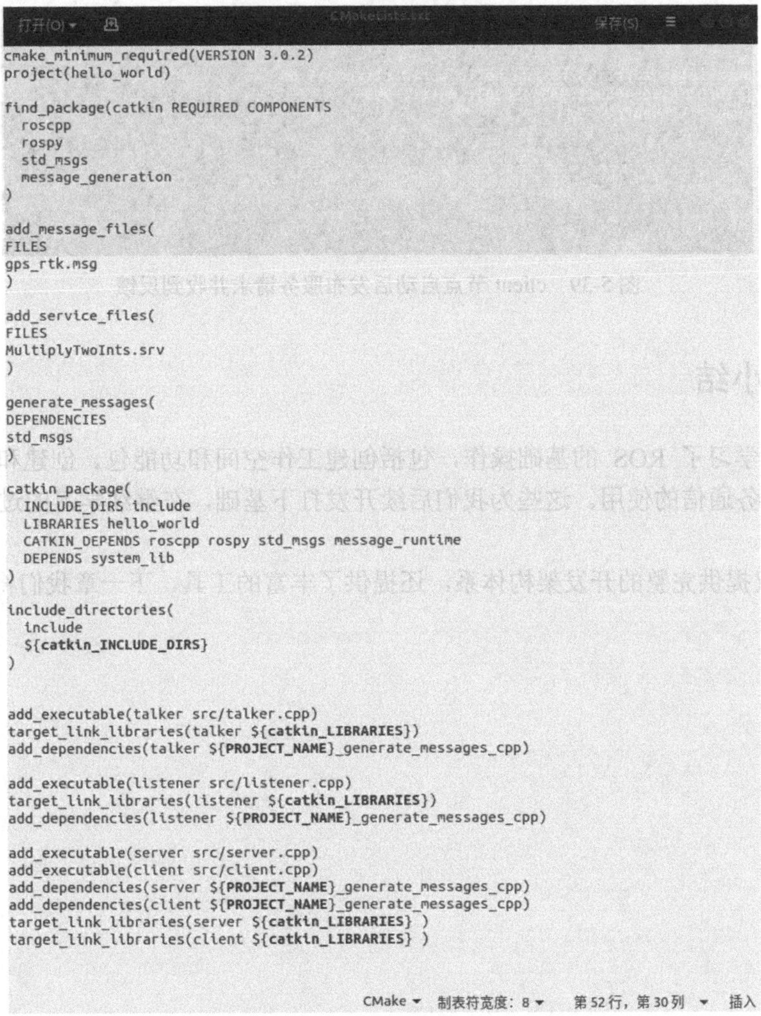

```
cmake_minimum_required(VERSION 3.0.2)
project(hello_world)

find_package(catkin REQUIRED COMPONENTS
  roscpp
  rospy
  std_msgs
  message_generation
)

add_message_files(
FILES
gps_rtk.msg
)

add_service_files(
FILES
MultiplyTwoInts.srv
)

generate_messages(
DEPENDENCIES
std_msgs
)

catkin_package(
  INCLUDE_DIRS include
  LIBRARIES hello_world
  CATKIN_DEPENDS roscpp rospy std_msgs message_runtime
  DEPENDS system_lib
)
include_directories(
  include
  ${catkin_INCLUDE_DIRS}
)


add_executable(talker src/talker.cpp)
target_link_libraries(talker ${catkin_LIBRARIES})
add_dependencies(talker ${PROJECT_NAME}_generate_messages_cpp)

add_executable(listener src/listener.cpp)
target_link_libraries(listener ${catkin_LIBRARIES})
add_dependencies(listener ${PROJECT_NAME}_generate_messages_cpp)

add_executable(server src/server.cpp)
add_executable(client src/client.cpp)
add_dependencies(server ${PROJECT_NAME}_generate_messages_cpp)
add_dependencies(client ${PROJECT_NAME}_generate_messages_cpp)
target_link_libraries(server ${catkin_LIBRARIES} )
target_link_libraries(client ${catkin_LIBRARIES} )
```


图 5-37　修改好之后的 CMakeList.txt 文件

然后重新编译功能包，运行以下命令：

```
$cd catkin_ws
$catkin_make
```

编译完成后，运行以下命令打开 server 和 client 节点：

```
$roscore
$rosrun hello_word server
$rosrun hello_word client 15 66
```

输出结果分别如图 5-38 和图 5-39 所示。

```
nuaa-frl@nuaafrl:~/catkin_ws$ rosrun hello_world server
[ INFO] [1665406849.674214998]: Ready to multiply two ints!
[ INFO] [1665406911.943097078]: request: x=15,y=66
[ INFO] [1665406911.943163882]: sending back response: [990]
```


图 5-38　server 节点接收服务请求并反馈结果

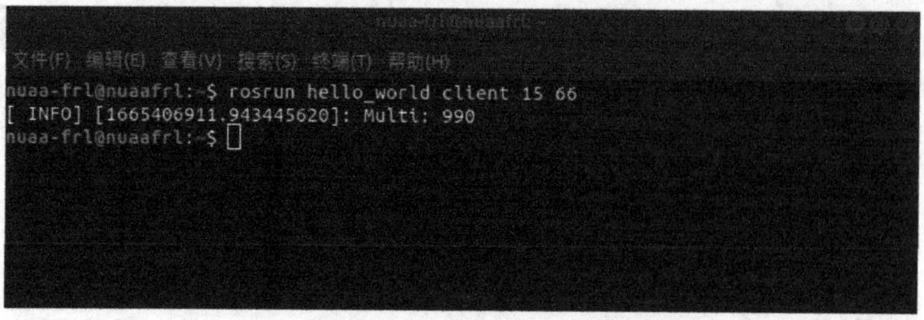

图 5-39 client 节点启动后发布服务请求并收到反馈

5.7 本章小结

本章我们学习了 ROS 的基础操作，包括创建工作空间和功能包、创建和运行 ROS 节点、话题和服务通信的使用。这些为我们后续开发打下基础，在继续学习的过程中也会不断加深对其理解。

ROS 不仅提供完整的开发架构体系，还提供了丰富的工具，下一章我们将学习 ROS 提供的工具。

第 6 章　ROS 常用工具

ROS 为机器人开发提供大量实用的组件工具。本章我们来学习 ROS 中的几种常用工具，包括 Qt 工具箱、rviz 三维可视化平台、Gazebo 仿真环境、rosbag 数据记录与回放以及 TF 工具。

1）Qt 工具箱：提供多种机器人开发的可视化工具，如日志输出、计算图可视化、数据绘图等功能。

2）rviz 三维可视化平台：实现机器人开发过程中多种数据的可视化显示。

3）Gazebo 仿真环境：创建仿真环境并实现带有物理属性的机器人仿真。

4）rosbag 数据记录与回放：记录并回放 ROS 系统中运行时的所有话题信息，方便后期调试使用。

5）TF 工具：管理机器人系统中坐标系变换关系。

6.1　Qt 工具箱

Qt 工具箱提供多种机器人开发的可视化工具，如日志输出、计算图可视化、数据绘图、参数动态配置等功能。ROS 提供了一个 Qt 架构的后台图形工具套件——rqt_common_plugins，其中包含很多实用的工具，可通过以下命令进行安装：

```
$ sudo apt-get install ros-melodic-rqt
$ sudo apt-get install ros-melodic-rqt-common-plugins
```

6.1.1　日志输出工具

日志输出工具（rqt_console）用于输出日志内容、日志级别、节点、时间戳、话题、位置等信息，使用以下命令即可启动该工具：

```
$ roscore
$ rqt_console
```

启动成功后可以看到如图 6-1 所示的界面。

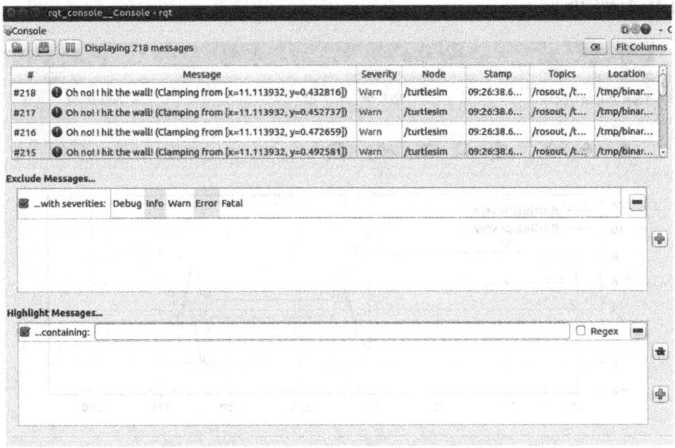

图 6-1　日志输出工具界面

当系统中有不同级别的日志消息时，日志输出工具的界面中就会依次显示这些日志的相关内容，包括日志内容、时间戳、级别等。当日志较多时，也可以使用该工具进行过滤显示。

6.1.2 计算图可视化工具

计算图是 ROS 处理数据的一种点对点的网络形式。程序运行时，所有进程及它们所进行的数据处理将会通过一种点对点的网络形式表现出来，即通过节点、节点管理器、话题、服务等来进行表现。在系统运行时，使用以下命令即可启动计算图可视化工具（rqt_graph）：

```
$ rqt_graph
```

启动成功后的计算图可视化工具界面如图 6-2 所示。

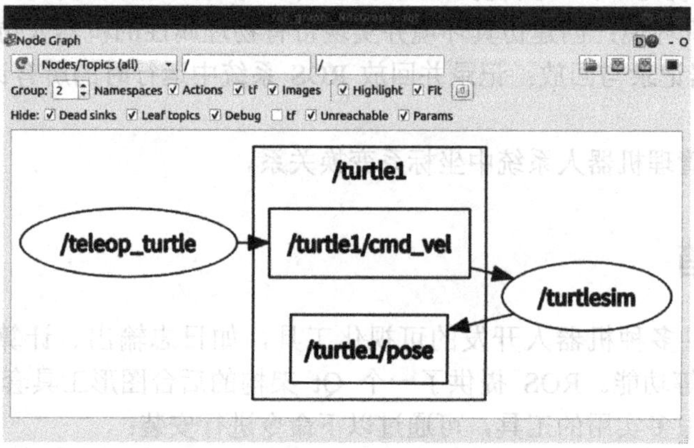

图 6-2 计算图可视化工具界面

6.1.3 数据绘图工具

数据绘图工具（rqt_plot）是一个二维数值曲线绘制工具，可以将需要显示的数据在坐标系中使用曲线描绘，用于观察变量随时间的变化趋势曲线。使用以下命令即可启动该工具：

```
$ rqt_plot
```

然后在界面上方的 Topic 输入框中输入需要显示的话题消息，如果不确定话题名称，可以在终端中使用“rostopic list”命令查看。

例如在上一章关于小海龟的例程中，我们可以通过数据绘图工具描绘小海龟 *x*、*y* 坐标变化的效果，如图 6-3 所示。

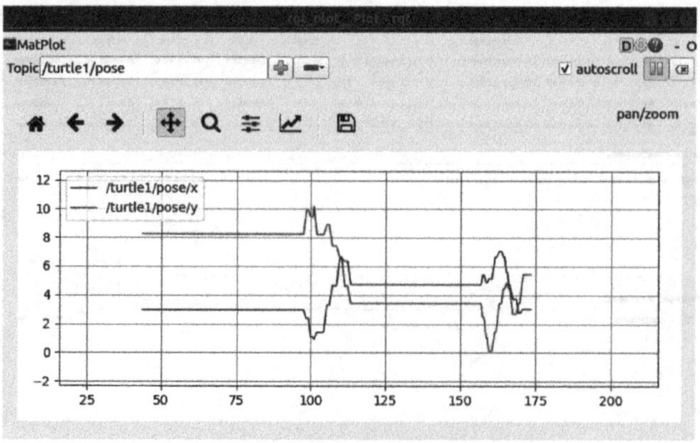

图 6-3 数据绘图工具

6.1.4　参数动态配置工具

参数动态配置工具（rqt_reconfigure）可以在不重启系统的情况下，动态配置 ROS 系统中的参数，但是该功能的使用需要在代码中设置参数的相关属性，从而支持动态配置。使用以下命令即可启动该工具：

```
$ rosrun rqt_reconfigure rqt_reconfigure
```

启动后的界面将显示当前系统中所有可动态配置的参数，如图 6-4 所示，在界面中使用输入框、滑动条或下拉框进行设置即可实现参数的动态配置。

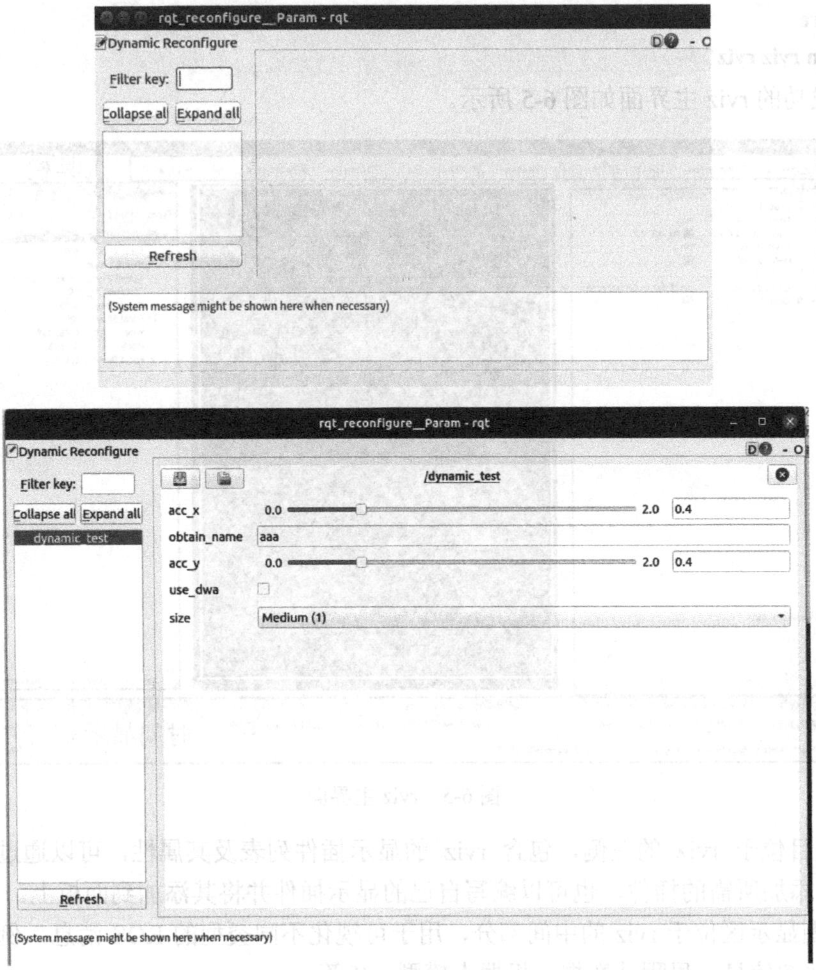

图 6-4　参数动态配置工具界面

6.2　rviz 三维可视化平台

ROS 针对机器人系统的可视化需求，为用户提供了一款显示多种数据的三维可视化平台 rviz。

rviz 是 ROS 中一款三维可视化平台，一方面能够实现对外部信息的图形化显示，另一方面还可以通过 rviz 发布控制信息，从而实现对机器人的监测与控制。rviz 可以帮助开发者实现所有可监测信息的图形化显示，开发者也可以在 rviz 的控制界面下，通过按钮、滑动条、数值等方式控制机器人的行为。

6.2.1 运行 rviz

rviz 已经集成在桌面完整版的 ROS 中，如果已经成功安装桌面完整版的 ROS，可以直接跳过这一步骤，否则，请使用以下命令进行安装：

```
$ sudo apt-get install ros-melodic-rviz
```

安装完成后，在终端中分别运行以下命令即可启动 ROS 和 rviz：

```
$ roscore
$ rosrun rviz rviz
```

启动成功的 rviz 主界面如图 6-5 所示。

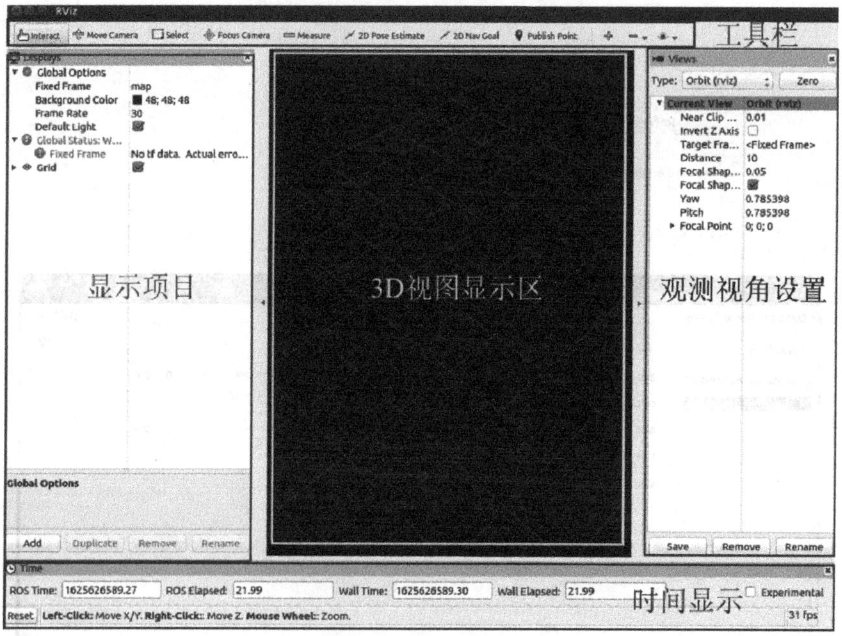

图 6-5 rviz 主界面

显示项目位于 rviz 的左侧，包含 rviz 的显示插件列表及其属性，可以通过单击左侧的 Add 按钮来添加所需的插件，也可以编写自己的显示插件并将其添加到面板上。

3D 视图显示区位于 rviz 的中间部分，用于可视化不同类型的 ROS 消息，例如激光雷达 3D 点云、地图信息、里程计数据、机器人模型、tf 等。

工具栏位于 rviz 的顶部，这些工具可以用来与机器人模型交互、调整相机视图、设置导航目标以及设置机器人 2D 位姿估计等，同时还可以在工具栏中以插件的形式添加自定义的工具。

观测视角设置位于 rviz 的右侧，可以保存 3D 视角的不同视图，也可以通过加载已保存的配置来切换到相应的视图模式下。

时间显示位于 rviz 的底部，显示了仿真花费的时间，可以通过单击面板上的 Reset 按钮重置 rviz 的初始设置。

6.2.2　数据可视化

为了解释数据可视化，我们将用到 turtlesim 的示例，运行程序：

```
$ roslaunch turtle_tf turtle_tf_demo.launch
```

这是 tf 坐标变换的示例程序，我们通过键盘控制小海龟 1，小海龟 2 会跟随其运动，效果如图 6-6 所示。接下来我们可以通过 rviz 查看其运动的变化。

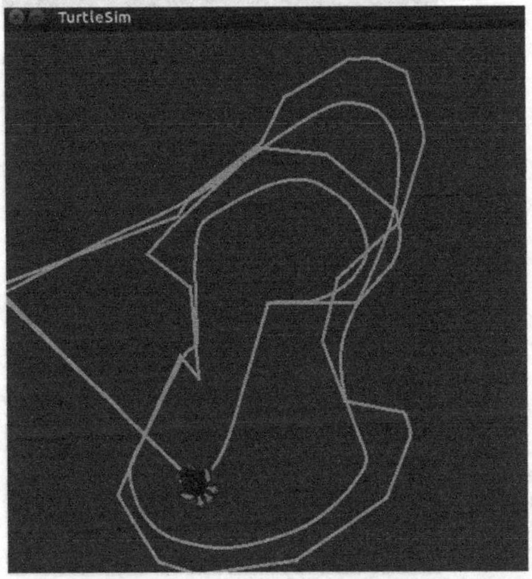

图 6-6　小海龟 tf 跟随图

首先，在 Display 面板里的全局选项中，更改 Fixed Frame 为/world，然后将 TF 树添加到 Display 面板，单击 rviz 界面左侧下方的“Add”按钮，rviz 会将默认支持的所有数据类型的显示插件罗列出来，如图 6-7 所示。

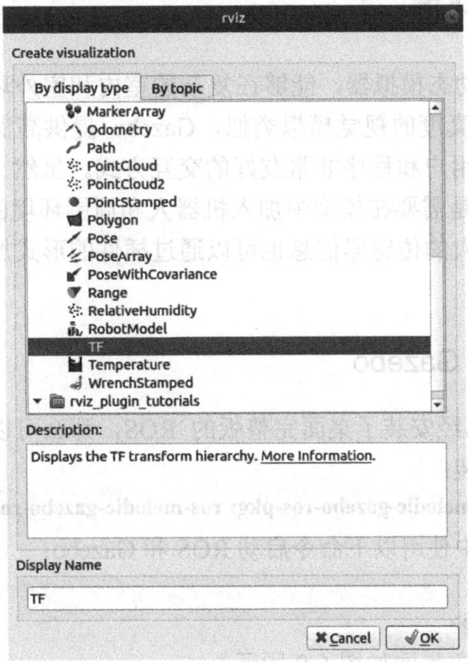

图 6-7　rviz 默认支持的显示插件

在如图 6-7 所示的列表中选择需要的 TF，然后在“Display Name”文本框中填入一个唯一的名称 tf_turtle，用来识别显示的数据。添加完成后，rviz 左侧的 Displays 面板中会列出已经添加的显示插件；单击插件列表前的加号，可以打开一个属性列表，根据需求设置属性。如果订阅成功，在中间的 3D 视图显示区应该会出现可视化后的数据，结果如图 6-8 所示。

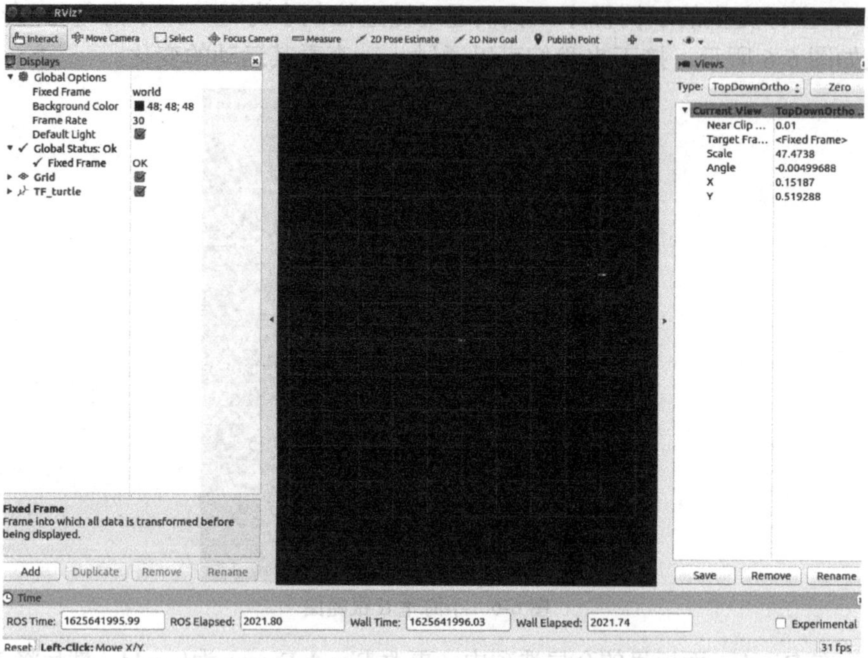

图 6-8 设置图像显示插件订阅的话题

6.3 Gazebo 仿真环境

Gazebo 是一款 3D 动态模拟器，能够在复杂的室内和室外环境中准确有效地模拟机器人。与游戏引擎提供高保真度的视觉模拟类似，Gazebo 提供高保真度的物理模拟，其提供一整套传感器模型以及对用户和程序非常友好的交互方式。虽然 Gazebo 中的机器人模型与 rviz 使用的模型相同，但是需要在模型中加入机器人和周围环境的物理属性，如质量、摩擦系数、弹性系数等。机器人的传感器信息也可以通过插件的形式加入仿真环境，以可视化的方式进行显示。

6.3.1 安装并运行 Gazebo

与 rviz 一样，如果已经安装了桌面完整版的 ROS，那么可以直接跳过这一步，否则，可以使用以下命令进行安装：

```
$ sudo apt-get install ros-melodic-gazebo-ros-pkgs ros-melodic-gazebo-ros-control
```

安装完成后，在终端中使用以下命令启动 ROS 和 Gazebo：

```
$ roscore
$ rosrun gazebo_ros gazebo
```

Gazebo 启动成功后的主界面如图 6-9 所示。

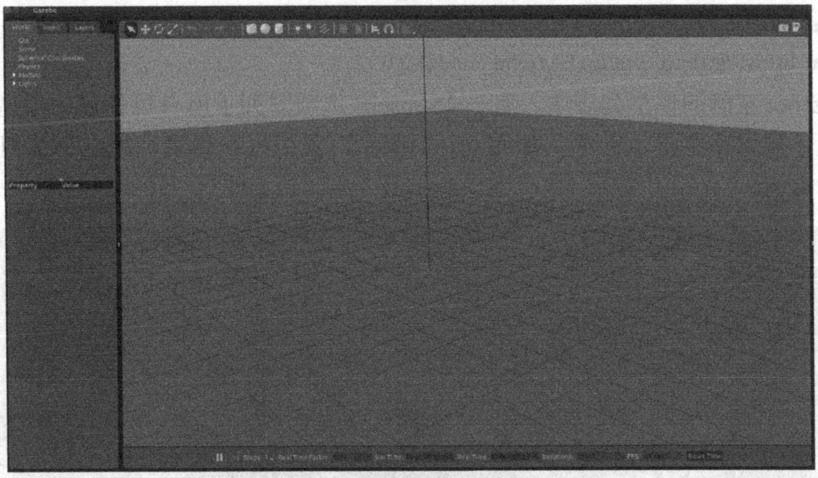

图 6-9　Gazebo 启动成功后的主界面

主界面中主要包含 3D 视图区、工具栏、模型列表、模型属性项和时间显示区。验证 Gazebo 是否与 ROS 系统成功连接，可以查看 ROS 的话题列表：

```
$ rostopic list
```

如果连接成功，应该可以看到 Gazebo 的相关话题，如图 6-10 所示。

当然，还有 Gazebo 提供的服务列表，如图 6-11 所示，使用以下命令查看：

```
$ rosservice list
```

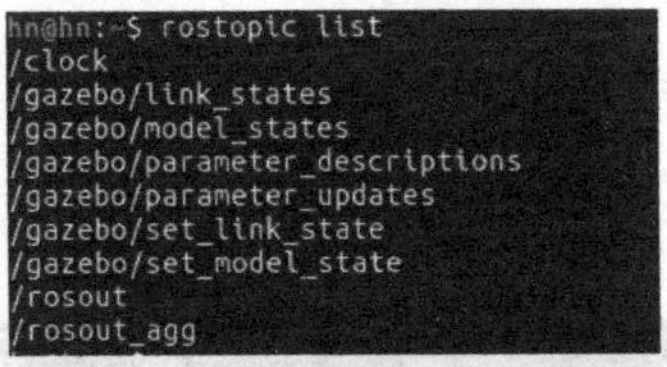

图 6-10　Gazebo 的相关话题

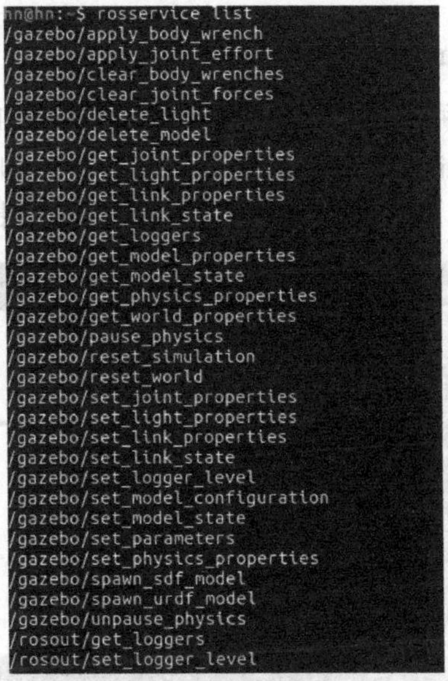

图 6-11　Gazebo 的相关服务

6.3.2　构建仿真环境

Gazebo 中有两种创建仿真环境的方法，包括直接插入模型和 Building Editor。

1）直接插入模型

首先需要下载相关模型库到本地路径~/.gazebo 下，使用以下命令下载模型：

```
$cd ~/.gazebo
$git clone https://github.com/osrf/gazebo_models.git
```

在 Gazebo 左侧的模型列表中，有一个 insert 选项罗列了所有可使用的模型。选择需要使用的模型，放置在主显示区中，如图 6-12 所示，就可以在仿真环境中添加机器人和外部物体等仿真实例。

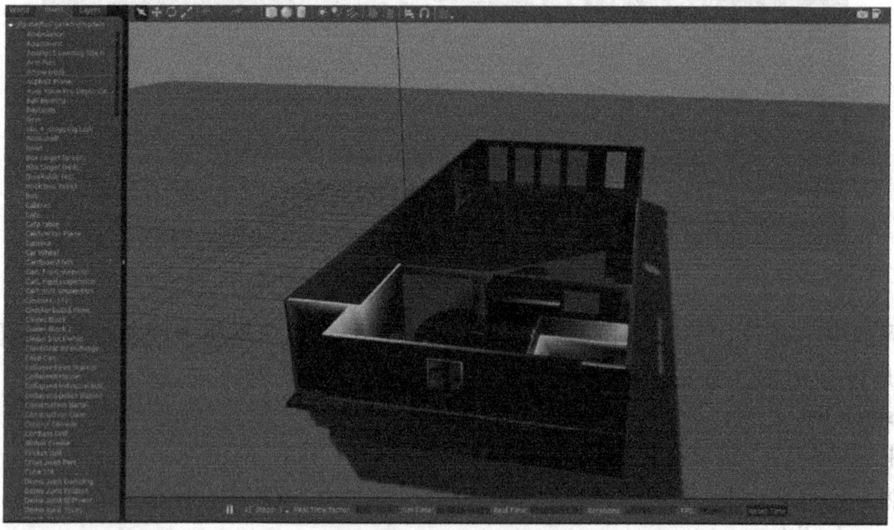

图 6-12　在 Gazebo 中直接插入仿真模型

2）Building Editor

第二种方法是使用 Gazebo 提供的 Building Editor 工具手动绘制地图。在 Gazebo 菜单栏中选择 Edit→Building Editor，可以打开如图 6-13 所示的 Building Editor 界面。选择左侧的绘制选项，然后在上侧窗口中使用鼠标绘制，下侧窗口中即可实时显示绘制的仿真环境。

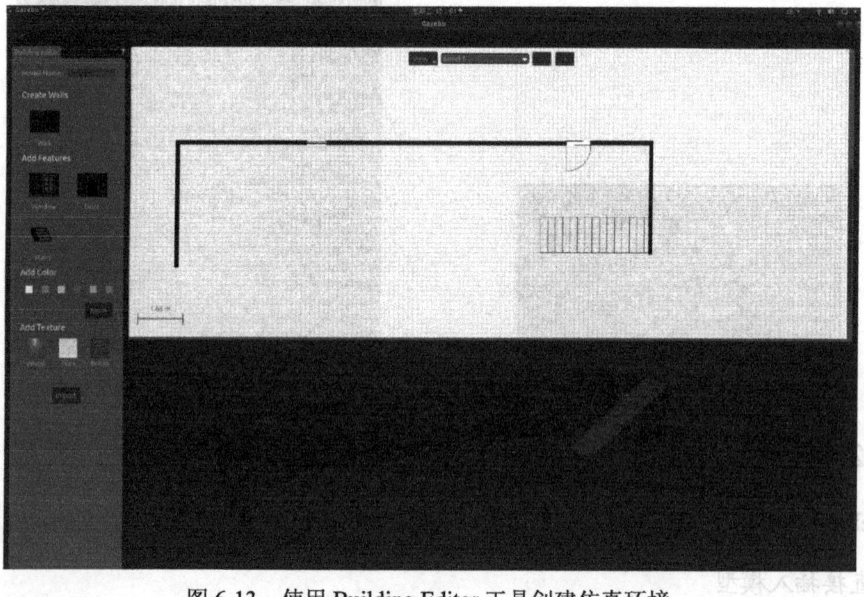

图 6-13　使用 Building Editor 工具创建仿真环境

6.4　rosbag 数据记录与回放

ROS 能够存储所有节点通过话题发布的消息。ROS 提供了数据记录与回放的功能包 rosbag，包含消息所有字段参数和时间戳，可以帮助开发者收集 ROS 系统运行时的消息数据，然后在离线状态下进行回放和处理。本节将通过小海龟例程介绍 rosbag 数据记录和回放的实现方法。

6.4.1　使用 rosbag

首先启动键盘控制小海龟例程所需的所有节点：

```
$ roscore
$ rosrun turtlesim turtlesim_node
$ rosrun turtlesim turtle_teleop_key
```

启动成功后，可以看到可视化界面中的小海龟了，此时可以在终端中通过键盘控制小海龟移动。

然后我们使用以下命令查看在当前 ROS 系统中的话题列表，结果如图 6-14 所示。

```
$ rostopic list -v
```

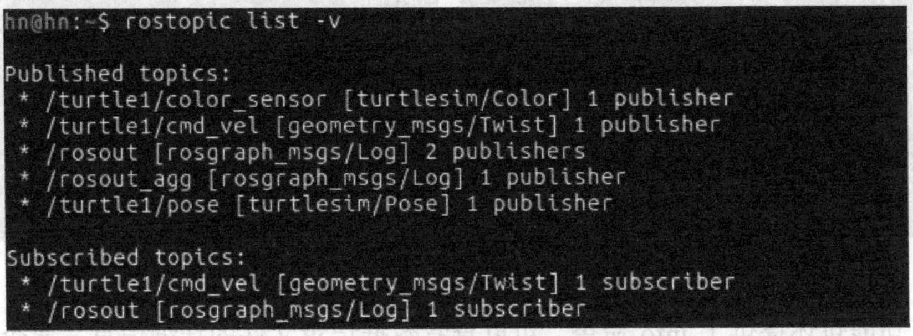

图 6-14　查看 ROS 系统中的话题列表

接下来使用 rosbag 抓取这些话题的消息，并且打包成一个文件放置到指定文件夹中：

```
$ mkdir ~/rosbagfiles
$ cd ~/rosbagfiles
$ rosbag record -a
```

其中，-a(all)参数表示记录所有发布的消息。此时消息记录已经开始，我们可以在终端中控制小海龟移动一段时间，然后进入刚才创建的文件夹~/bagfiles 中，应该会有一个以时间命名并且以.bag 为后缀的文件。

6.4.2　回放数据

我们已经有一个消息记录的文件包，之后我们就可以用它回放数据。关闭之前打开的 turtle_teleop_key 键盘控制节点并重启 turtlesim_node，使用以下命令回放所记录的话题数据：

```
$ rosbag play <your bagfile>
```

在短暂的等待时间后，数据开始回放，小海龟的运动轨迹应该与之前数据记录过程中的状态完全相同，在终端中也可以看到如图 6-15 所示的回放时间信息，小海龟运动轨迹对比如图 6-16 所示。

```
hn@hn:~$ rosbag play 2021-07-07-19-38-47.bag
[ INFO] [1625658004.354875570]: Opening 2021-07-07-19-38-47.bag

Waiting 0.2 seconds after advertising topics... done.

Hit space to toggle paused, or 's' to step.
 [DELAYED]  Bag Time: 1625657927.680894   Duration: 0.000000 / 26.646219   Delay
 [RUNNING]  Bag Time: 1625657927.680894   Duration: 0.000000 / 26.646219
 [RUNNING]  Bag Time: 1625657927.680894   Duration: 0.000000 / 26.646219
 [RUNNING]  Bag Time: 1625657927.681848   Duration: 0.000954 / 26.646219
 [RUNNING]  Bag Time: 1625657927.782049   Duration: 0.101155 / 26.646219
 [RUNNING]  Bag Time: 1625657927.882392   Duration: 0.201498 / 26.646219
 [RUNNING]  Bag Time: 1625657927.970173   Duration: 0.289279 / 26.646219
```

图 6-15　回放数据记录文件

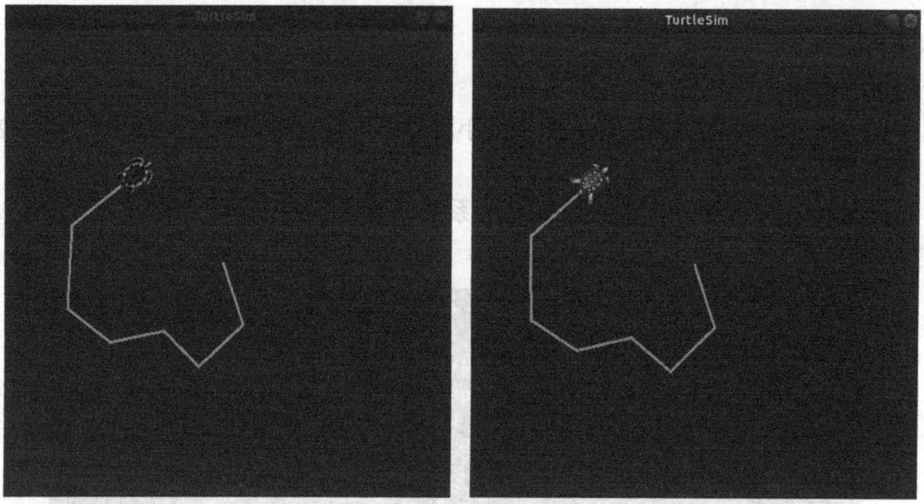

图 6-16　回放数据小海龟轨迹对比图

rosbag 功能包还提供了 info 命令，可以查看数据记录文件的详细信息，命令的使用格式如下：

$ rosbag info <your bagfile>

使用 info 命令来查看之前生成的数据记录文件，可以看到类似如图 6-17 所示的信息。

```
hn@hn:~$ rosbag info 2021-07-07-19-38-47.bag
path:        2021-07-07-19-38-47.bag
version:     2.0
duration:    26.6s
start:       Jul 07 2021 19:38:47.68 (1625657927.68)
end:         Jul 07 2021 19:39:14.33 (1625657954.33)
size:        239.2 KB
messages:    3319
compression: none [1/1 chunks]
types:       geometry_msgs/Twist [9f195f881246fdfa2798d1d3eebca84a]
             rosgraph_msgs/Log   [acffd30cd6b6de30f120938c17c593fb]
             turtlesim/Color     [353891e354491c51aabe32df673fb446]
             turtlesim/Pose      [863b248d5016ca62ea2e895ae5265cf9]
topics:      /rosout                    4 msgs    : rosgraph_msgs/Log   (2 connections)
             /turtle1/cmd_vel          19 msgs    : geometry_msgs/Twist
             /turtle1/color_sensor   1648 msgs    : turtlesim/Color
             /turtle1/pose           1648 msgs    : turtlesim/Pose
```

图 6-17　查看数据记录文件的相关信息

从以上信息中我们可以看到，数据记录包中包含所有话题、消息类型、消息数量等信息。

6.5　TF 工具

坐标变换作为机器人学的基础，也是机器人运动控制不可或缺的部分，掌握机器人坐标变换十分必要。在机器人开发中，无论是相机坐标与机器人坐标之间还是世界坐标与机器人坐标之间，都需要用坐标变换统一坐标系。ROS 为开发者提供了 TF 工具，可以很方便地实现系统中任意一个点在所有坐标系之间的坐标变换。

本节首先介绍机器人运动学相关基础知识，再介绍 TF 工具相关知识及其使用方法。

6.5.1　机器人运动学基本原理

1）坐标系的描述

坐标变换是机器人运动学中的基础概念。机器人作为一个完整的系统，结构上往往由大量组件元素组成，如机器人的主体部分、连杆、活动关节等。在进行机器人设计和应用的过程中涉及各个组件位置和姿态的变化，机器人的构型通常根据它们的坐标系来确定，这就引入了坐标系的概念。

在机器人运动学中，使用矩阵来表示坐标系和坐标系中的物体。我们用 x、y 和 z 轴表示固定的全局参考坐标系 $F_{x,y,z}$，用 n、o 和 a 轴表示相对于参考坐标系的另一个运动坐标系 $F_{n,o,a}$。字母 n、o 和 a 取自于单词 normal、orientation 和 approach 的首字母，如图 6-18 所示。很显然为了避免在抓取物体时发生碰撞，机器人必须沿着抓手的 z 轴方向来接近该物体。用机器人的术语，这个轴称为接近（approach）轴，简称为 a 轴。在抓手坐标系中接近物体的方向称为方向（orientation）轴，简称为 o 轴。又因为 x 轴垂直（normal）于上述两轴，所以简称为 n 轴。

2）坐标系的转换

坐标系的转换可以分为三类：纯平移、纯旋转、复合变换。

（1）纯平移

如果坐标系在空间以不变的姿态运动，那么该变换就是纯平移变换。在这种情况下，它的方向单位向量保持统一方向不变。所有的改变只是坐标系原点相对于参考坐标系的变化。空间纯平移变换的表示如图 6-19 所示。

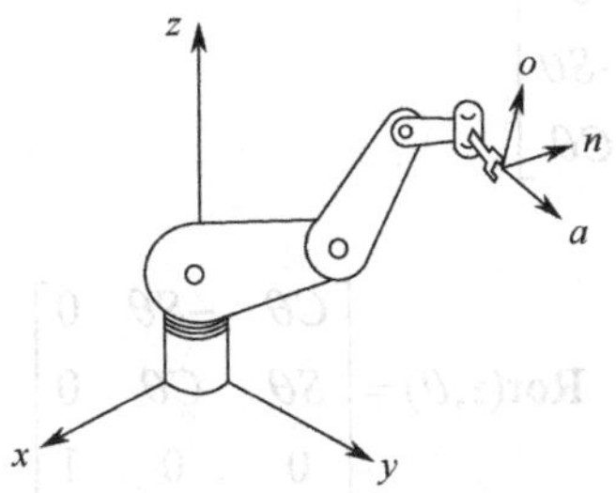

图 6-18　运动坐标系 n、o 和 a 轴

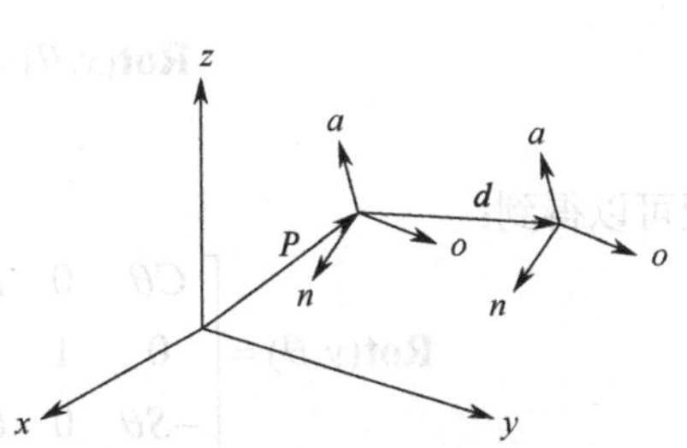

图 6-19　空间纯平移变换的表示

通过坐标系左乘变换矩阵 $\mathbf{Trans}(d_x,d_y,d_z)$ 得到新坐标系，其中变换矩阵 $\mathbf{Trans}(d_x,d_y,d_z)$ 可以简单地表示为

$$\mathbf{Trans}(d_x,d_y,d_z)=\begin{bmatrix}1&0&0&d_x\\0&1&0&d_y\\0&0&1&d_z\\0&0&0&1\end{bmatrix}$$

其中，d_x、d_y、d_z是纯平移向量$\boldsymbol{d}$相对于参考坐标系 x、y、z 轴的三个分量，可以看到矩阵的前三列表示旋转运动（等同于单位矩阵），而最后一列表示平移运动。此时新的坐标系位置为

$$\boldsymbol{F}_{\text{new}}=\begin{bmatrix}1&0&0&d_x\\0&1&0&d_y\\0&0&1&d_z\\0&0&0&1\end{bmatrix}\times\begin{bmatrix}n_x&o_x&a_x&p_x\\n_y&o_y&a_y&p_y\\n_z&o_z&a_z&p_z\\0&0&0&1\end{bmatrix}=\begin{bmatrix}n_x&o_x&a_x&p_x+d_x\\n_y&o_y&a_y&p_y+d_y\\n_z&o_z&a_z&p_z+d_z\\0&0&0&1\end{bmatrix}$$

（2）纯旋转

首先假设该坐标系位于参考坐标系的原点并与之平行，之后再将结果进行推广。这里我们假设坐标系$F_{n,o,a}$位于参考坐标系$F_{x,y,z}$的原点，坐标系$F_{n,o,a}$绕参考坐标系的 x 轴旋转一个角度θ，再假设旋转坐标系上有一点p相对于参考坐标系的坐标为p_x、p_y和p_z，相对于运动坐标系的坐标为p_n、p_o和p_a。当坐标系绕 x 轴旋转时，坐标系上的点 p 也随着坐标系一起旋转，旋转前点p在两个坐标系中的坐标是一样的，旋转后可以得到新的坐标：

$$p_x=p_n$$
$$p_y=p_o\cos\theta-p_a\sin\theta$$
$$p_z=p_o\sin\theta+p_a\cos\theta$$

写成矩阵形式为

$$\begin{bmatrix}p_x\\p_y\\p_z\end{bmatrix}=\begin{bmatrix}1&0&0\\0&\cos\theta&-\sin\theta\\0&\sin\theta&\cos\theta\end{bmatrix}\begin{bmatrix}p_n\\p_o\\p_a\end{bmatrix}$$

可见，为了得到在参考坐标系中的坐标，旋转坐标系中的点p的坐标必须左乘一个旋转矩阵，记为$\mathbf{Rot}(x,\theta)$。

为简化书写，习惯用符号$C\theta$表示$\cos\theta$，$S\theta$表示$\sin\theta$。因此，绕 x 轴旋转的旋转矩阵可以写为

$$\mathbf{Rot}(x,\theta)=\begin{bmatrix}1&0&0\\0&C\theta&-S\theta\\0&S\theta&C\theta\end{bmatrix}$$

同理可以得到：

$$\mathbf{Rot}(y,\theta)=\begin{bmatrix}C\theta&0&S\theta\\0&1&0\\-S\theta&0&C\theta\end{bmatrix}\qquad\mathbf{Rot}(z,\theta)=\begin{bmatrix}C\theta&-S\theta&0\\S\theta&C\theta&0\\0&0&1\end{bmatrix}$$

（3）复合变换

复合变换是由固定参考坐标系或当前运动坐标系的一系列沿轴平移和绕轴旋转变换所组成的。任何变换都可以分解为按一定顺序的一组平移和旋转变换。其中变换的顺序很重要，

如果颠倒变换顺序，结果将会完全不同。

为了更好地理解复合变换，假定运动坐标系 $F_{n,o,a}$ 相对参考坐标系 $F_{x,y,z}$ 依次进行了下面三个变换：绕 x 轴旋转 a 度，接着分别沿 x、y和z 轴平移 $\begin{bmatrix} l_1 & l_2 & l_3 \end{bmatrix}$，最后绕着 y 轴旋转 β 度，纯旋转和复合变换可参考图 6-20。

经过三次变换后，该点相对于参考坐标系的坐标为

$$p_{x,y,z} = \mathbf{Rot}(y,\beta) \times \mathbf{Trans}(l_1,l_2,l_3) \times \mathbf{Rot}(x,a) \times p_{n,o,a}$$

可见，通过左乘相应的变换矩阵就能实现复合变换，矩阵书写的顺序和进行变换的顺序正好相反。

到目前为止所讨论的所有变换都是相对于固定坐标系的，事实上，也可进行相对于运动坐标系来进行变换，这时需要右乘变换矩阵，在此处不详细说明，读者可自行学习。接下来我们将学习如何在 ROS 中实现坐标系的转换。

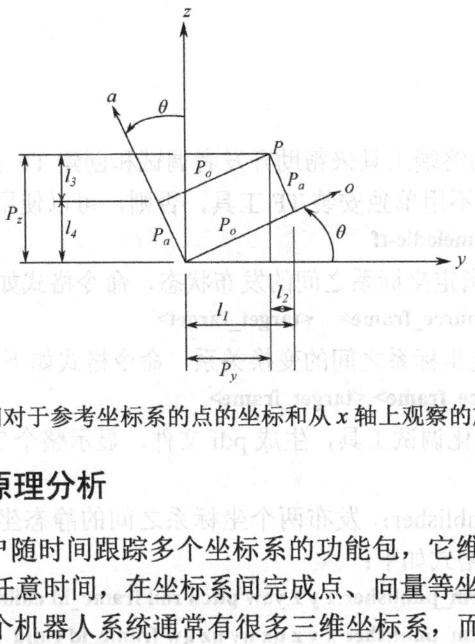

图 6-20　相对于参考坐标系的点的坐标和从 x 轴上观察的旋转坐标系

6.5.2　TF 工具的原理分析

TF 工具是一个让用户随时间跟踪多个坐标系的功能包，它维护多个坐标系之间的坐标关系，可以帮助开发者在任意时间，在坐标系间完成点、向量等坐标的变换。

如图 6-21 所示，一个机器人系统通常有很多三维坐标系，而且会随时间的推移发生变化，如世界坐标系（World Frame）、基坐标系（Base Frame）、机械夹爪坐标系（Gripper Frame）、机器人头部坐标系（Head Frame）等。TF 工具以时间为轴跟踪这些坐标系，并且允许开发者请求以下类型的数据：

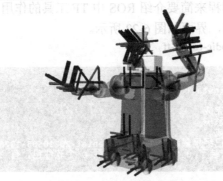

图 6-21　机器人系统中的坐标系

1）机器人夹取的物体相对于机器人头部的位置在哪里？

2）机器人头部坐标系相对于中心坐标系的关系是什么样的？

3）机器人中心坐标系相对于激光雷达传感器的位置在哪里？

TF 工具可以在分布式系统中进行操作，也就是说，一个机器人系统中所有的坐标变换关系对于所有的节点组件都是可用的，所有订阅 TF 消息的节点都会缓存一份所有坐标系的变换关系数据，所以这种结构不需要中心服务器来存储任何数据。

想要使用 TF 工具，总体来说需要以下两个步骤。

1）监听 TF 变换：接收并缓存系统中发布的所有坐标变换数据，并从中查询所需要的坐标变换关系。

2）广播 TF 变换：向系统中广播坐标系之间的坐标变换关系。系统中可能会存在多个不同部分的 TF 变换广播，每个广播都可以直接将坐标变换关系插入 TF 树中，不需要再进行同步。

6.5.3 TF 工具

TF 工具提供了丰富的终端工具来帮助开发者调试和创建 TF 变换。如果已经安装了桌面完整版的 ROS，那么可以不用单独安装 TF 工具，否则，可以使用以下命令进行安装：

```
$ sudo apt-get install ros-melodic-tf
```

1）tf_monitor：查看指定坐标系之间的发布状态，命令格式如下：

```
$ rosrun tf tf_monitor <source_frame>   <target_target>
```

2）tf_echo：查看指定坐标系之间的变换关系，命令格式如下：

```
$ rosrun tf tf_echo <source_frame> <target_frame>
```

3）view_frame：可视化调试工具，生成 pdf 文件，显示整个 TF 树，命令格式如下：

```
$ rosrun tf view_frames
```

4）static_transform_publisher：发布两个坐标系之间的静态坐标变换，这两个坐标系不发生相对位置变化，命令格式如下：

```
$ rosrun tf static_transform_publisher x y z yaw pitch roll frame_id child_frame_id period_in_ms
$ rosrun tf static_transform_publisher x y z qx qy qz qw frame_id child_frame_id period_in_ms
```

6.5.4 TF 工具应用实例

本节将通过一个小海龟例程来简要介绍 ROS 中 TF 工具的作用。首先使用以下命令安装 Ubuntu 发布的 turtle_tf 功能包，界面如图 6-22 所示。

```
$ sudo apt-get install ros-melodic-turtle-tf
```

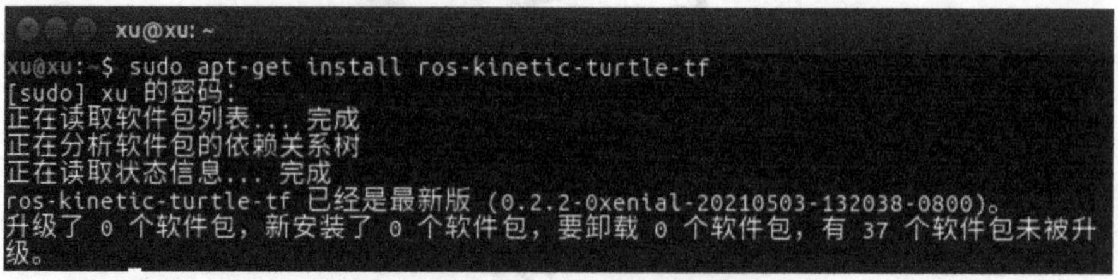

图 6-22　安装 turtle_tf 功能包

现在我们已经完成了 turtle_tf 功能包的获取，接下来可以使用以下命令运行例程：

```
$ roslaunch turtle_tf turtle_tf_demo.launch
```

仿真器中将出现小海龟，说明 turtle_tf 功能包的启动文件已经成功打开，并且处于下方的小海龟会自动向中心位置的小海龟靠拢。

打开一个新的终端，打开键盘控制节点，从而可以使用键盘上的上、下、左、右键控制中心位置的小海龟运动。

```
$ rosrun turtlesim turtle_teleop_key
```

上述代码运行了 turtlesim 功能包下的 turtle_teleop_key 键盘控制节点，通过键盘控制可以发现另一只小海龟总是跟随我们控制的那只小海龟移动，如图 6-23 和图 6-24 所示。

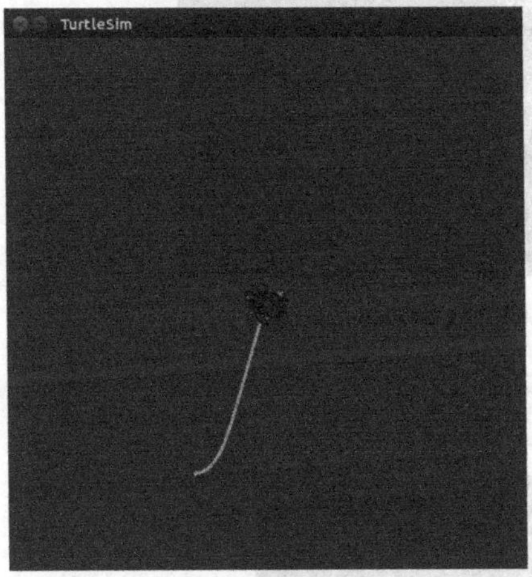

图 6-23　小海龟仿真界面

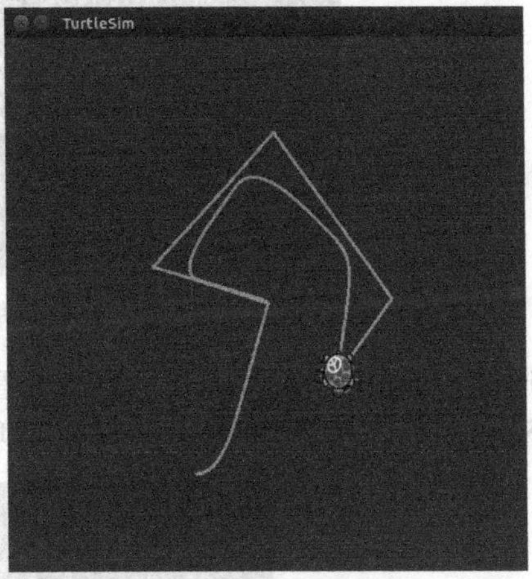

图 6-24　小海龟跟随移动

通过 TF 工具 view_frames 可以查看当前例程中的 TF 树。

```
$ rosrun tf view_frames
```

从图 6-25 中我们可以看到 TF 树的三个坐标系：world 坐标系、turtle1 坐标系和 turtle2 坐标系。我们还可以看到 world 坐标系是 turtle1 和 turtle2 坐标系的父级。出于调试目的，view_frames 还会报告一些有关何时接收到最早和最近的坐标转换以及坐标发布到 tf.frame 的速度诊断信息。

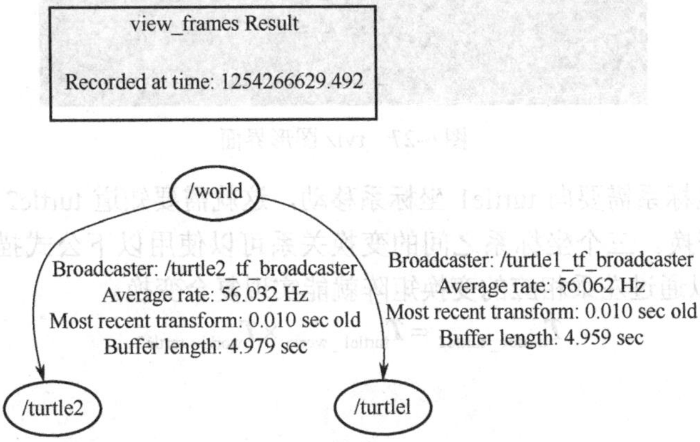

图 6-25　小海龟跟随例程中的 TF 树

通过 tf_echo 工具查看两个小海龟坐标系的变换关系，命令如下：

```
$ rosrun tf tf_echo turtle1 turtle2
```

其输出结果如图 6-26 所示，其中 Translation 表示位置信息，Rotation 表示角度信息。当控制小海龟四处走动时，就可以看到随着两只小海龟相对移动而发生的坐标变化。

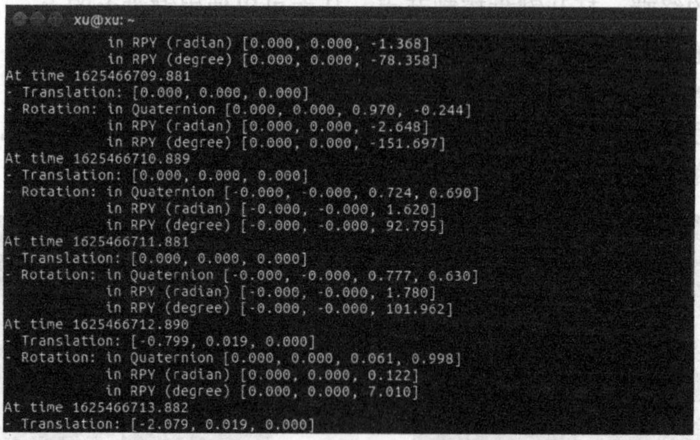

图 6-26　小海龟坐标系之间的变换关系

通过 rviz 图形界面可以更加形象地看到这三者之间的坐标关系，如图 6-27 所示。

```
$ rosrun rviz rviz -d `rospack find turtle_tf`/rviz/turtle_rviz.rviz
```

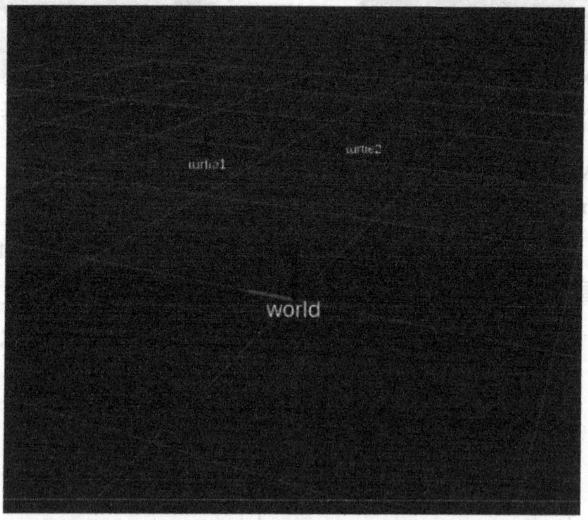

图 6-27　rviz 图形界面

其中 turtle2 坐标系需要向 turtle1 坐标系移动，这就需要知道 turtle2 坐标系与 turtle1 坐标系之间的坐标变换。三个坐标系之间的变换关系可以使用以下公式描述，相对于固定的 world 坐标系，可以通过左乘相应的变换矩阵就能实现复合变换。

$$\boldsymbol{T}_{\text{turtle1\_turtle2}} = \boldsymbol{T}_{\text{turtle1\_world}} \times \boldsymbol{T}_{\text{world\_turtle2}}$$

1）TF 广播

TF 工具能在 ROS 中建立坐标系，并且能够简化各个坐标系之间的转换关系。可以使用 C++或者 Python 来编写 TF 广播器。我们需要创建一个发布小海龟坐标系与 world 坐标系之间 TF 变换的节点，实现源码 src/turtle_tf_broadcaster.cpp 的具体内容如下：

```
#include <ros/ros.h>
#include <tf/transform_broadcaster.h>
#include <turtlesim/Pose.h>
std::string turtle_name;
void poseCallback(const turtlesim::PoseConstPtr& msg)
{
  // TF 广播器
  static tf::TransformBroadcaster br;
  // 根据小海龟当前的位置，设置相对于 world 坐标系的坐标变换
  tf::Transform transform;
  transform.setOrigin( tf::Vector3(msg->x, msg->y, 0.0) );
  tf::Quaternion q;
  q.setRPY(0, 0, msg->theta);
  transform.setRotation(q);
  // 发布坐标变换
  br.sendTransform(tf::StampedTransform(transform, ros::Time::now(), "world", turtle_name));
}
int main(int argc, char** argv)
{
  // 初始化节点
  ros::init(argc, argv, "my_tf_broadcaster");
  if (argc != 2)
  {
    ROS_ERROR("need turtle name as argument");
    return -1;
  };
  turtle_name = argv[1];
  // 订阅小海龟的 pose 信息
  ros::NodeHandle node;
  ros::Subscriber sub = node.subscribe(turtle_name+"/pose", 10, &poseCallback);
  ros::spin();
  return 0;
};
```

下面简单剖析以上代码的实现过程。

（1）头文件部分

```
#include <ros/ros.h>
#include <tf/transform_broadcaster.h>
#include <turtlesim/Pose.h>
```

为了避免包含繁杂的 ROS 功能包头文件，ros/ros.h 已经包含了大部分 ROS 中通用的头文件。要使用 TransformBroadcaster，我们需要包含 tf/transform_broadcaster.h 头文件。

（2）poseCallback 函数部分

```
static tf::TransformBroadcaster br;
tf::Transform transform;
```

定义一个广播，相当于发布话题时定义一个发布器。定义存放转换信息（平移、旋转）的变量。

```
transform.setOrigin( tf::Vector3(msg->x, msg->y, 0.0) );
```

setOrigin()函数设置坐标原点，需要注意该函数的类型需要为 tf::Vector3 类型，假设要发布一个子坐标系为“turtle1”、父坐标系为“world”的广播，那么其中(msg->x,msg->y,0.0)是指“turtle1”的坐标原点在“world”坐标系下的坐标。

```
tf::Quaternion q;
q.setRPY(0, 0, msg->theta);
transform.setRotation(q);
```

此部分定义了旋转，需要注意 setRPY()函数的参数为“turtle1”在“world”坐标系下的 roll（绕 x 轴）、pitch（绕 y 轴）、yaw（绕 z 轴）。

```
br.sendTransform(tf::StampedTransform(transform, ros::Time::now(), "world", turtle_name));
```

此部分中包含四个参数，transform 是存储变换关系的变量；ros::Time::now()是 TF 广播的时间戳；“world”是父坐标系的名字；turtle_name 是子坐标系的名字。

2）TF 的监听

TF 消息广播之后，其他节点就可以监听该 TF 消息，从而获取需要的坐标变换了。目前我们已经将小海龟相对于 world 坐标系的 TF 变换进行了广播，接下来需要监听 TF 消息，并从中获取 turtle2 相对于 turtle1 坐标系的变换，从而控制 turtle2 移动。简单来说，通过监听 TF 消息，我们可以避免繁琐的旋转矩阵的计算，而直接获取我们需要的相关信息。实现源码 src/turtle_tf_listener.cpp 的详细内容如下：

```
#include <ros/ros.h>
#include <tf/transform_listener.h>
#include <geometry_msgs/Twist.h>
#include <turtlesim/Spawn.h>
int main(int argc, char** argv)
{
  // 初始化节点
  ros::init(argc, argv, "my_tf_listener");
  ros::NodeHandle node;
  // 通过服务调用，产生第二只小海龟 turtle2
  ros::service::waitForService("spawn");
  ros::ServiceClient add_turtle =
  node.serviceClient<turtlesim::Spawn>("spawn");
  turtlesim::Spawn srv;
  add_turtle.call(srv);
  // 定义 turtle2 的速度控制发布器
  ros::Publisher turtle_vel =
  node.advertise<geometry_msgs::Twist>("turtle2/cmd_vel", 10);
```

```
    // TF 监听器
    tf::TransformListener listener;
    ros::Rate rate(10.0);
    while (node.ok())
    {
        tf::StampedTransform transform;
        try
        {
            // 查找 turtle2 与 turtle1 的坐标变换
            listener.waitForTransform("/turtle2", "/turtle1", ros::Time(0), ros::Duration(3.0));
            listener.lookupTransform("/turtle2", "/turtle1", ros::Time(0), transform);
        }
        catch (tf::TransformException &ex)
        {
            ROS_ERROR("%s",ex.what());
            ros::Duration(1.0).sleep();
            continue;
        }
        // 根据 turtle1 和 turtle2 之间的坐标变换，计算 turtle2 需要运动的线速度和角速度
        // 发布速度控制指令，使 turtle2 向 turtle1 移动
        geometry_msgs::Twist vel_msg;
        vel_msg.angular.z = 4.0 * atan2(transform.getOrigin().y(),transform.getOrigin().x());
        vel_msg.linear.x = 0.5 * sqrt(pow(transform.getOrigin().x(), 2) + pow(transform.getOrigin().y(), 2));
        turtle_vel.publish(vel_msg);
        rate.sleep();
    }
    return 0;
};
```

下面简单剖析以上代码的实现过程。

（1）初始化部分

```
tf::TransformListener listener;
ros::Rate rate(10.0);
```

创建一个 tf::TransformListener 类型的监听器，创建成功后监听器会自动接收 TF 树的消息，并且缓存 10 秒。

（2）循环部分

```
tf::StampedTransform transform;
```

定义存放变换关系的变量。

```
listener.waitForTransform("/turtle2", "/turtle1", ros::Time(0), ros::Duration(3.0));
listener.lookupTransform("/turtle2", "/turtle1", ros::Time(0), transform);
```

监听中两个常用的函数 transformPoint()和 lookupTransform()，前者可以获得两个坐标系之间转换的关系，包括旋转与平移，后者可以实现从“/turtle2”到“/turtle1”的转换。

```
catch (tf::TransformException &ex) {
ROS_ERROR("%s",ex.what());
ros::Duration(1.0).sleep();
continue; }
```

监听两个坐标系之间的变换。由于 TF 工具会把监听的内容存放到一个缓存中，然后再读取相关的内容，而这个过程可能会有几毫秒的延时，TF 监听器并不能监听到“现在”的变换，所以如果不使用 try，catch 函数会导致报错。

（3）使用变换

```
geometry_msgs::Twist vel_msg;
vel_msg.angular.z = 4.0 * atan2(transform.getOrigin().y(),transform.getOrigin().x());
vel_msg.linear.x = 0.5 * sqrt(pow(transform.getOrigin().x(), 2) +
pow(transform.getOrigin().y(), 2));
```

在这里，变换是根据 turtle2 与 turtle1 的距离和角度计算 turtle2 的新线速度和角速度。新速度发布在话题“turtle2/cmd_vel”中，sim 节点将使用它来更新 turtle2 的运动。

3）实现小海龟跟随运动

现在小海龟跟随例程的所有代码都已经完成，下面来编写一个 launch 文件，使所有节点运行起来，实现源码 learning_tf/launch/start_demo_with_listener.launch 的详细内容如下：

```
<launch>
  <!—小海龟仿真器 -->
  <node pkg="turtlesim" type="turtlesim_node" name="sim"/>
  <!-- 键盘控制 -->
  <node pkg="turtlesim" type="turtle_teleop_key" name="teleop" output="screen"/>
  <!-- 两只小海龟的 TF 广播 -->
  <node pkg="learning_tf" type="turtle_tf_broadcaster"
    args="/turtle1" name="turtle1_tf_broadcaster" />
  <node pkg="learning_tf" type="turtle_tf_broadcaster"
    args="/turtle2" name="turtle2_tf_broadcaster" />
  <!-- 监听 TF 广播，并且控制 turtle2 移动 -->
  <node pkg="learning_tf" type="turtle_tf_listener"
    name="listener" />
</launch>
```

代码已经通过注释得到了很好的解释，运行该 launch 文件，就可以看到两只小海龟的仿真界面，在终端中通过键盘控制 turtle1 移动，turtle2 也跟随移动。

通过这个例程的实现，我们学习了 TF 广播与监听的实现方法，在实际应用中会产生更多的坐标系，TF 树的结构也会更加复杂，但是基本的使用方法依然相同。

6.6　本章小结

本章介绍了 ROS 中的几种常用工具，通过学习这些组件工具的使用方法，我们能够更直观地开发和调试机器人，加快机器人系统的构建速度，并利用这些工具评估或验证设计质量。在今后的机器人开发过程中，我们将逐渐深入体验这些特定的概念和工具。

第 7 章　ROS 基础应用实例

7.1　遥控小海龟运动

我们在刚开始学习 ROS 时，接触到的第一个功能包是 turtlesim，该功能包可以通过键盘控制小海龟在界面中移动。这个功能包的核心是 turtlesim_node 节点，提供一个可视化的小海龟仿真器。本章中我们将学习在 ROS 中如何使用遥控器来控制小海龟运动，实验分别以红外遥控器和游戏手柄为例来实现小海龟的运动控制。

7.1.1　红外遥控器控制小海龟运动

本实验使用的模块均为常用的低成本电子模块，如图 7-1 所示，包括红外遥控器、红外解码模块、USB 转 TTL 模块。红外解码模块可将红外遥控器发射的红外编码信号解码成相应的 16 进制数并通过串口进行输出。USB 转 TTL 模块与红外解码模块通过杜邦线进行连接，通过 USB 端口连接至上位机。

图 7-1　红外遥控器（左一）、红外解码模块（中）、USB 转 TTL 模块（右一）

图 7-2 为红外遥控器按键对应的 16 进制编码，其中用户码为“00FF”，串口输出数据为“用户码+键位码”，例如我们按下“OK”键，串口则输出“00FF1C”。下面我们就可以据此来进行编程，通过红外遥控器控制小海龟运动。

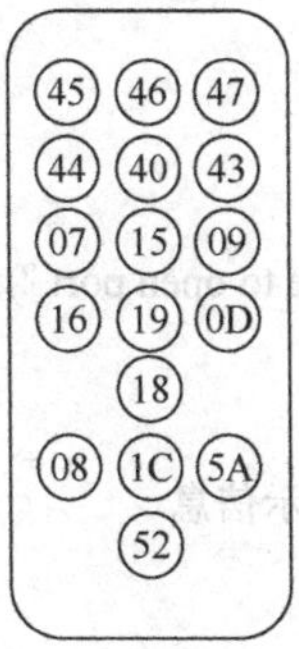

图 7-2　红外遥控器按键对应的 16 进制编码

1）安装步骤

在开始之前我们需要安装一些功能包。在终端中输入以下命令安装 ROS 串口功能包：

```
$ sudo apt-get install ros-melodic-serial
```

输入以下命令检测 serial 包是否安装好：

```
$ rospack find serial
```

若终端显示 serial 的路径（/opt/ros/melodic/share/serial），则说明安装成功。

2）代码讲解

在~/catkin_ws/src 下输入以下命令创建一个名为 serialport 的功能包：

```
$ catkin_create_pkg serialport roscpp rospy std_msgs serial
```

创建完成后，在 serialport/src 文件夹下创建名为 infrared_remote.cpp 的文件，并输入以下代码。

```
#include <ros/ros.h>
#include <serial/serial.h>  //ROS 已经内置的串口包
#include<geometry_msgs/Twist.h>

serial::Serial ser; //声明串口对象
uint8_t buffer[3]; //定义串口数据存放数组
uint8_t a;
int main (int argc, char** argv)
{
        ros::init(argc, argv, "serial_remote_node");//初始化节点
        ros::NodeHandle nh; //声明节点句柄
        ros::Publisher read_pub = nh.advertise<geometry_msgs::Twist>("/turtle1/cmd_vel",1); //发布话题
        try
        {
        //设置串口属性，并打开串口
            ser.setPort("/dev/ttyUSB0");
            ser.setBaudrate(9600);
            serial::Timeout to = serial::Timeout::simpleTimeout(1000);
            ser.setTimeout(to);
            ser.open();
        }
        catch (serial::IOException& e)
        {
            ROS_ERROR_STREAM("Unable to open port ");
            return -1;
        }
        //检测串口是否已经打开，并给出提示信息
        if(ser.isOpen())
        {
            ROS_INFO_STREAM("Serial Port initialized");
```

```
    }
    else
    {
        return -1;
    }
    //指定循环的频率
    ros::Rate loop_rate(50);
    geometry_msgs::Twist vel;
    while(ros::ok())
    {
        if(ser.available())
    {
        ROS_INFO_STREAM("Reading from serial port\n");
        ser.read(buffer,3);  //从缓冲区中读取 3 位数据，存放到定义好的数组中
        for(int i =0 ;i<3;i++)
                {
                    if(buffer[i]==0x00)
                    {
                        if(buffer[i+1]==0xff)  //判断是否为用户码 00FF
                        {
                            ROS_INFO_STREAM("Remote Success");
                            a=buffer[i+2];
                        }
                    }
                }
                switch(a)
                {
                case 0x18:
                    ROS_INFO_STREAM("straight");
                    vel.linear.x=2;
                    vel.angular.z=0;
                    break;
                case 0x52:
                    ROS_INFO_STREAM("back");
                    vel.linear.x=-2;
                    vel.angular.z=0;
                    break;
                case 0x08:
                    ROS_INFO_STREAM("left");
                    vel.linear.x=0;
                    vel.angular.z=1;
                    break;
                case 0x5a:
                    ROS_INFO_STREAM("right");
```

```
                    vel.linear.x=0;
                    vel.angular.z=-1;
                    break;
                case 0x1c:
                    ROS_INFO_STREAM("stop");
                    vel.linear.x=0;
                    vel.angular.z=0;
                    break;
                default:
                    ROS_INFO_STREAM("invalid button");
                    break;
            }
            read_pub.publish(vel);
            }
            ros::spinOnce();//处理 ROS 的信息，比如订阅消息，并调用回调函数
            loop_rate.sleep();
        }
}
```

接下来，将逐段解释代码。

（1）头文件部分

```
#include <ros/ros.h>
#include <serial/serial.h>
#include <geometry_msgs/Twist.h>
```

ros/ros.h 包含大部分 ROS 中通用的头文件，serial/serial.h 是 ROS 中已经内置的串口包，通过它可以与串口设备进行通信，另外节点会发布 geometry_msgs/Twist 类型的消息，所以需要加入包含该类型的头文件 Twist.h，这个头文件根据 Twist.msg 的消息结构定义自动生成。

（2）主函数部分

```
int main (int argc, char** argv)
{
    ros::init(argc, argv, "serial_remote_node");
    ros::NodeHandle nh; //声明节点句柄
    ros::Publisher read_pub = nh.advertise<geometry_msgs::Twist>("/turtle1/cmd_vel",1); //发布话题
    ......
}
```

在 main 函数中，通过 init 函数初始化 ros 节点，节点名称为 serial_remote_node，该名称在运行的 ROS 中是唯一的，不允许同时存在名称相同的两个节点。使用 ros::NodeHandle nh 声明节点句柄，最后创建一个名为 read_pub 的发布者，发布者向话题/turtle1/cmd_vel 中发布

Twist 类型的消息，其中缓存区大小为 1。

```
try
{
    //设置串口属性，并打开串口
    ser.setPort("/dev/ttyUSB0");
    ser.setBaudrate(9600);
    serial::Timeout to = serial::Timeout::simpleTimeout(1000);
    ser.setTimeout(to);
    ser.open();
}
catch (serial::IOException& e)
{
    ROS_ERROR_STREAM("Unable to open port ");
    return-1;
}
```

进入 try catch 语句，设置串口设备号为/dev/ttyUSB0，串口波特率为 9600b/s，串口超时时间为 1000ms，设置完成后打开串口。当串口打开错误时，在终端报错："Unable to open port"并返回−1。若串口成功打开，则在终端输出："Serial Port initialized"。

```
ros::Rate loop_rate(50);
geometry_msgs::Twist vel;
```

指定程序循环的频率为 50Hz，并创建一个 geometry_msgs::Twist 类型的变量 vel，用于存储需要发布的线速度和角速度数据。

```
while(ros::ok())
{
    if(ser.available())
    {
        ......
    }
    ros::spinOnce();//处理 ROS 的信息，比如订阅消息,并调用回调函数
    loop_rate.sleep();
}
```

进入 while 循环，通过 ser.available()函数接收串口缓冲区中当前剩余的字符个数，判断串口的缓冲区有无数据。当 ser.available()>0 时，说明串口接收到了数据，可以进行数据解析，否则等待串口数据接收。

3）编译功能包

在 CMakeLists.txt 文件中添加：

```
add_executable(infrared_remote src/infrared_remote.cpp)
add_dependencies(infrared_remote   ${${PROJECT_NAME}_EXPORTED_TARGETS}
${catkin_EXPORTED_TARGETS})
target_link_libraries(infrared_remote ${catkin_LIBRARIES})
```

修改完成之后，在工作空间中进行编译：

```
$cd ~/catkin_ws
$catkin_make
```

开启终端输入以下命令启动小海龟节点，在启动前不要忘记启动 roscore 命令：

```
$ roscore
$ rosrun turtlesim turtlesim_node
```

插入红外接收探头，启动终端输入以下命令开启红外遥控节点：

```
$ source ~/catkin_ws/devel/setup.bash
$ rosrun serialport infrared_remote
```

按下红外遥控器上的按键，将出现如图 7-3 所示的信息输出日志结果。

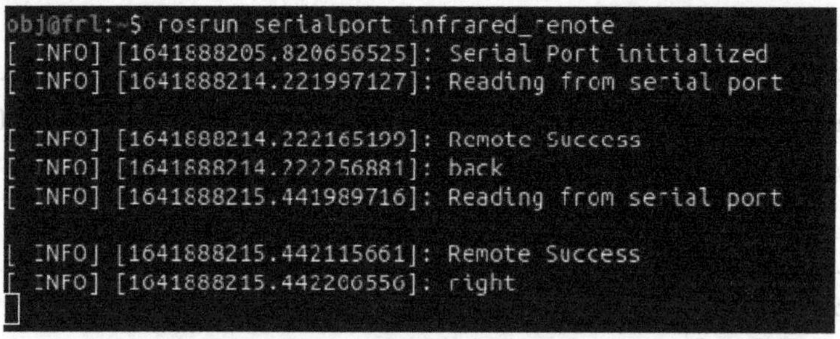

图 7-3　信息输出日志结果

可通过以下命令查看遥控器发送的/turtle1/cmd_vel 话题消息，/turtle1/cmd_vel 话题内容如图 7-4 所示。

```
$ rostopic echo /turtle1/cmd_vel
```

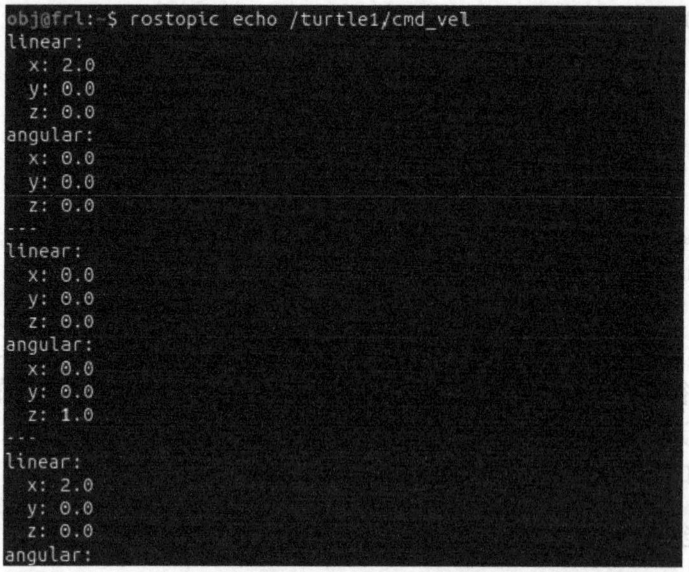

图 7-4　/turtle1/cmd_vel 话题内容

此时我们就可以通过红外遥控器控制小海龟的运动，遥控小海龟运动情况如图 7-5 所示。读者可以根据自己的需要定义遥控器上其他按键的功能，编写属于自己的控制命令。本实验遥控器的按键信息对应如下：上、下、左、右键分别对应前进、后退、左转和右转，OK 键对应停止。

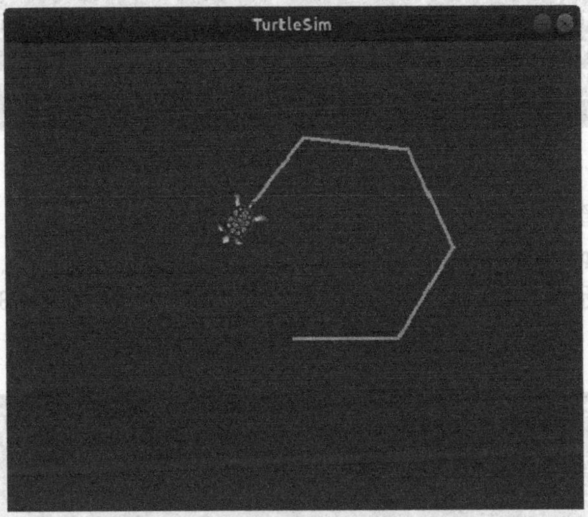

图 7-5　遥控小海龟运动情况

7.1.2　游戏手柄控制小海龟运动

除了上一节中讨论的红外遥控器控制小海龟运动，我们还可以通过游戏手柄更加真实而有趣地控制屏幕里的小海龟。

在本次实验中，我们选择微软 XBOX360 手柄，如图 7-6 所示。

图 7-6　微软 XBOX360 手柄

1）XBOX 手柄驱动安装

在开始之前，我们需要安装一些相关的功能包，在终端中输入以下命令安装手柄驱动功能包：

```
$ sudo apt-get install ros-melodic-joystick-drivers
```

安装完成后将手柄连接到计算机，运行以下命令，查看游戏手柄是否被识别，js0 即为手柄端口，查看端口号结果如图 7-7 所示。

```
$ ls /dev/input
```

```
obj@frl:~$ ls /dev/input/
by-id      event1   event12  event15  event3  event6  event9  mouse0
by-path    event10  event13  event16  event4  event7  js0     mouse1
event0     event11  event14  event2   event5  event8  mice
obj@frl:~$
```

图 7-7　查看端口号结果

使用以下命令检查它是否工作，其中 jstest 是虚拟摇杆工具：

```
$ sudo jstest /dev/input/js0
```

得到如图 7-8 所示的输出，说明游戏手柄正常工作，微软 XBOX360 手柄有 8 个轴向输入和 11 个按钮，操作手柄上的摇杆或按钮将会发生相应的数值变化。

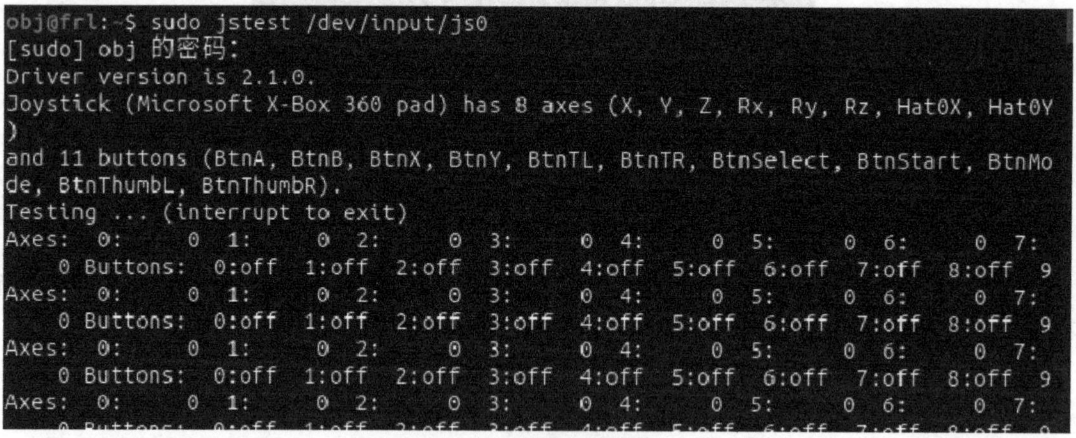

```
obj@frl:~$ sudo jstest /dev/input/js0
[sudo] obj 的密码：
Driver version is 2.1.0.
Joystick (Microsoft X-Box 360 pad) has 8 axes (X, Y, Z, Rx, Ry, Rz, Hat0X, Hat0Y
)
and 11 buttons (BtnA, BtnB, BtnX, BtnY, BtnTL, BtnTR, BtnSelect, BtnStart, BtnMo
de, BtnThumbL, BtnThumbR).
Testing ... (interrupt to exit)
Axes:  0:     0  1:     0  2:     0  3:     0  4:     0  5:     0  6:     0  7:
   0 Buttons:  0:off  1:off  2:off  3:off  4:off  5:off  6:off  7:off  8:off  9
Axes:  0:     0  1:     0  2:     0  3:     0  4:     0  5:     0  6:     0  7:
   0 Buttons:  0:off  1:off  2:off  3:off  4:off  5:off  6:off  7:off  8:off  9
Axes:  0:     0  1:     0  2:     0  3:     0  4:     0  5:     0  6:     0  7:
   0 Buttons:  0:off  1:off  2:off  3:off  4:off  5:off  6:off  7:off  8:off  9
Axes:  0:     0  1:     0  2:     0  3:     0  4:     0  5:     0  6:     0  7:
```

图 7-8　查看手柄数据

当确定好游戏手柄能够正常工作以后，使用 joy 和 joy_node 功能包测试它的功能。输入以下命令并得到如图 7-9 所示的输出，说明所有配置都是正确的。

```
$ roscore
$ rosrun joy joy_node
```

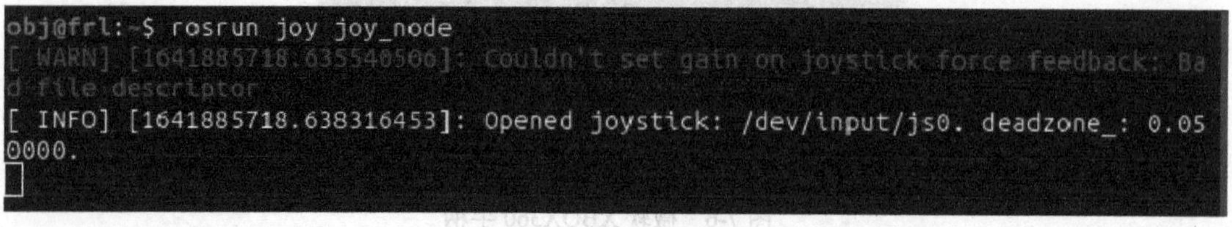

```
obj@frl:~$ rosrun joy joy_node
[ WARN] [1641885718.635540506]: Couldn't set gain on joystick force feedback: Ba
d file descriptor
[ INFO] [1641885718.638316453]: Opened joystick: /dev/input/js0. deadzone_: 0.05
0000.
```

图 7-9　节点运行结果图

我们可以通过以下命令查看 joy 话题发布的消息，/joy 话题内容如图 7-10 所示。

```
$ rostopic echo /joy
```

```
obj@frl:~$ rostopic echo /joy
header:
  seq: 1
  stamp:
    secs: 1641885783
    nsecs:  91492130
  frame_id: "/dev/input/js0"
axes: [0.0, 0.29968053102493286, 0.0, 0.0, 0.0, 0.0, 0.0, 0.0]
buttons: [0, 0, 0, 0, 0, 0, 0, 0, 0, 0, 0]
---
header:
  seq: 2
  stamp:
    secs: 1641885783
    nsecs:  99493949
  frame_id: "/dev/input/js0"
axes: [0.0, 0.5400699973106384, 0.0, 0.0, 0.0, 0.0, 0.0, 0.0]
buttons: [0, 0, 0, 0, 0, 0, 0, 0, 0, 0, 0]
```

图 7-10　/joy 话题内容

其中：

seq 是当前发布的序列；

stamp 是当前发布的系统时间戳，其中 secs 表示秒，nsecs 表示纳秒；

frame_id 是坐标系的名称；

axes 包含了 8 个元素，表示轴向输入，buttons 包含了 11 个元素，表示按钮输入。

通过以下命令查看 Joy 类型消息，Joy 类型消息如图 7-11 所示。

```
$ rostopic type /joy
$ rosmsg show sensor_msgs/Joy
```

```
obj@frl:~$ rostopic type /joy
sensor_msgs/Joy
obj@frl:~$ rosmsg show sensor_msgs/Joy
std_msgs/Header header
  uint32 seq
  time stamp
  string frame_id
float32[] axes
int32[] buttons
```

图 7-11　Joy 类型消息

接下来，我们将学习如何订阅手柄话题的节点，并生成用于移动小海龟的命令。

首先，通过以下命令启动仿真小海龟，运行节点结果图如图 7-12 所示，小海龟界面如图 7-13 所示。

```
$ rosrun turtlesim turtlesim_node
```

```
obj@frl:~$ rosrun turtlesim turtlesim_node
_IceTransSocketUNIXConnect: Cannot connect to non-local host obj-Lenovo-G50-80
_IceTransSocketUNIXConnect: Cannot connect to non-local host obj-Lenovo-G50-80
Qt: Session management error: Could not open network socket
[ INFO] [1641888319.308085803]: Starting turtlesim with node name /turtlesim
[ INFO] [1641888319.316436403]: Spawning turtle [turtle1] at x=[5.544445], y=[5.544445], theta=[0.000000]
```

图 7-12　运行节点结果图

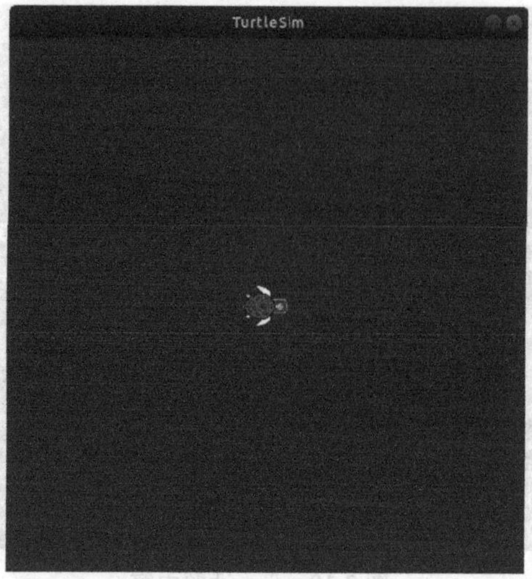

图 7-13　小海龟界面

通过 rostopic list 命令查看所有话题，其中/turtle1/cmd_vel 是控制小海龟移动的话题，我们可以通过 rostopic type 命令查看话题类型，如图 7-14 所示。

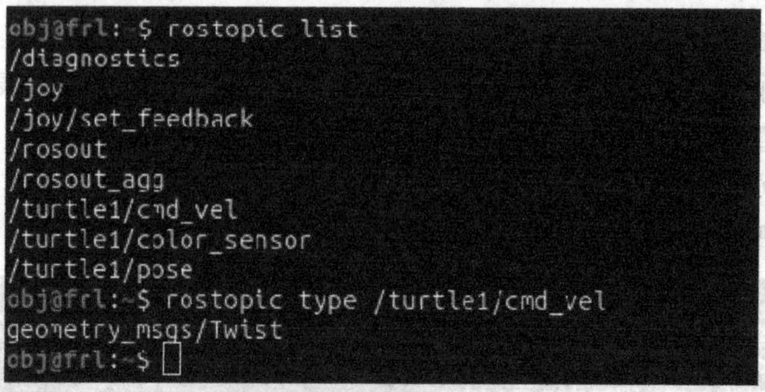

obj@frl:~$ rostopic list
/diagnostics
/joy
/joy/set_feedback
/rosout
/rosout_agg
/turtle1/cmd_vel
/turtle1/color_sensor
/turtle1/pose
obj@frl:~$ rostopic type /turtle1/cmd_vel
geometry_msgs/Twist
obj@frl:~$

图 7-14　查看话题类型

通过以下命令查看 geometry_msgs/Twist 消息类型，geometry_msgs/Twist 消息类型如图 7-15 所示。

```
$ rosmsg show geometry_msgs/Twist
```

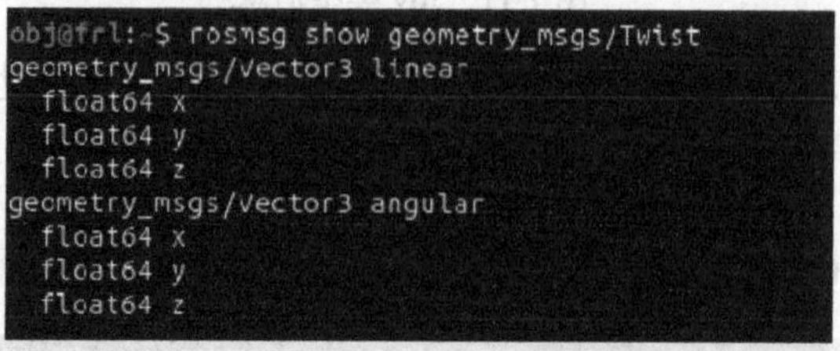

图 7-15　geometry_msgs/Twist 消息类型

其中，linear 代表三个方向上的线速度，angular 代表三个方向的角速度。

2）代码讲解

订阅上一节中获取的游戏手柄话题/joy 上的消息，转换成能够控制小海龟移动的消息，并通过话题/turtle1/cmd_vel 进行发布。

在 serialport/src 文件夹下创建一个新的文件 xbox_remote.cpp，并输入以下内容。

```
#include<ros/ros.h>
#include<sensor_msgs/Joy.h>
#include<geometry_msgs/Twist.h>
using namespace std;

class TeleopJoy
{
    public:
    TeleopJoy();
    private:
    void callBack(const sensor_msgs::Joy::ConstPtr& joy);
    ros::NodeHandle n;
    ros::Publisher pub;
    ros::Subscriber sub;
    int i_velLinear, i_velAngular;
};

TeleopJoy::TeleopJoy()
{
    n.param("axis_linear",i_velLinear,i_velLinear);
    n.param("axis_angular",i_velAngular,i_velAngular);
    pub = n.advertise<geometry_msgs::Twist>("/turtle1/cmd_vel",1);
    sub = n.subscribe<sensor_msgs::Joy>("joy",10,&TeleopJoy::callBack,this);
}

void TeleopJoy::callBack(const sensor_msgs::Joy::ConstPtr& joy)
{
    geometry_msgs::Twist vel;
    vel.angular.z = joy->axes[i_velAngular];
    vel.linear.x =joy->axes[i_velLinear];
    pub.publish(vel);
}

int main(int argc,char** argv)
{
    ros::init(argc,argv,"xbox_remote");

    TeleopJoy teleop_turtle;
    ros::spin();
}
```

接下来，将逐段解释代码。

（1）头文件部分

```
#include<ros/ros.h>
#include<sensor_msgs/Joy.h>
#include<geometry_msgs/Twist.h>
```

ros/ros.h 包含大部分 ROS 中通用的头文件。节点会发布 sensor_msgs/Joy 和 geometry_msgs/Twist 类型的消息，所以需要加入包含该类型的头文件 Joy.h 和 Twist.h，这两个头文件根据 Joy.msg 和 Twist.msg 的消息结构定义自动生成。

（2）主函数部分

```
int main(int argc,char** argv)
{
    ros::init(argc,argv,"xbox_remote");
    TeleopJoy teleop_turtle;
    ros::spin()
}
```

在 main 函数中，通过 init 函数初始化 ros 节点，节点名称为 xbox_remote，该名称在运行的 ROS 中是唯一的，不允许同时存在名称相同的两个节点。同时创建 TeleopJoy 类的一个实例：teleop_turtle，实现遥控器数据的接收和小海龟控制消息的发布。

（3）类和函数部分

```
class TeleopJoy
{
    public:
TeleopJoy();
    private:
    void callBack(const sensor_msgs::Joy::ConstPtr& joy);
    ros::NodeHandle n;
    ros::Publisher pub;
    ros::Subscriber sub;
    int i_velLinear, i_velAngular;
};
```

在 TeleopJoy()的类中，创建了一个节点句柄，用于使用和管理节点资源。同时定义了回调函数、线速度变量和角速度变量、发布者和订阅者。

```
TeleopJoy::TeleopJoy()
{
    n.param("axis_linear",i_velLinear,i_velLinear);
    n.param("axis_angular",i_velAngular,i_velAngular);
    pub = n.advertise<geometry_msgs::Twist>("/turtle1/cmd_vel",1);
```

```
    sub = n.subscribe<sensor_msgs::Joy>("joy",10,&TeleopJoy::callBack,this);
}
```

在构造函数中，对参数进行初始化。线速度和角速度通过参数服务器获取变量的值。发布者 pub 向话题/turtle1/cmd_vel 中发布 Twist 类型的消息，缓存区大小为 1。订阅者 sub 通过名为 joy 的话题接收 sensor_msgs::Joy 类型的消息数据，缓存区大小为 10，其中 TeleopJoy::callBack 为需要执行的回调函数。

（4）回调函数部分

```
void TeleopJoy::callBack(const sensor-msgs::Joy::ConstPtr& joy)
{
        geometry_msgs::Twist vel;
        vel.angular.z = joy->axes[i_velAngular];
        vel.linear.x =joy->axes[i_velLinear];
        pub.publish(vel);
}
```

回调函数是订阅节点接收消息的基础机制，当话题收到消息时会自动以消息指针作为参数，调用回调函数，完成对消息内容的处理。在以上命令中我们在回调函数中创建一个 geometry_msgs::Twist 类型的变量 vel，用于存储需要发布的线速度和角速度数据。当接收到 XBOX360 手柄的轴向角速度和线速度时，更新 vel 中对应的值。最后，通过调用 publish 函数将消息发布出去。

（5）编译功能包

打开功能包中的 CMakeLists.txt 文件，并添加以下内容：

```
add_executable(xbox_remote src/xbox_remote.cpp)
target_link_libraries(xbox_remote ${catkin_LIBRARIES})
```

修改完成之后，在工作空间的根路径下开始编译；

```
$cd ~/catkin_ws
$catkin_make
```

（6）创建并运行启动文件

我们创建一个 xbox_remote.launch 的启动文件，为参数服务器声明一些变量，并同时启动 turtlesim、joy 和 xbox_remote 三个节点。

```
<launch>
    <node name="sim" pkg="turtlesim" type="turtlesim_node"/>
    <node name="xbox_remote" pkg="serialport" type="example1"/>
    <param name="axis_linear" value="1" type="int" />
    <param name="axis_angular" value="0" type="int" />

    <node respawn="true" pkg="joy" type="joy_node" name="teleopJoy">
    <param name="dev" type="string" value="/dev/input/js0" />
    <param name="deadzone" value="0.12" />
    </node>
</launch>
```

在启动文件中启动一个节点需要三个属性：pkg、type 和 name。其中 pkg 定义节点所在的功能包名称，type 定义节点的可执行文件名称，name 属性用来定义节点运行的名称，这将覆盖节点中 init()函数赋予节点的名称。

在启动 joy_node 节点时，我们可以修改以下两个参数。

dev：游戏手柄设备地址；默认为/dev/input/js0。

deadzone：死区（双精度，默认值：0.12）。死区是操纵杆能够被识别到偏离轴中心之前必须移动的量。0.12 意味着操纵杆必须移动 12%到轴范围的边缘，然后该轴才会输出非零值。

输入以下命令运行 xbox_remote.launch 启动文件：

```
$ source catkin_ws/devel/setup.bash
$ roslaunch serialport xbox_remote.launch
```

此时，我们就可以通过游戏手柄操控小海龟了，如图 7-16 所示。启动终端运行：

```
$rostopic echo /turtle1/cmd_vel
```

如果运行正常，终端中会出现如图 7-17 所示的日志信息。

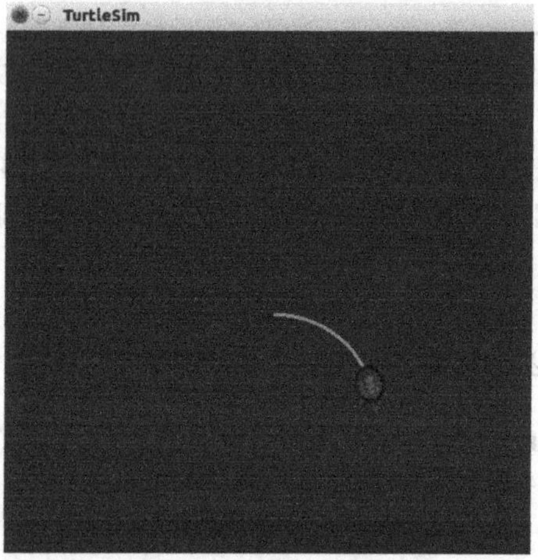

图 7-16　遥控小海龟界面

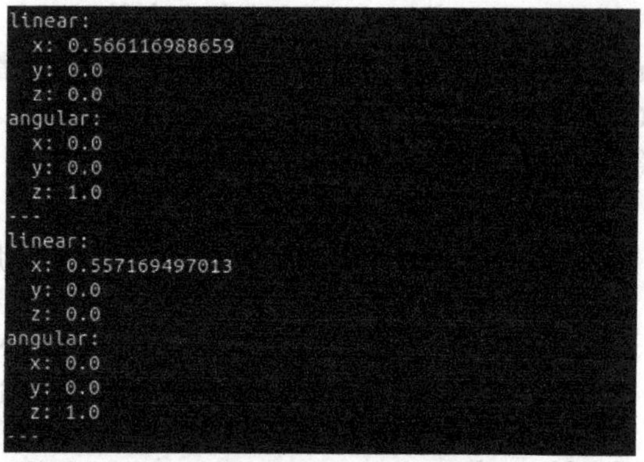

图 7-17　遥控小海龟日志信息

通过以下命令可查看当前 ROS 运行的节点图，节点图如图 7-18 所示。

```
$ rqt_graph
```

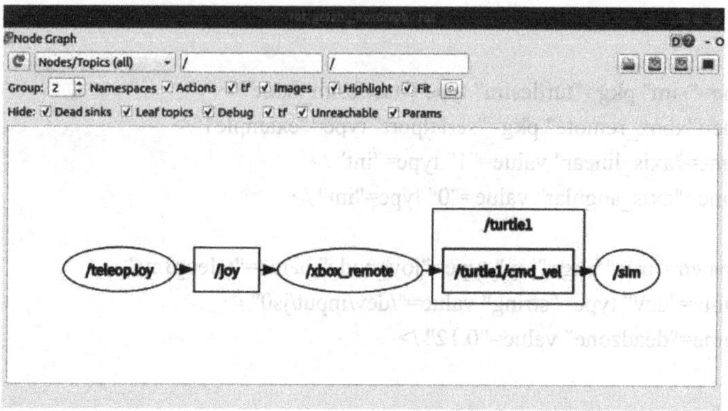

图 7-18　节点图

7.1.3　本节小结

本节我们分别用了红外遥控器和游戏手柄来控制小海龟运动。在这两个实验中深入地理解了从遥控设备中获取数据（订阅），生成能控制小海龟速度的命令（发布），并通过编写 launch 文件同时启动多个节点，最后通过 rqt_graph 工具查看当前 ROS 运行的节点图，进一步熟悉了 ROS 的通信机制。

7.2　Ublox-GPS 模块的使用及坐标转换

全球定位系统（Global Positioning System，GPS）是一种高精度无线电导航的定位系统，在全球任何地方以及近地空间都能够提供准确的地理位置及精确的时间信息。GPS 以其高精度、全天候、全球覆盖、方便灵活等特性吸引了众多用户。本节中我们将学习在 ROS 中如何使用 Ublox-GPS 模块来获取 GPS 信息进行室外定位，以及如何将 GPS 提供的经纬度坐标转换为大地平面坐标。

7.2.1　GPS 简介

GPS 是由一种具有全方位、全天候、全时段、高精度的基于空间的卫星导航系统，能在任何时间、任何天气、任何地点为全球用户提供低成本、高精度的三维位置、速度和精确定时等导航信息。

通过 GPS 获得的数据符合由美国国家海洋电子协会（National Marine Electronics Association，NMEA）建立的通信标准和不同类型的协议，我们可以使用 GPS 得到接收器的位置信息。

GPS 中最有用的信息在 GGA 中，它提供了通用的 Fix 数据以及 GPS 的 3D 位置。下面是完整的一帧 GPS 数据，括号中的汉字为其详细解释。

```
$GPGGA,123519,4807.038,N,01131. 000,E,1,08,0.9,545. 4,M,46.9,M,,*47
Where（其中：）
GGA            Global positioningSystemFix Data（全球定位修正数据）
123519         Fix taken at 12:35:19 UTC（修正）
4807.038,N     Latitude 48 deg 07.038' N（纬度）
01131. 000,E   Longitude 11 deg 31.000' E（经度）
1    Fix quality:   0 = invalid（修正质量）
                    1 = GPS fix（SPS）（修正）
                    2 = DGPS fix（修正）
                    3 = PPS fix（修正）
                    4 = Real Time Kinematic（实时运动学）
                    5 = Float RTK
                    6 = estimated（dead reckoning）（2.3 feature）（估计航路推算）
                    7 = Manual input mode（手动输入模式）
                    8 = Simulation mode（仿真模式）
08   Number of satellities being tracked（已跟踪卫星数量）
```

0.9　Horizontal dilution of position（水平位置精度）

545.4,M　Altitude,Meters,above mean sea level（高度，以米为单位，平均海平面）

46.9,M　Height of geoid (mean sea level) above WGS84 ellipsoid（大地水准面高（平均海平面）高于WGS84椭球）

(empty field) time in seconds since last DGPS update（自上一次DGPS更新时间间隔，以秒为单位）

(empty field) DGPS station ID number（DGPS基站ID号）

*47　the checksum data, always begins with *（校验和数据）

正常GPS单点定位精度为米级，我们通过载波相位差分（Real-Time Kinematic，RTK）技术可以消除传播过程中的部分误差，将定位精度提升到厘米级。

7.2.2 高斯–克吕格投影变换

地面运动机器人一般采用平面直角坐标系，因此需要将GPS接收机输出的经纬度坐标变换为大地平面坐标来进行导航。常用的坐标变换方法有墨卡托投影变换、高斯–克吕格投影变换、非投影变换等，本实验采用高斯–克吕格投影变换进行经纬度转换。

1）高斯–克吕格投影变换简介

高斯–克吕格投影，也称为等角横切椭圆柱投影，是由德国数学家高斯首次提出，后经德国大地测量学家克吕格对投影公式加以补充而正式形成的，是地球椭球面和平面间正形投影的一种。高斯–克吕格投影示意图如图7-19所示，该投影是用一个假想的椭圆柱筒横置于地球表面，与地球上的某一经线相切，即投影后的中央经线，该椭圆柱的中心轴位于赤道平面内，然后按照一定投影条件将地球椭球面中央子午线两侧规定范围内的点投影到椭球圆柱面上，从而得到地球椭球面上各个点的高斯投影。高斯投影条件包括以下三条：

（1）中央经线和赤道投影后为相互垂直的直线，且为投影的两条对称轴；

（2）具有等角投影性质；

（3）中央经线投影前后长度保持恒定。

中央经线的投影长度没有变化，与椭球面的实际长度相同，但其余的经线则为向极点收敛的弧线，离中央经线距离越大，变形就越大。赤道的投影虽然也是直线，但其长度变化了。赤道外的纬线投影后为凹向两极的弧线。经线和纬线投影之后仍然保持相互正交，但长度变形比均大于1。距中央经线越远，投影后面积变形就越大。

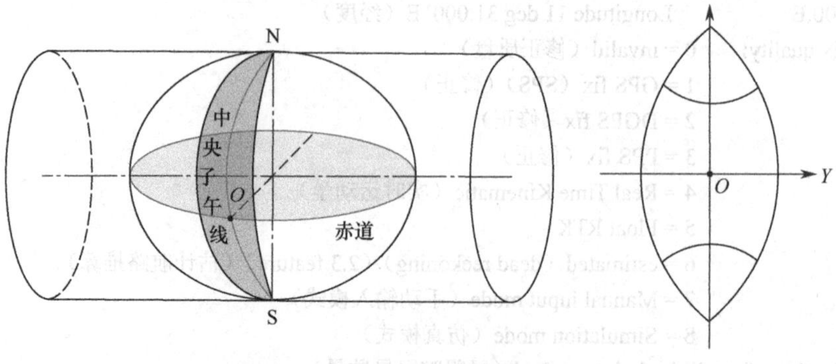

图7-19 高斯–克吕格投影示意图

为了有效控制投影变形，可采用分带投影的方法。先按一定的经度差将地球表面划分为若干带，再使圆柱面依次和每一带的中央经线相切，并把各带中央经线东西两侧一定经度差范围内的经纬线网投影到圆柱上，然后从两极将该圆柱面切开展平，构成地球各带经纬线网在平面上的图形。图 7-20 是 6 度带和 3 度带的分带投影示意图，6 度带从 0°经线起自西向东每 6°分为一个带，将地球划分为 60 个带，并依次进行编号。我国 6 度带中央子午线的经度由 69°起每隔 6°至 135°，共计 12 带（12～23 带）。3 度带从东经 1°30′ 开始，以 3°为标准划分若干带。在 3 度分带中，我国处于 24 带至 45 带，共 22 个带。6 度带和 3 度带上的各个中央子午线的经度 L_0 与带号 n 的关系如式（7-1）所示。

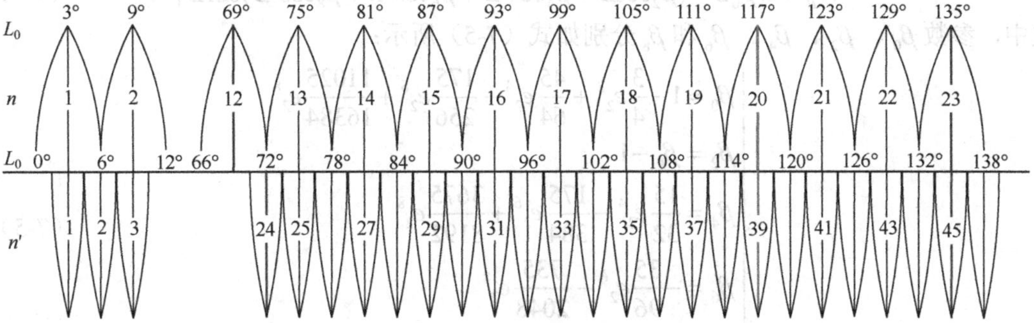

图 7-20　6 度带和 3 度带的分带投影示意图

$$L_0=\begin{cases}6n-3, & 6\text{度带}\\ 3n, & 3\text{度带}\end{cases} \tag{7-1}$$

对于 6 度带，带号 n=[(当地经度+6°)/6]，[]表示取整；而对于 3 度带，带号 n=[(当地经度+1.5°)/3]。本文实验地点为南京航空航天大学将军路校区，经度约为 118.47°E，因此在 6 度带中处于 20 带，在 3 度带中处于 39 带，具体参数如表 7-1 所示。

表 7-1　具体参数表

椭球体参数	具体数值
长半轴 a	6378137.0
短半轴 b	6356752.3142
极点处子午线的曲率半径 c	6399593.6258
椭圆率 α	1/298.257223563
第一偏心率的平方 e_1^2	0.00669437999013
第二偏心率的平方 e_2^2	0.00673949674227

利用高斯–克吕格投影变换将 GPS 接收机输出的经纬度坐标(B, L)转换成高斯平面的直角坐标$\left(x_g, y_g\right)$，高斯–克吕格投影变换公式如式（7-2）所示：

$$\begin{cases}x_g=X_B+\dfrac{N}{2}l^2\sin B\cos B+\dfrac{N}{24}\left(5-t^2+9\eta^2+4\eta^4\right)l^4\sin B\cos^3 B+\dfrac{N}{720}\left(61-58t^2+t^4\right)l^6\sin B\cos^5 B\\ y_g=Nl\cos B+\dfrac{N}{6}\left(1-t^2+\eta^2\right)l^3\cos^3 B+\dfrac{N}{120}\left(5-18t^2+t^4+14\eta^2-58t^2\eta^2\right)l^5\cos^5 B\end{cases} \tag{7-2}$$

式中，X_B 为中央子午线弧长，$N=a/\sqrt{1-e_1^2\sin^2 B}$ 是卯酉圈曲率半径，$l=\left(L-L_0\right)/\rho$，

ρ=180×3600/π 为弧度秒，L_0 为选择的带轴子午线的经度，B 是投影点的大地纬度，辅助变量 t=tan$B$，辅助变量 $\eta = e_2\cos B$，地球椭球体的第一偏心率 $e_1 = \sqrt{a^2-b^2}/a$，第二偏心率 $e_2 = \sqrt{a^2-b^2}/b$，a 和 b 分别为地球椭球体的长半轴和短半轴。中央子午线弧长 X_B 的积分形式如式（7-3）所示：

$$X_B = c\int_0^B (1+e_2\cos^2 B)^{\frac{3}{2}}\,\mathrm{d}B \tag{7-3}$$

对上式进行级数展开，可获得式（7-4）：

$$X_B = c[\beta_0 B + (\beta_2\cos B + \beta_4\cos^3 B + \beta_6\cos^5 B + \beta_8\cos^7 B)\sin B] \tag{7-4}$$

式中，参数 β_0、β_2、β_4、β_6 和 β_8 分别如式（7-5）所示：

$$\begin{cases}\beta_0 = 1-\dfrac{3}{4}{e_2}^2+\dfrac{45}{64}{e_2}^4-\dfrac{175}{256}{e_2}^6+\dfrac{11025}{16384}{e_2}^8\\ \beta_2=\beta_0-1\\ \beta_4=\dfrac{15}{32}{e_2}^4-\dfrac{175}{384}{e_2}^6+\dfrac{3675}{8192}{e_2}^8\\ \beta_6=-\dfrac{35}{96}{e_2}^6+\dfrac{735}{2048}{e_2}^8\\ \beta_8=\dfrac{315}{1024}{e_2}^8\end{cases} \tag{7-5}$$

2）代码讲解

考虑到读者身边使用的 GPS 型号不同，本节提供经纬度坐标转换示例代码 getGPS.py，读者可根据实际情况进行更改。getGPS.py 的主要功能为将经纬度坐标变换为大地平面坐标，订阅/fix 话题（经纬度坐标原始数据），发布/gps/flat 话题（变换后的大地平面坐标位置数据）。

接下来是 getGPS.py 代码讲解。

```
#!/usr/bin/env python
# -*- coding: utf-8 -*-
import rospy
import cv2
import numpy as np
import message_filters
import math
from sensor_msgs.msg import NavSatFix
from geometry_msgs.msg import PoseStamped,Pose,Quaternion,Point

#定义参数
frame_id = 0
RefCenterLon = 118.79232402 #lon       融合中心经度
RefCenterLat = 31.93936970   #lat       融合中心纬度
#发布话题，话题名称/gps/flat，数据类型为 Point，队列长度为 1
gps_pub = rospy.Publisher('/gps/flat',Point,queue_size=1)

#经纬度坐标变换为大地平面坐标系下的坐标函数
```

```python
def LatLonToXY(Lat, Lon):
    fi = Lat / 180 * math.pi
    la = (Lon-RefCenterLon)/180*math.pi
    zi = RefCenterLat/180*math.pi
    a = 6378137    #长半轴
    b = 6356752.3142        #短半轴
    c = 6399593.6258        #极点处子午线的曲率半径
    f = 1 / 298.257223563        #椭圆率
    E2 = 0.00669437999013        #第一偏心率的平方
    Eta2 = 0.00673949674227      #第二偏心率的平方
    V = math.sqrt(1+Eta2)
    N = c/V
    beta0 = 1.0-3.0 / 4.0 * E2 + 45.0 / 64.0 * E2 ** 2.0-175.0 / 256.0 * E2 ** 3 + 11025.0 / 16384.0 * E2 ** 4
    beta2 = beta0 -1
    beta4 = 15.0 / 32.0 * E2 ** 2-175.0 / 384.0 * E2 ** 3 + 3675.0 / 8192.0 * E2 ** 4
    beta6 =-35.0 / 96.0 * E2 ** 3 + 735.0 / 2048.0 * E2 ** 4
    beta8 = 315.0 / 1024.0 * E2 ** 4
    Sz = c * (beta0 * zi + (beta2 * math.cos(zi) + beta4 * math.cos(zi) ** 3 + beta6 * math.cos(zi) ** 5 + beta8 * math.cos(zi) ** 7) * math.sin(zi))
    S = c * (beta0 * fi + (beta2 * math.cos(fi) + beta4 * math.cos(fi) ** 3 + beta6 * math.cos(fi) ** 5 + beta8 * math.cos(fi) ** 7) * math.sin(fi))
    X = S + la ** 2 * N / 2.0 * math.sin(fi) * math.cos(fi) + la ** 4 * N / 24.0 * math.sin(fi) * math.cos(fi) ** 3.0 * (5.0-math.tan(fi) ** 2 +9.0 * Eta2 + 4 * Eta2 ** 2)+la ** 6 * N / 720.0 * math.sin(fi) * math.cos(fi) ** 5 * (61-58 * math.tan(fi) ** 2 + math.tan(fi) ** 4)
    Y = la * N * math.cos(fi) + la ** 3 * N / 6.0 * math.cos(fi) ** 3 * (1-math.tan(fi) ** 2 + Eta2) + la ** 5 * N / 120.0 * math.cos(fi) ** 5 * (5-18 * math.tan(fi) ** 2 + math.tan(fi) ** 4)
    Z = Sz + la ** 2 * N / 2.0 * math.sin(zi) * math.cos(zi) + la ** 4 * N / 24.0 * math.sin(zi) * math.cos(zi) ** 3.0 * (5.0-math.tan(zi) ** 2 +9.0 * Eta2 + 4 * Eta2 ** 2)+la ** 6 * N / 720.0 * math.sin(zi) * math.cos(zi)** 5 * (61-58 * math.tan(zi) ** 2 + math.tan(zi) ** 4)
    X = X-Z
    return [Y,X]

def callback(gps):
    global frame_id
    #gps 提供的经纬度坐标数据变换为以度为单位的经纬度坐标格式
    gps_jingdu_1 = float(gps.longitude)/100
    gps_weidu_1 = float(gps.latitude)/100
    gps_jingdu_2 = ((gps_jingdu_1-math.floor(gps_jingdu_1))*100)/60
    gps_weidu_2 = ((gps_weidu_1-math.floor(gps_weidu_1))*100)/60
    gps_jingdu = math.floor(gps_jingdu_1)+gps_jingdu_2
    gps_weidu = math.floor(gps_weidu_1)+gps_weidu_2
    #经纬度坐标变换为大地平面坐标系下的坐标
    gps_x = LatLonToXY(gps_weidu,gps_jingdu)[1]
    gps_y = LatLonToXY(gps_weidu,gps_jingdu)[0]
    gps_msg=Point()
    gps_msg.y = gps_x
    gps_msg.x = gps_y
    gps_pub.publish(gps_msg)
```

```
def gps_convert():
    #初始化节点
    rospy.init_node('get_GPS', anonymous=True)
    #订阅话题/fix
    gps_sub = message_filters.Subscriber('/fix',NavSatFix)
    ts = message_filters.ApproximateTimeSynchronizer([gps_sub], 10, 0.1)
    ts.registerCallback(callback)
    rospy.loginfo("gps data convert function successfully initialized!")
    rospy.spin()

if __name__ == '__main__':
    listener()
    rospy.loginfo("data successfully saved!")
```

启动 GPS 后，运行以下命令进行经纬度坐标变换：

```
$ rosrun gps_pub getGPS.py
```

运行以下命令，查看话题列表，话题/gps/flat 内容为经纬度坐标变换后的坐标，如图 7-21 所示。

```
$ rostopic list
```

```
obj@frl:~$ rostopic list
/fix
/gps/flat
/rosout
/rosout_agg
obj@frl:~$
```

图 7-21　查看话题列表

7.2.3　GPS 的使用

本节使用的是 GPS 接收模块 Ublox，Ublox 实物图如图 7-22 所示，通过 USB 转 TTL 模块进行 Ublox 和计算机的连接，安装相应驱动，可以从这个设备中得到相应的经度、纬度和高度信息。

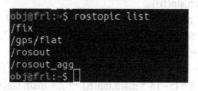

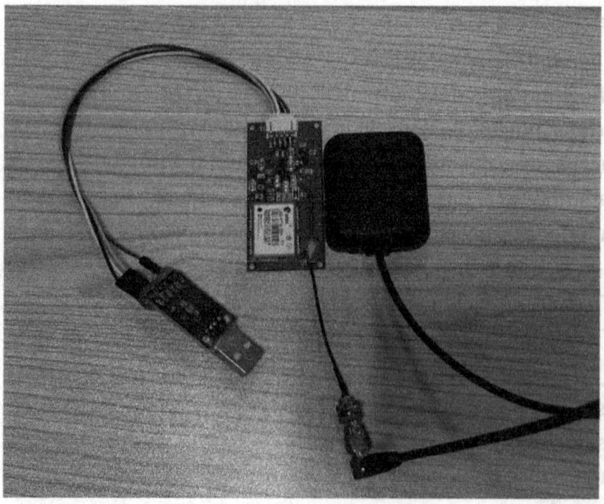

图 7-22　Ublox 实物图

1）驱动安装

在开始之前我们需要安装 NMEA GPS 的安装包，安装完后运行 rosstack 和 rospack 配置文件，运行命令如下：

```
$ sudo apt-get install ros-melodic-nmea-*
$ rosstack profile & rospack profile
```

运行结果分别如图 7-23 和图 7-24 所示。

```
obj@frl:~$ sudo apt-get install ros-melodic-nmea-*
[sudo] obj 的密码:
正在读取软件包列表... 完成
正在分析软件包的依赖关系树
正在读取状态信息... 完成
注意，根据Glob 'ros-melodic-nmea-*' 选中了 'ros-melodic-nmea-comms'
注意，根据Glob 'ros-melodic-nmea-*' 选中了 'ros-melodic-nmea-gps-plugin'
注意，根据Glob 'ros-melodic-nmea-*' 选中了 'ros-melodic-nmea-gps-plugin-dbgsym'
注意，根据Glob 'ros-melodic-nmea-*' 选中了 'ros-melodic-nmea-to-geopose-dbgsym'
注意，根据Glob 'ros-melodic-nmea-*' 选中了 'ros-melodic-nmea-comms-dbgsym'
注意，根据Glob 'ros-melodic-nmea-*' 选中了 'ros-melodic-nmea-navsat-driver'
注意，根据Glob 'ros-melodic-nmea-*' 选中了 'ros-melodic-nmea-to-geopose'
注意，根据Glob 'ros-melodic-nmea-*' 选中了 'ros-melodic-nmea-msgs'
将会同时安装下列软件：
  doxygen libclang1-6.0 libgflags-dev libgflags2.2 libgoogle-glog-dev
  libgoogle-glog0v5 libxapian30 python-alabaster python-babel
  python-babel-localedata python-certifi python-epydoc python-imagesize
  python-jinja2 python-kitchen python-markupsafe python-pyproj python-requests
  python-sphinx python-typing python-urllib3 ros-melodic-geodesy
  ros-melodic-geographic-msgs ros-melodic-quaternion-operation
```

图 7-23　安装结果图

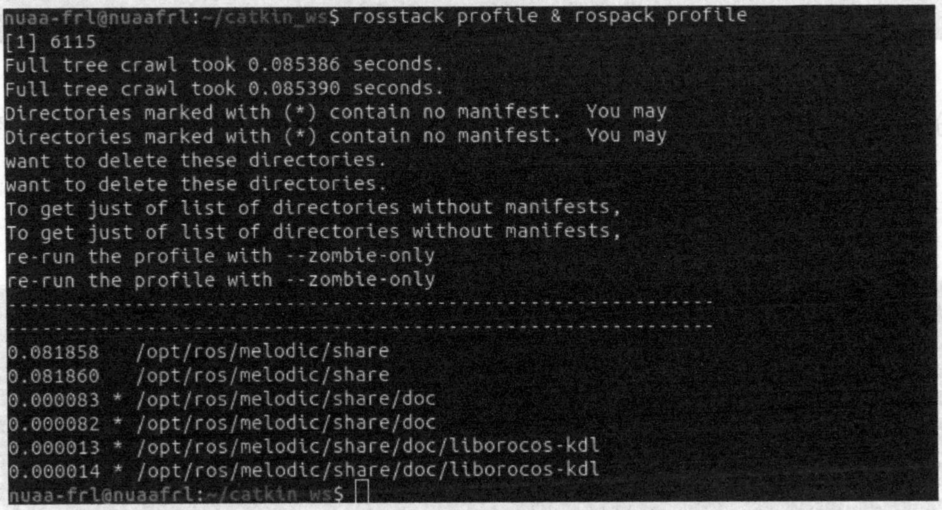

```
nuaa-frl@nuaafrl:~/catkin_ws$ rosstack profile & rospack profile
[1] 6115
Full tree crawl took 0.085386 seconds.
Full tree crawl took 0.085390 seconds.
Directories marked with (*) contain no manifest.  You may
Directories marked with (*) contain no manifest.  You may
want to delete these directories.
want to delete these directories.
To get just of list of directories without manifests,
To get just of list of directories without manifests,
re-run the profile with --zombie-only
re-run the profile with --zombie-only
-------------------------------------------------------------
-------------------------------------------------------------
0.081858   /opt/ros/melodic/share
0.081860   /opt/ros/melodic/share
0.000083 * /opt/ros/melodic/share/doc
0.000082 * /opt/ros/melodic/share/doc
0.000013 * /opt/ros/melodic/share/doc/liborocos-kdl
0.000014 * /opt/ros/melodic/share/doc/liborocos-kdl
nuaa-frl@nuaafrl:~/catkin_ws$
```

图 7-24　配置结果图

2）GPS 模块的使用

通过以下命令查看 GPS 模块的端口号，本节我们使用的 GPS 模块的端口号为 ttyUSB0，如图 7-25 所示。

```
$ ls /dev
```

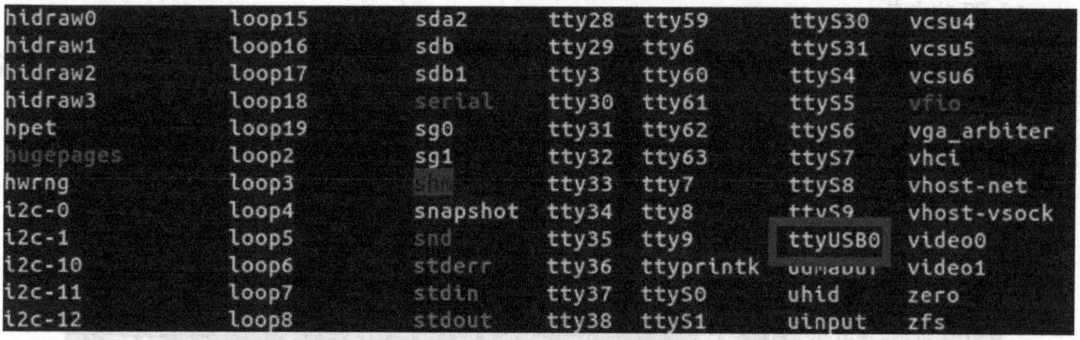

图 7-25　查看端口号

接下来启动 roscore 命令，然后运行 nmea_serial_driver.py 文件，启动 GPS 驱动，这里需要注意 GPS 模块的端口号和波特率，运行结果如图 7-26 所示。

```
$ roscore
$ rosrun nmea_navsat_driver nmea_serial_driver _port:/dev/ttyUSB0 _baud:=9600
```

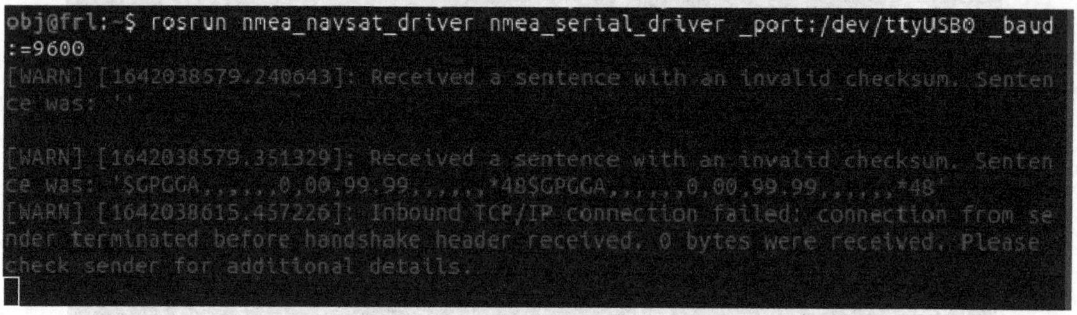

图 7-26　启动 GPS 驱动（室外测量实际数据截图）

分别运行以下命令可以查看话题列表和 GPS 对应话题的数据类型，运行结果如图 7-27 所示。

```
$ rostopic list
$ rostopic type /fix
```

图 7-27　查看话题和数据类型

/fix 话题的消息类型是 sensor_msgs/NavSatFix，用来表明设备的经度、纬度、高度、质量以及协方差矩阵。

可以通过运行以下命令查看/fix 话题发布的具体消息，运行结果如图 7-28 所示。

```
$ rostopic echo /fix
```

```
latitude: nan
longitude: nan
altitude: nan
position_covariance: [9998.0001, 0.0, 0.0, 0.0, 9998.0001, 0.0, 0.0, 0.0, 39992.
0004]
position_covariance_type: 1
---
header:
  seq: 23
  stamp:
    secs: 1642039162
    nsecs: 118391036
  frame_id: "/gps"
status:
  status: -1
  service: 1
latitude: nan
longitude: nan
altitude: nan
position_covariance: [9998.0001, 0.0, 0.0, 0.0, 9998.0001, 0.0, 0.0, 0.0, 39992.
0004]
position_covariance_type: 1
---
```

图 7-28 /fix 话题内容

另外，可以通过运行以下命令查看/fix 话题发送的频率，平均频率为 5Hz，运行结果如图 7-29 所示。

$ rostopic hz /fix

```
obj@frl:~$ rostopic hz /fix
subscribed to [/fix]
average rate: 4.980
        min: 0.197s max: 0.205s std dev: 0.00289s window: 5
average rate: 4.988
        min: 0.196s max: 0.205s std dev: 0.00272s window: 10
average rate: 4.991
        min: 0.196s max: 0.205s std dev: 0.00243s window: 15
average rate: 4.993
        min: 0.196s max: 0.205s std dev: 0.00230s window: 20
average rate: 4.994
        min: 0.196s max: 0.205s std dev: 0.00225s window: 25
average rate: 4.995
        min: 0.196s max: 0.205s std dev: 0.00217s window: 30
average rate: 4.997
        min: 0.192s max: 0.207s std dev: 0.00279s window: 35
```

图 7-29 查看发送频率

7.2.4 本节小结

本节介绍了 GPS 和高斯-克吕格投影变换，其次使用 Ublox 模块得到经纬度坐标进行定位，并提供了高斯-克吕格投影变换的相关代码，将经纬度坐标变换为大地平面坐标，为机器人提供位置信息进行导航。

7.3　多传感器数据同步

多传感器的集成与融合技术已经成为智能机器人领域的一个重要研究方向。它涉及信息科学的多个领域，是新一代智能信息技术的核心基础之一。由于单传感器不可避免地存在不确定性，缺乏全面性和鲁棒性，所以偶然的故障就会导致系统失效。多传感器集成与融合技术正是解决这些问题的有效办法，可以提高整个系统的性能。多传感器不仅可以描述同一环境特征的多个冗余的信息，而且可以描述不同的环境特征。本节我们将学习在 ROS 中如何实现多传感器数据同步。

7.3.1　message_filters 程序库介绍

message_filters 是一个用于 roscpp 和 rospy 的实用程序库，它集合了许多常用的消息"过滤"。message_filters 类似于一个消息缓存器，当消息到达消息过滤器时，可能并不会立即输出，而是在稍后的时间里满足一定条件才进行输出。message_filters 中包含 TimeSynchronizer 时间同步器，它接收来自多个源的不同类型的消息，并且仅当它们在具有相同时间戳的每个源上接收到消息时才进行输出，也就是起到了一个消息同步输出的效果。这个时间同步器也是进行多传感器数据同步的重要工具，首先分别订阅不同的传感器节点发布的话题，通过 TimeSynchronizer 统一接收多个话题，并产生一个同步结果的回调函数，在回调函数中对同步时间后的数据进行处理。对齐传感器数据时间戳有两种策略，一种是时间戳完全对齐策略（ExactTime Policy），另一种是时间戳相近策略（ApproximateTime Policy），前者更为严格，所以一般情况下进行传感器数据同步时采用的是时间戳相近策略，该策略使用自适应算法根据消息的时间戳匹配消息。

7.3.2　多传感器数据同步实验

本节以两个传感器为例对时间同步器进行具体描述。基于 Time Synchronizer 的时间同步示意图如图 7-30 所示，其中定义了 IMU、相机两个传感器节点，它们分别发布/imu/angle 和/usb_cam/image_raw 话题，对应的发布频率分别为 100Hz 和 30Hz，通过 TimeSynchronizer 统一接收这两个话题，当两个话题的时间戳对齐时，进入 callback 回调函数。采用时间戳相近策略可通过设定一个时间参数，如 0.1s，如果两个话题的时间戳相差在 0.1s 之内则认为已经对齐。值得注意的是，只有多个话题都有数据时才会触发回调函数，假如其中任何一个话题的发布节点崩溃，则整个回调函数无法触发回调。此外，数据同步的频率以频率最低的话题为准，即/usb_cam/image_raw 的 30Hz 频率。

1）代码讲解

本节通过一个实验来介绍如何实现数据同步。考虑到读者身边不一定具备 IMU 传感器，我们编写一个 IMU 节点来模拟发布/imu/angle 话题。至于相机，我们可使用计算机自带的摄像头或外接相机。该实验将实现相机与 IMU 数据的同步采集。由于 Python 脚本文件无须编译，考虑到修改的方便性，本节程序均采用 Python 进行编写。

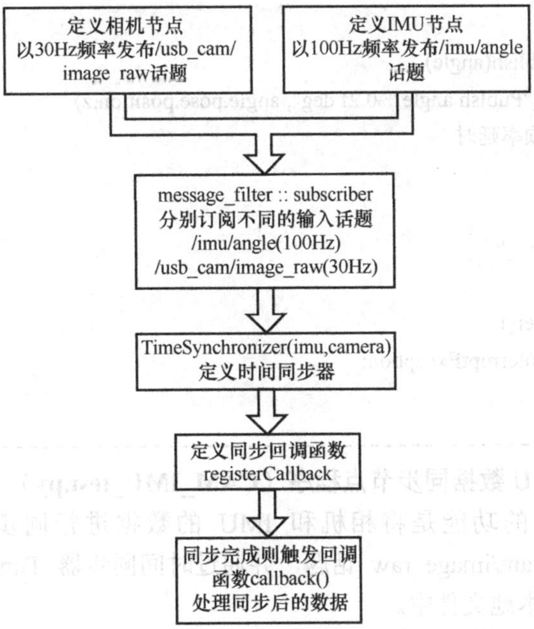

图 7-30 基于 Time Synchronizer 的时间同步示意图

程序 1：IMU 节点程序（angle_pub.py）

angle_pub.py 的功能是模拟 IMU 不停地发布角度信息。它发布/imu/angle 话题消息，类型为 geometry_msgs/PoseStamped。angle_pub.py 相关代码如下：

```
#!/usr/bin/env python
# -*- coding: utf-8 -*-
import rospy
from geometry_msgs.msg import PoseStamped
data_z = 0.0

def angle_publisher():
    # ROS 节点初始化
    rospy.init_node('angle_publisher', anonymous=True)
    #发布话题，话题名为/imu/angle，类型为 PoseStamped，队列长度为 10
    angle_pub = rospy.Publisher('/imu/angle', PoseStamped, queue_size=10)
    #设置循环的频率
    rate = rospy.Rate(100)

    while not rospy.is_shutdown():
        global data_z
        angle = PoseStamped()
        angle.header.frame_id="angle"
        angle.header.stamp=rospy.Time.now()
        data_z += 0.01
        angle.pose.position.z = data_z
```

```
            # 发布消息
            angle_pub.publish(angle)
            rospy.loginfo("Publsh angle %0.2f deg", angle.pose.position.z)
            # 按照循环频率延时
            rate.sleep()

if __name__ == '__main__':
    try:
        angle_publisher()
    except rospy.ROSInterruptException:
        pass
```

程序 2：相机和 IMU 数据同步节点程序（CAM_IMU_test.py）

CAM_IMU_test.py 的功能是将相机和 IMU 的数据进行同步采集并保存。它订阅/imu/angle 话题和/usb_cam/image_raw 话题，并通过时间同步器 TimeSynchronizer 进行数据同步采集，最终保存到本地文件中。

在 CAM_IMU_SYNC/scripts 路径下创建 CAM_IMU_test.py 文件，并添加以下内容：

```
#!/usr/bin/env python
# -*- coding: utf-8 -*-
import rospy
import cv2
import numpy as np
import message_filters
import os
from os.path import join
from sensor_msgs.msg import Image
from geometry_msgs.msg import PoseStamped
from cv_bridge import CvBridge, CvBridgeError

#初始化参数
frame_id = 0
gps_id=0
#设置保存路径，nuaa-frl 为本机用户名，读者需自行修改
path = "/home/nuaa-frl/Dataset/"
img_path = "/home/nuaa-frl/Dataset/imgs"
bridge = CvBridge()
flag=True
global path_file
path_file = '/home/nuaa-frl/temp'
#定义同步回调函数
def callback(angle, image):
 if flag==True:
  rospy.loginfo("data recieved!")
 global frame_id
 global bridge
```

```
    imu_yaw = angle.pose.position.z

    #创建 data.txt，保存 IMU 角度数据
    data = "{} {}\n".format(frame_id, imu_yaw)
    pose_file = open(join(path, 'data.txt'), 'a')
    pose_file.writelines(data)
    pose_file.close()
    #保存图片
    down_img = bridge.imgmsg_to_cv2(image)
    image_name = join(img_path, str(frame_id)+".jpg")
    cv2.imwrite(image_name, down_img)
    frame_id += 1
    rospy.loginfo("data recorded!")

def listener():
    #初始化节点
    rospy.init_node('listener', anonymous=True)
    time = rospy.Time().now()
    #订阅/imu/angle 话题
    angle_sub = message_filters.Subscriber('/imu/angle', PoseStamped)
    #订阅/usb_cam/image_raw 话题
    image_sub = message_filters.Subscriber('/usb_cam/image_raw', Image)
    #如果两个话题的时间戳相差在 0.1s 之内则认为时间戳已经对齐
    ts = message_filters.ApproximateTimeSynchronizer([angle_sub,image_sub], 1000, 0.1)
    ts.registerCallback(callback)
    rospy.loginfo("successfully initialized!")
    rospy.spin()

if __name__ == '__main__':
    global path_file
    #清空存放图片的文件夹
    for i in os.listdir(img_path):   # os.listdir()返回一个列表，包含指定路径下的目录和文件的名称
        path_file = os.path.join(img_path,i)   # os.path.join() 用于路径拼接文件路径
        if os.path.isfile(path_file):     # os.path.isfile ()判断某一对象（需提供绝对路径）是否为文件
            os.remove(path_file)     # os.remove()删除指定路径的文件
        else:
            for f in os.listdir(path_file):
                path_file2 =os.path.join(path_file,f)
                if os.path.isfile(path_file2):
                    os.remove(path_file2)
                    #清空（创建）txt
    with open(join(path, 'data.txt'), 'a') as f:    #打开 data.txt，如果该文件已存在，新的内容将会被写入已有内容之后。如果该文件不存在，创建新文件进行写入
        f.seek(0)     #从文件开头读取文件
        f.truncate()   #截断文件
    listener()
    rospy.loginfo("data successfully saved!")
```

2）多传感器数据同步实验

运行以下命令下载相机驱动程序（具体版本视安装的 ROS 版本决定），如果系统已经安装了驱动程序，会显示如图 7-31 所示的结果。

```
$ sudo apt-get install ros-melodic-usb-cam
```

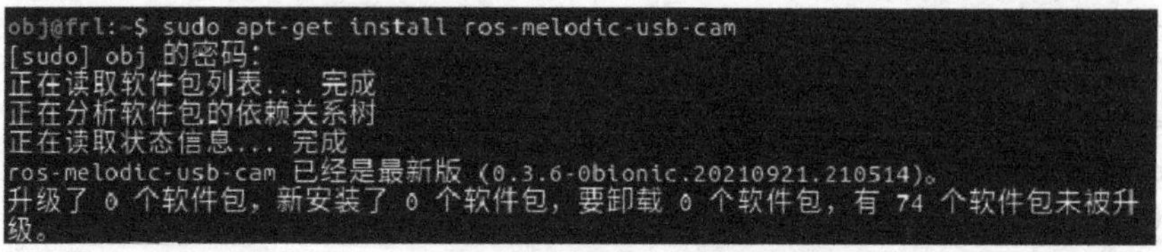

图 7-31 安装驱动

接入相机，运行以下命令启动相机节点，该节点默认以 30Hz 频率发布/usb_cam/image_raw 话题，运行结果如图 7-32 所示。

```
$ roslaunch usb_cam usb_cam-test.launch
```

图 7-32 启动相机节点

运行以下命令启动 IMU 节点，该节点默认以 100Hz 频率发布/imu/angle 话题，运行结果如图 7-33 所示。

```
$ rosrun CAM_IMU_SYNC angle_pub.py
```

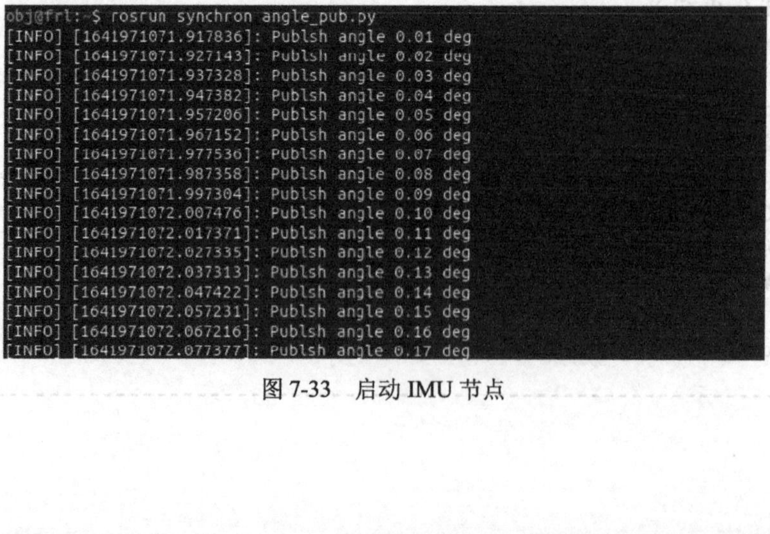

图 7-33 启动 IMU 节点

分别运行以下命令查看当前话题列表及 IMU 和相机节点发布频率，运行结果分别如图 7-34、图 7-35 和图 7-36 所示。

$ rostopic list

```
obj@frl:~$ rostopic list
/image_view/output
/image_view/parameter_descriptions
/image_view/parameter_updates
/imu/angle
/rosout
/rosout_agg
/usb_cam/camera_info
/usb_cam/image_raw
/usb_cam/image_raw/compressed
/usb_cam/image_raw/compressed/parameter_descriptions
/usb_cam/image_raw/compressed/parameter_updates
/usb_cam/image_raw/compressedDepth
/usb_cam/image_raw/compressedDepth/parameter_descriptions
/usb_cam/image_raw/compressedDepth/parameter_updates
/usb_cam/image_raw/theora
/usb_cam/image_raw/theora/parameter_descriptions
/usb_cam/image_raw/theora/parameter_updates
obj@frl:~$
```

图 7-34　查看发布话题

$ rostopic hz /usb_cam/image_raw

```
obj@frl:~$ rostopic hz /usb_cam/image_raw
subscribed to [/usb_cam/image_raw]
average rate: 20.132
        min: 0.046s max: 0.054s std dev: 0.00221s window: 18
average rate: 20.053
        min: 0.046s max: 0.054s std dev: 0.00190s window: 38
average rate: 20.033
        min: 0.046s max: 0.054s std dev: 0.00198s window: 58
average rate: 20.027
        min: 0.046s max: 0.054s std dev: 0.00190s window: 79
average rate: 20.023
        min: 0.046s max: 0.054s std dev: 0.00193s window: 99
average rate: 20.021
        min: 0.046s max: 0.054s std dev: 0.00198s window: 119
```

图 7-35　相机话题发布频率

$ rostopic hz /imu/angle

```
obj@frl:~$ rostopic hz /imu/angle
subscribed to [/imu/angle]
average rate: 99.978
        min: 0.009s max: 0.011s std dev: 0.00038s window: 94
average rate: 99.996
        min: 0.006s max: 0.014s std dev: 0.00057s window: 195
average rate: 99.980
        min: 0.006s max: 0.014s std dev: 0.00052s window: 295
average rate: 99.996
        min: 0.004s max: 0.016s std dev: 0.00066s window: 395
average rate: 99.995
        min: 0.004s max: 0.016s std dev: 0.00061s window: 495
average rate: 100.001
        min: 0.004s max: 0.016s std dev: 0.00059s window: 595
average rate: 99.995
        min: 0.004s max: 0.016s std dev: 0.00056s window: 695
average rate: 100.001
        min: 0.004s max: 0.016s std dev: 0.00056s window: 795
```

图 7-36　IMU 话题发布频率

在 home 目录下创建文件夹 Dataset，再在 Dataset 文件夹下创建 imgs 文件夹，运行数据同步节点，运行结果如图 7-37 所示。

$ rosrun CAM_IMU_SYNC CAM_IMU_test.py

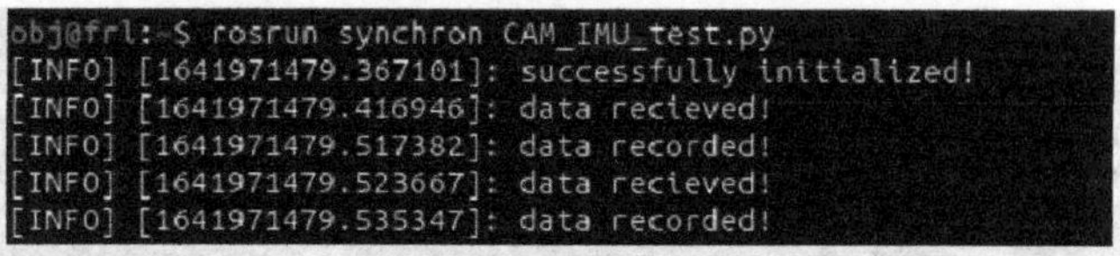

图 7-37　运行数据同步节点

此时，数据将实现同步采集，图片数据保存在 Dataset/imgs 文件夹下，而 IMU 数据将保存在 Dataset/data.txt 里，如图 7-38 和图 7-39 所示，可以看到图片与 txt 文件中的数据一一对应。在终端界面按 Ctrl+C 组合键停止采集，关闭节点。

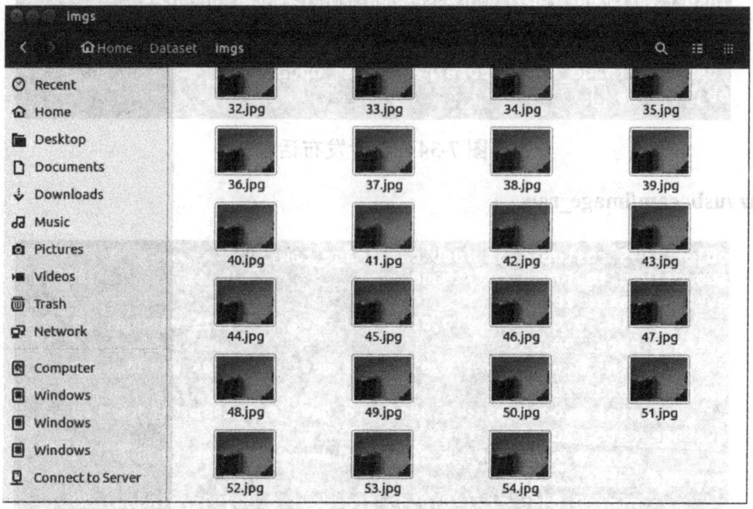

图 7-38　相机数据

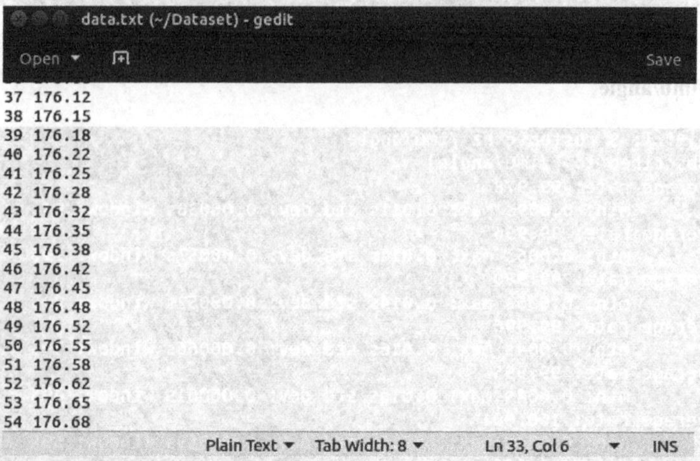

图 7-39　IMU 数据

如果我们关闭其中一个节点，话题将缺失，因此将无法进入回调函数，进而同步失败，终端将一直卡在如图 7-40 所示的界面。

```
obj@frl:~$ rosrun synchron CAM_IMU_test.py
[INFO] [1641971608.897409]: successfully initialized!
```

图 7-40　运行结果图

至此我们已经掌握了通过 ROS 实现数据同步的方法。

7.3.3　本节小结

本节我们编写了一个 IMU 节点来模拟 IMU 发布的角度信息，并和相机进行数据同步采集，掌握了如何通过 ROS 实现数据同步，三种及以上传感器的数据同步方法类似，读者可以自行尝试。

7.4　基于 G29 的移动机器人遥操作实验

7.4.1　遥操作介绍

遥操作（Teleoperation）即远程操作，操作员通过操纵主端设备，再由主端设备控制从端设备来完成一系列工作任务。一个简单的遥操作系统通常由一个操作员、一个主操作器、一个主控制器、一个通信信道、一个从控制器、一个从操作器和一个环境组成，如图 7-41 所示。操作员通过主操作器、主控制器、通信信道、从控制器和从操作器与远程环境进行交互。在力反馈遥操作系统中，通过在从端上安装传感器检测数据，将从端所处工作状态以及受力大小等数据传回主控制器，再传递给操作员，操作员可以感知实际环境中的力反馈。

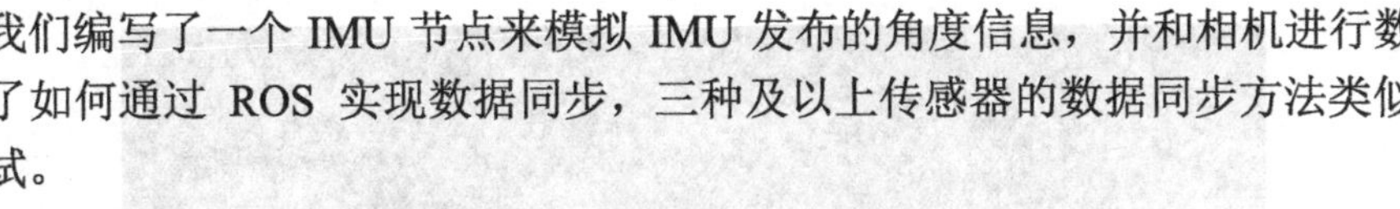

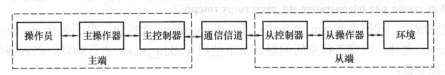

图 7-41　遥操作的基本结构

实验中操作员可以通过操作系统的方向盘、脚踏板、排挡杆等向系统输入数据，经过工控机将数据进行封装后，由网络数传电台传输数据至车端，并在底层将数据拆包解算以驱动无人车，实验如图 7-42 所示。

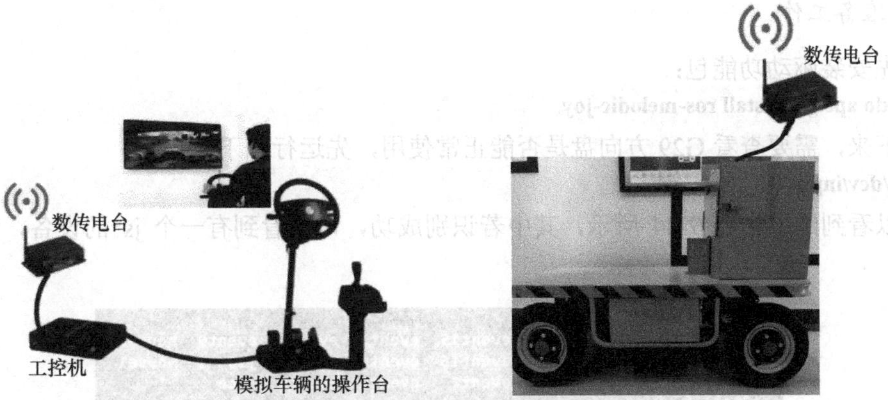

图 7-42　遥操作实验操作端和无人车

7.4.2 实验环境基础

1）硬件介绍

在本实验中，使用的设备是 G29 方向盘，包括方向盘本体、脚踏板以及换挡杆，如图 7-42 所示。G29 方向盘旋转角度与真实汽车方向盘旋转圈数相同，并带有力反馈效果，具有六挡变速杆，模拟真实驾驶体验。

图 7-43　G29 方向盘

2）功能包创建

使用以下命令创建一个名为 teleoperation 的文件夹：

```
$ catkin_create_pkg teleoperation std_msgs rospy roscpp
```

创建完成后，代码空间 src 会生成一个 teleoperation 功能包，里面包含 package.xml 和 CMakelist.txt 文件。回到工作空间的根目录下使用 catkin_make 进行编译，然后使用以下命令设置环境变量：

```
$ source ~/catkin_ws/devel/setup.bash
```

以上就创建好了一个功能包，接下来的遥操作例程就在这个 teleoperation 功能包里进行。

7.4.3 指令解析转发实验

1）准备工作

首先安装驱动功能包：

```
$ sudo apt-get install ros-melodic-joy
```

接下来，需要查看 G29 方向盘是否能正常使用，先运行以下命令：

```
$ ls /dev/input
```

可以看到结果如图 7-44 所示，其中若识别成功，可以看到有一个 js*的设备，本实验中为 js0。

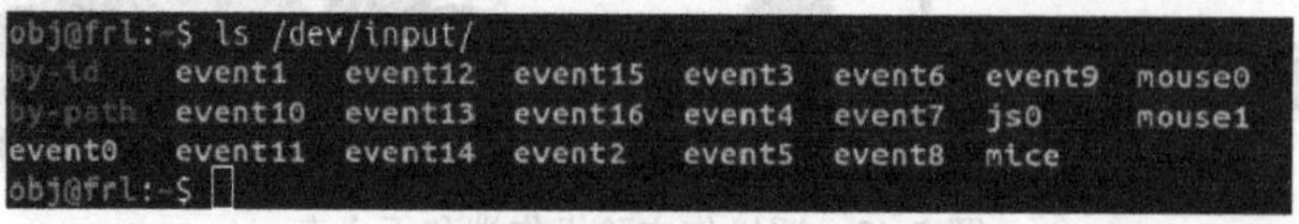

obj@frl:~$ ls /dev/input/
by-id event1 event12 event15 event3 event6 event9 mouse0
by-path event10 event13 event16 event4 event7 js0 mouse1
event0 event11 event14 event2 event5 event8 mice
obj@frl:~$

图 7-44　程序运行结果图

运行以下命令查看方向盘的数据：

```
$ roscore
$ rosrun joy joy_node
$ rostopic echo /joy
```

现在转动方向盘，或者按下套件中的按键，将会观察到相应的输出，如图 7-45 所示，方向盘套件的每个按钮都对应一个 buttons 数值，方向盘、油门、刹车以及离合均对应一个 axes 数值。

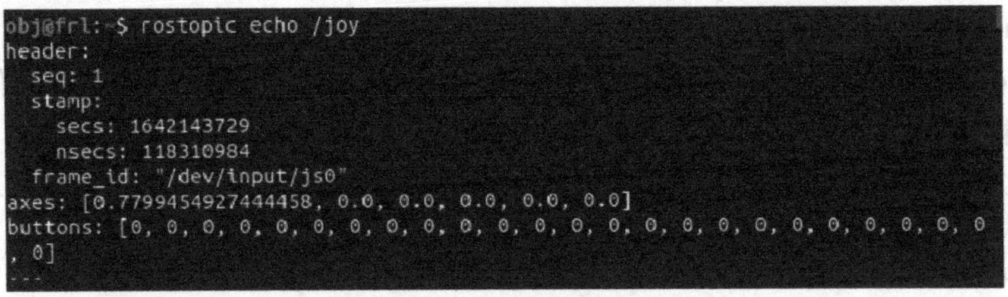

```
obj@frl:~$ rostopic echo /joy
header:
  seq: 1
  stamp:
    secs: 1642143729
    nsecs: 118310984
  frame_id: "/dev/input/js0"
axes: [0.7799454927444458, 0.0, 0.0, 0.0, 0.0, 0.0]
buttons: [0, 0, 0, 0, 0, 0, 0, 0, 0, 0, 0, 0, 0, 0, 0, 0, 0, 0, 0, 0, 0, 0, 0, 0
, 0]
---
```

图 7-45　方向盘数据信息

2）建立数据解析节点

获取到方向盘数据后，需要对方向盘数据进行解析并转换为控制车运动的速度和转向角。首先，在 teleoperation 功能包的 launch 文件夹里使用以下命令创建一个 g29.launch 文件：

```
$ sudo gedit g29.launch
```

在文档里添加以下内容：

```
<?xml version="1.0"?>
<launch>
 <group ns="G29">
  <node pkg="joy" type="joy_node" name="joy">
   <param name="coalesce_interval" type="double" value="0.02"/>
   <param name="default_trig_val" value="true"/>
   <!-- param name="deadzone" value="0.0"/ -->
   <!--param name="dev" value="/dev/input/js0" type="string "/-->
   <param name="dev" value="/dev/input/js0" type="string "/>
   <param name="deadzone" value="0.03" type="double"/>
   <!-- aram name="autorepeat_rate" value="10" type="double"/-->
  </node>
 </group>
</launch>
```

在上面的 launch 文件中，我们将 joy 节点归为一个名为“G29”的组里，<group>标签可以对节点分组，具有 namespace(ns) 属性，可以让节点归属某个命名空间。下面来解释一下各个参数代表的含义。

dev：G29 方向盘设备地址。数据类型是字符串，默认位置在/dev/input/js0。

deadzone：死区（双精度，默认值：0.03）。死区是操纵杆能够被识别到偏离轴中心之前必须移动的量。此参数取值范围在−1 和 1 之间。

autorepeat_rate：状态不变的操纵杆将自动发送上一次发送的方向盘数据的速率（以 Hz 为单位）。其数据类型是双精度型，默认值为 10。

coalesce_interval ：在合并时间间隔（秒）内接收到的 axis event 将在单个 ROS 消息中发送。由于内核将每个 axis 的运动作为一个单独的事件发送，合并后大大降低了消息的发送速率。此选项还可用于限制发布消息的速率。

通过以下命令运行 launch 文件：

```
$ roslaunch teleoperation g29.launch
```

在 teleoperation 功能包的 scripts 文件夹里，创建 steeringwheel_cmd_dt.py 文件，建立方向盘数据解析节点，并将以下内容添加到文件中。

```
#!/usr/bin/env python
# coding=utf-8 -*-

import rospy
import threading
import time
import math
import serial
from geometry_msgs.msg import Twist
from sensor_msgs.msg import Joy

cmd_pub = rospy.Publisher('/remote/cmd_vel',Twist,queue_size=1)
twist_msg = Twist()
global brake
brake = 0
global wheel_dir
wheel_dir = 1.0
global scale
scale = 1.0

def pub_twist_thread():
    global brake
    while True:
        cmd_pub.publish(twist_msg)
    time.sleep(0.2)

def joy_cb(msg):
    global brake
    global wheel_dir
    global scale
```

```
    if msg.buttons[18] == 1:
        wheel_dir = -1.0
        scale = 1.0
    else:
        wheel_dir = 1.0

    if msg.buttons[12] == 1:
        scale = 1.0
    elif msg.buttons[13] == 1:
        scale = 1.5
    elif msg.buttons[14] == 1:
        scale = 2.0
    elif msg.buttons[15] == 1:
        scale = 2.5
    elif msg.buttons[16] == 1:
        scale = 3.0
    elif msg.buttons[17] == 1:
        scale = 3.5

    if msg.buttons[12] == 0 and msg.buttons[13] == 0 and msg.buttons[14] == 0 and msg.buttons[15] == 0 and msg.buttons[16] == 0 and msg.buttons[17] == 0 and msg.buttons[18] == 0:
        scale = 0.0
    twist_msg.angular.z = msg.axes[0] * 4.0
    twist_msg.linear.x   = (msg.axes[2] + 1.0) * 0.25 * wheel_dir * scale
    if(msg.axes[3] > -0.95):
        brake = 1
    else:
        brake = 0
    if(brake == 1):
        twist_msg.linear.x   = 0.0

def data_rev():
    rospy.init_node('joy_receiver', anonymous=True)
    joy_sub = rospy.Subscriber('/G29/joy', Joy, joy_cb)
    t_twist = threading.Thread(target=pub_twist_thread)
    t_twist.start()
    rospy.spin()

if __name__ == '__main__':
    data_rev()
```

数据解析程序流程图如图 7-46 所示。

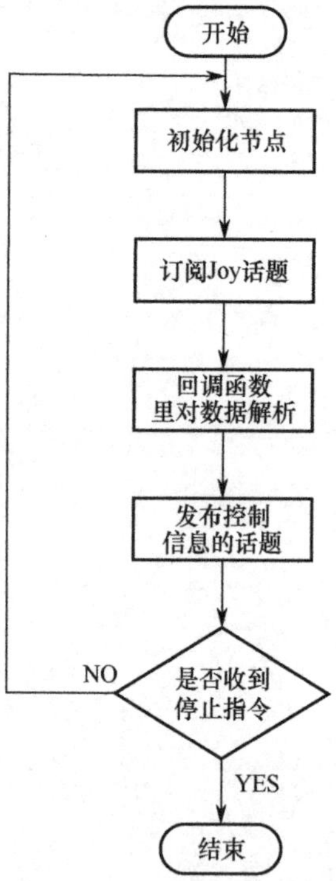

图 7-46　数据解析程序流程图

接下来，将逐段解释代码。

（1）头文件部分

```
#!/usr/bin/env python
# coding=utf-8 -*-

import rospy
import threading
import time
import math
from geometry_msgs.msg import Twist
from sensor_msgs.msg import Joy
```

第一行确保了这个脚本会被视为 Python 脚本，第二行声明 Python 代码的文本格式是 utf-8 编码的，即告诉 Python 解释器要按照 utf-8 编码的方式来读取程序。接下来的 import 和 from import 是引用了一些我们在脚本中需要用到的组件，import rospy 是引用 ROS 的核心 Python 库。threading、time、math 依次是线程模块、时间模块、数学模块。在当前例子中，我们需要用到 ROS 的 geometry_msgs 包中的 Twist 消息类型以及 sensor_msgs 包里的 Joy 消息类型。

（2）参数定义

```
cmd_pub = rospy.Publisher('/remote/cmd_vel',Twist,queue_size=1)
```

```
twist_msg = Twist()
global brake
brake = 0
global wheel_dir
wheel_dir = 1.0
global scale
scale = 1.0
```

这里定义了一个用来发布Twist类型消息给/remote/cmd_vel的ROS发布者，队列大小为1，若发布的消息超过队列大小，则丢弃最早发布的消息。下面是定义的全局变量brake（刹车）、wheel_dir（车轮前进后退标识）、scale（放大系数）、serial_str（串口发送的字符串数据）。

（3）消息发布函数

```
def pub_twist_thread():
    global brake
    while True:
        cmd_pub.publish(twist_msg)
        time.sleep(0.2)
```

定义一个发布Twist消息数据的线程，当线程打开时，发布器cmd_pub循环发送twist_msg消息，循环发送间隔为0.2s。

（4）回调函数

```
def joy_cb(msg):
    global brake
    global wheel_dir
    global scale
    if msg.buttons[18] == 1:
        …
    if msg.buttons[12] == 1:
        scale = 1.0
    …
    if msg.buttons[12] == 0 and msg.buttons[13] == 0 and msg.buttons[14] == 0 and msg.buttons[15] == 0 and
msg.buttons[16] == 0 and msg.buttons[17] == 0 and msg.buttons[18] == 0:
        …
    if(brake == 1):
        twist_msg.linear.x    = 0.0
```

定义一个回调函数joy_cb()，先初始化全局变量brake、wheel_dir、scale、serial_str。若msg.buttons[18]为1，则将−1.0赋值给wheel_dir，将1.0赋值给scale；若msg.buttons[18]为0，则将1赋值给wheel_dir，这说明了msg.buttons[18]决定小车挂的是前进挡还是倒挡。接下来的if和elif说明了msg.buttons[12]至msg.buttons[17]依次代表一挡到六挡，它们的scale值是依次递增的。若msg.buttons[12]至msg.buttons[18]都为0，即小车是静止的，故scale为

0。将 msg.axes[0]的值放大 4 倍赋值给 twist_msg.angular.z，作为小车运动的 z 轴角速度。将 msg.axes[2]的值加 1（使之变为正值）乘以 0.25 再乘以车轮前进方向，最后乘以放大倍数得到的数赋值给 twist_msg.linear.x，作为小车运动的 x 轴线速度。若 msg.axes[3]大于−0.95，brake 为 1，否则为 0。若此时 brake 为 1，那么 z 轴角速度和 x 轴线速度都为 0，若 twist_msg. linear.x 为 0，那么 z 轴角速度也为 0。最后一行语句表达了 serial_str 的组成，注意，整型数据要转化成字符型数据，保留三位小数。

（5）节点初始化

```
def data_rev():
    rospy.init_node('joy_receiver', anonymous=True)
    joy_sub = rospy.Subscriber('/G29/joy', Joy, joy_cb)
    t_twist = threading.Thread(target=pub_twist_thread)
    t_twist.start()
    rospy.spin()
```

定义一个 data_rev()函数，初始化 joy_receiver 节点，anonymous=true 表示后面定义相同的节点名称时，按照序号进行排列。定义一个订阅者 joy_sub，用来订阅/G29/joy 话题中 Joy 类型的消息。

（6）main 函数

```
if __name__ == '__main__':
    data_rev()
```

最后是 main 函数，仅有一个命令，执行 data_rev()函数。

以上就是对整个程序的解释，接下来运行程序，注意要将以上两个脚本文件权限设为可执行。

首先运行之前写好的 launch 文件，之后运行以下命令打开方向盘数据解析节点：

```
$ rosrun teleoperation steeringwheel_cmd_dt.py
```

方向盘旋转一定角度，通过以下命令，查看输出的内容，执行结果如图 7-47 所示。

```
$ rostopic echo /remote/cmd_vel
```

图 7-47 /remote0/cmd_vel 话题内容

3）建立数据转发节点

上一部分完成方向盘原始数据解析，并将消息通过/remote/cmd_vel 话题发布出去，接下来通过无线通信的方式将数据转发至车端。本实验无线通信设备为无线串口模块（AS32 TTL-100）。

在 teleoperation 功能包里新建 sender_decoder.py 文件，并添加以下内容。

```
#!/usr/bin/env python
# coding=utf-8 -*-
import serial
import rospy
import struct
import math
from geometry_msgs.msg import Twist

class Sender(object):
  def __init__(self):
    self.node_name = rospy.get_name()
    rospy.loginfo("[%s] Initializing " %(self.node_name))

    #setup serial 初始化串口
    self.baud_rate = rospy.get_param("baud_rate",9600)      #115200
    self.port_name = rospy.get_param("port_name","/dev/ttyUSB0")     #lora_arduino
    self.ser = serial.Serial(self.port_name,self.baud_rate)

    # Subscriptions 订阅话题，获取转向信息
    self.sub_cmd_drive = rospy.Subscriber("/remote/cmd_vel",Twist,self.cb_twist,queue_size=1)

  #callback 函数，数据打包
  def cb_twist(self,msg):

    cmd = self.twist_to_str(msg)
    self.ser.write(cmd)

  def twist_to_str(self,twist):
    pub_linear = int(100*twist.linear.x)
    pub_angular = int(25*twist.angular.z)
    cmd = bytearray(struct.pack("5b",0x48,
                  0x47,
                  pub_linear,
                  pub_angular,
                  0x55))
    for i in range(5):
      if i == 4:
        print '%x'%cmd[i]
      else:
        print '%x'%cmd[i]
    cmd.append("\r")
    cmd.append("\n")
    return cmd
```

```
    def on_shutdown(self):
        rospy.loginfo("shutting down [%s]" %(self.node_name))

if __name__ == "__main__":
    rospy.init_node("lora_sender",anonymous=False)
    transmission = Sender()
    rospy.on_shutdown(transmission.on_shutdown)
    rospy.spin()
```

数据转发节点流程图如图 7-48 所示。

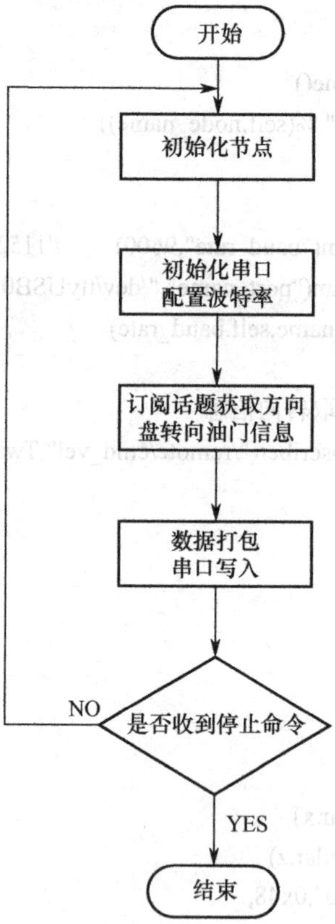

图 7-48　数据转发节点流程图

接下来，将逐段解释代码。

（1）头文件部分

```
#!/usr/bin/env python
# coding=utf-8 -*-
import serial
import rospy
import struct
import math
from geometry_msgs.msg import Twist
```

import 和 from import 是引用了一些在脚本中需要用到的组件，import rospy 是引用 ROS 的核心 Python 库。serial、struct、math 依次是串口模块、数据打包模块、数学模块。在本程序中，需要用到 ROS 的 geometry_msgs 包中的 Twist 消息类型。

（2）定义 sender 类

```
class Sender(object):
    def __init__(self):
        ......
    def cb_twist(self,msg):
        ......
    def twist_to_str(self,twist):
        ......
    def on_shutdown(self):
        ......
```

在类中定义了三个函数：__init__构造函数，用于完成串口初始化和订阅/remote/cmd_vel 话题；callback 函数，用于订阅话题自动进入 callback 函数，完成数据打包和串口写入的工作；twist_to_str 函数，进行数据打包。

（3）主函数

```
if __name__ == "__main__":
    rospy.init_node("lora_sender",anonymous=False)
    transmission = Sender()
    rospy.on_shutdown(transmission.on_shutdown)
    rospy.spin()
```

首先初始化 lora_sender 节点，然后运行相关函数。

接下来只需要接着上一节继续运行 sender_decoder.py 节点就将数据发送出去了。另外启动一个终端，执行以下命令，运行结果如图 7-49 所示。

```
$ rosrun teleoperation sender_decoder.py
```

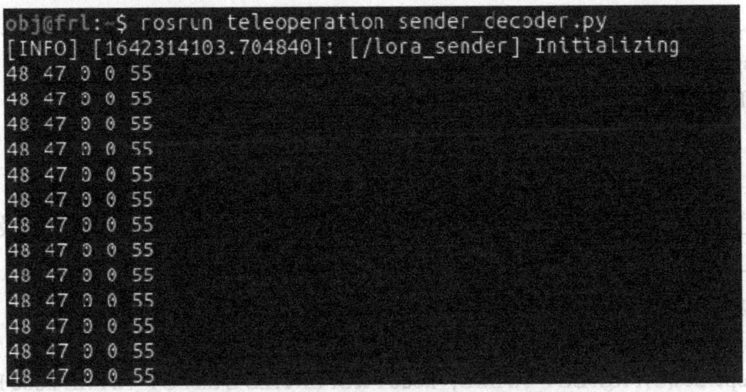

图 7-49　数据发送节点运行结果图

其中第 3 个数据代表线速度，第 4 个数据代表角速度。

7.4.4 方向盘反馈控制实验

完成上个实验就可以完成对车的控制，接下来研究对 G29 方向盘的驱动开发。由于代码过长，这里就不整体列出了，请在本书提供的链接或源码中获取。

把程序复制到 src 文件夹，同时把 msg 文件夹里的 ForceFeedback.msg 文件和 g29_force_feedback.yaml 也一同放进功能包 teleoperation 里，在编译之前要修改 CMakeList.txt 和 package.xml 文件，包括以下几个方面。

1）在 find_package 中添加消息生成依赖的功能包 message_generation，这样在编译时才能找到所需文件。

```
find_package(catkin REQUIRED COMPONENTS
  roscpp
  rospy
  std_msgs
  message_generation
)
```

2）设置需要编译的 msg 文件。

```
add_message_files(
  FILES
  ForceFeedback.msg
)
generate_messages(
  DEPENDENCIES
  std_msgs
)
```

3）文件中 catkin 依赖需要进行以下设置：

```
catkin_package(
  CATKIN_DEPENDS roscpp rospy std_msgs message_runtime message_generation
)
```

4）其他配置项，包括设置编译代码和生成的可执行文件，设置链接库以及设置依赖包。

```
add_executable(${PROJECT_NAME}_node src/g29_force_feedback.cpp)
target_link_libraries(${PROJECT_NAME}_node ${catkin_LIBRARIES})
set_target_properties(${PROJECT_NAME}_node PROPERTIES OUTPUT_NAME node PREFIX "")
```

5）在 package.xml 里添加编译运行的相关依赖包。

```
<buildtool_depend>catkin</buildtool_depend>
 <build_depend>roscpp</build_depend>
 <build_depend>rospy</build_depend>
 <build_depend>std_msgs</build_depend>
 <build_depend>message_generation</build_depend>
 <build_export_depend>roscpp</build_export_depend>
 <build_export_depend>rospy</build_export_depend>
 <build_export_depend>std_msgs</build_export_depend>
 <build_export_depend>message_generation</build_export_depend>
 <exec_depend>roscpp</exec_depend>
 <exec_depend>rospy</exec_depend>
 <exec_depend>std_msgs</exec_depend>
 <exec_depend>message_generation</exec_depend>
 <exec_depend>message_runtime</exec_depend>
```

最后，修改源码中的设备名称，通过以下命令查看 G29 方向盘设备号（event16），如图 7-50 所示。

```
$ cat /proc/bus/input/devices
```

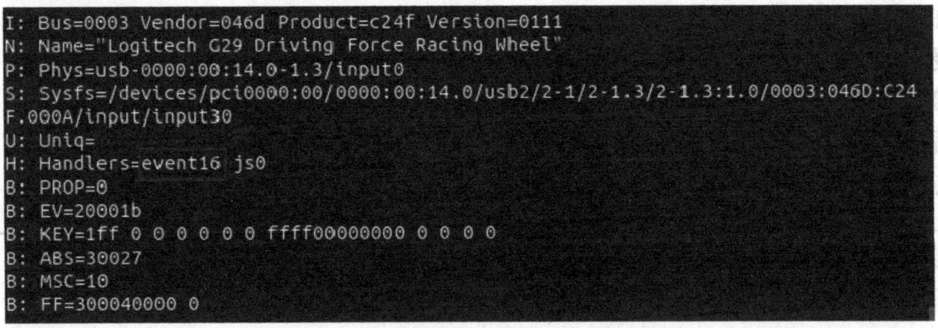

I: Bus=0003 Vendor=046d Product=c24f Version=0111
N: Name="Logitech G29 Driving Force Racing Wheel"
P: Phys=usb-0000:00:14.0-1.3/input0
S: Sysfs=/devices/pci0000:00/0000:00:14.0/usb2/2-1/2-1.3/2-1.3:1.0/0003:046D:C24F.000A/input/input30
U: Uniq=
H: Handlers=event16 js0
B: PROP=0
B: EV=20001b
B: KEY=1ff 0 0 0 0 0 0 ffff00000000 0 0 0 0
B: ABS=30027
B: MSC=10
B: FF=300040000 0

图 7-50　查看 G29 方向盘设备号

打开 g29_force_feedback.cpp 文件，修改 G29 方向盘设备号，输入的命令如下：

```
……
G29ForceFeedback::G29ForceFeedback():
    m_device_name("/dev/input/event16"),
m_Kp(0.1),
m_Ki(0.0),
    ……
```

回到工作空间根目录，编译功能包。

通过以下命令运行节点，运行成功会显示 device opened 消息，如图 7-51 所示。

```
$ roscore
$ rosrun teleoperation g29_force_feedback_node
```

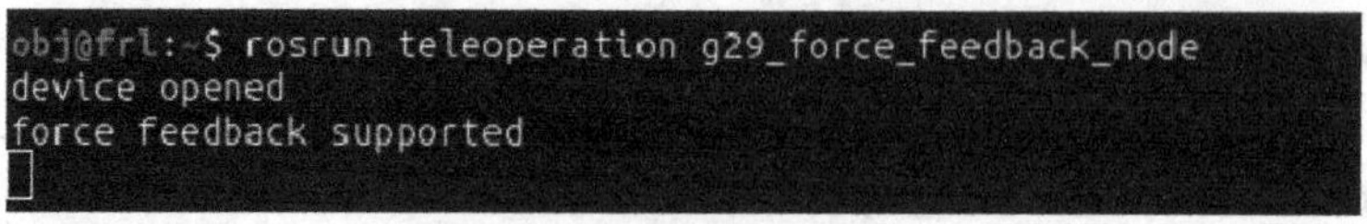

图 7-51 运行节点图

运行以下命令发布话题，设定想要的转角以及控制模式，其相关参数如图 7-52 所示。

$ rostopic pub /ff_target teleoperation/ForceFeedback "header : seq: 0 stamp: secs: 0 nsecs: 0 frame_ ld: ' ' angle: 0.5 force: 0.0 pid mode: True"

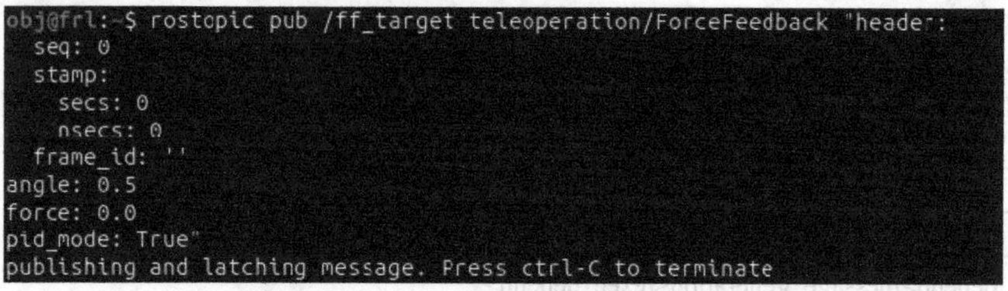

图 7-52 发布话题控制方向盘转向

其中，pid_mode 用来选择恒力模式还是 pid 模式，分别对应“false”和“true”。当选择 pid 模式时，只需要设定 angle 角度（−1.0 到 1.0），G29 方向盘便会转到相应的角度；当选择恒力模式时，方向盘会由 force 值大小的力转到目标角度，当然不一定能旋转到，若 force 值过大可能会出现振荡的情况。

在实际搭建力反馈遥操作无人车时，可以将车轮转角反馈控制方向盘转角（angle），车轮所受阻力矩大小用方向盘转矩（force）模拟真实路感。

接下来解释程序的主要部分，以便读者理解。

程序上方定义了 G29ForceFeedback 这个类，包括对成员变量和成员函数的定义。在类的下方就包括构造函数和其他一些成员函数的定义。

```
class G29ForceFeedback
{
private:
    ros::Subscriber sub_target;
    ros::Timer timer;
    float m_pub_rate;
    …
};
```

接下来是构造函数，构造函数 G29ForceFeedback::G29ForceFeedback()初始化参数与调用各个所需的功能函数。

```
G29ForceFeedback::G29ForceFeedback():
    m_device_name("/dev/input/event16"),
    m_Kp(0.1),
    m_Ki(0.0),
```

```
    m_Kd(0.0),
    m_offset(0.01),
    m_max_force(1.0),
    m_min_force(0.2),
    m_pub_rate(0.1),
    m_pid_mode(0)
  {
    ros::NodeHandle n;
    sub_target = n.subscribe("/ff_target", 1, &G29ForceFeedback::targetCallback, this);

    n.getParam("device_name", m_device_name);
    n.getParam("Kp", m_Kp);
    n.getParam("Ki", m_Ki);
    n.getParam("Kd", m_Kd);
    n.getParam("offset", m_offset);
    n.getParam("max_force", m_max_force);
    n.getParam("min_force", m_min_force);
    n.getParam("pub_rate", m_pub_rate);

    initFfDevice();

    ros::Duration(1).sleep();
    timer = n.createTimer(ros::Duration(m_pub_rate), &G29ForceFeedback::timerCallback, this);
  }
```

然后是订阅话题的 callback 程序，获取转向控制模式和目标转角。

```
  void G29ForceFeedback::timerCallback(const ros::TimerEvent&)
  {
    updateFfDevice();
  }
```

initFfDevice()函数和 updateFfDevice()函数主要用来初始化输入子系统的相关参数以及获取当前方向盘参量。

```
  void G29ForceFeedback::updateFfDevice()
  {
  …
  }

  void G29ForceFeedback::initFfDevice()
  {
  …
  }
```

最后是 main()函数，包括节点初始化和定义一个 G29ForceFeedback 的对象 g29_ff。

```
int main(int argc, char **argv)
{
    ros::init(argc, argv, "g29_force_feedback_node");
    G29ForceFeedback g29_ff;
    ros::spin();
    return(0);
}
```

7.4.5 本节小结

本部分学习了 G29 方向盘的驱动及数据解析、串口数据转发实验与方向盘力反馈控制实验，读者通过这些实验可以搭建方向盘遥操作及力反馈控制系统，利用力反馈控制实验模拟实际车辆转向路感，构建一个完整的遥操作方向盘力反馈控制系统。

第 8 章　ROS 视觉应用实例

8.1　机器视觉

机器视觉作为人工智能技术的一个重要分支，近些年发展迅速，其主要原理为通过计算机和相机对生物的视觉系统进行模拟，将被摄目标的信息转换成可以被计算机处理的图像信息，并根据其图像特征，经由图像处理系统，代替人类对目标进行识别、检测、分类、跟踪等功能。

8.1.1　相机驱动安装

本节使用的摄像头品牌为 RMONCAM（林柏视），如图 8-1 所示。

图 8-1　林柏视相机

运行以下命令下载摄像头驱动（具体版本视安装的 ROS 版本决定），如果系统已经安装了驱动，则会显示如图 8-2 所示的结果。

```
$ sudo apt-get install ros-melodic-usb-cam
```

```
obj@frl:~$ sudo apt-get install ros-melodic-usb-cam
[sudo] obj 的密码:
正在读取软件包列表... 完成
正在分析软件包的依赖关系树
正在读取状态信息... 完成
ros-melodic-usb-cam 已经是最新版 (0.3.6-0bionic.20210921.210514)。
升级了 0 个软件包，新安装了 0 个软件包，要卸载 0 个软件包，有 74 个软件包未被升级。
```

图 8-2　安装驱动

下面进行相机测试，运行以下命令启动摄像头驱动功能包，运行结果如图 8-3 所示。

```
$ roslaunch usb_cam usb_cam-test.launch
```

此时出现的图像一般为计算机自带的摄像头进行拍摄的，如果计算机不带摄像头且没有接入摄像头，就不会出现该界面。一般计算机的摄像头默认为 video0，外部接入的 USB 摄像头编号视实际情况而定（本节摄像头设备号为 video2），如果计算机没有自带摄像头，外部接入的摄像头就会为 video0，运行以下命令查看摄像头端口号，运行结果如图 8-4 所示。

```
$ ls /dev/
```

图 8-3　运行 usb_cam-test.launch 结果

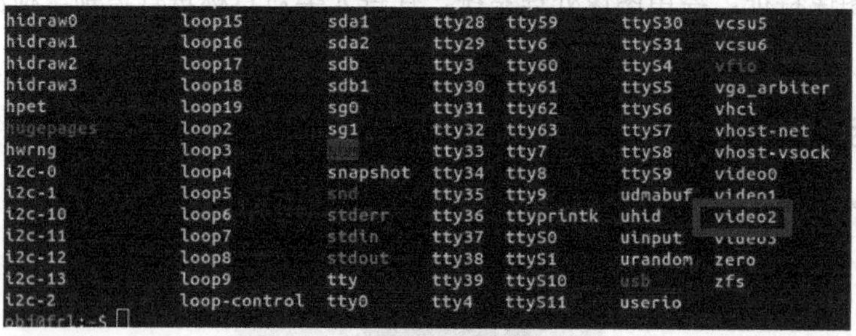
hidraw0　loop15　sda1　tty28　tty59　ttyS30　vcsu5
hidraw1　loop16　sda2　tty29　tty6　ttyS31　vcsu6
hidraw2　loop17　sdb　tty3　tty60　ttyS4　vfio
hidraw3　loop18　sdb1　tty30　tty61　ttyS5　vga_arbiter
hpet　loop19　sg0　tty31　tty62　ttyS6　vhci
hugepages　loop2　sg1　tty32　tty63　ttyS7　vhost-net
hwrng　loop3　tty33　tty7　ttyS8　vhost-vsock
i2c-0　loop4　snapshot　tty34　tty8　ttyS9　video0
i2c-1　loop5　snd　tty35　tty9　udmabuf
i2c-10　loop6　stderr　tty36　ttyprintk　uhid　video2
i2c-11　loop7　stdin　tty37　ttyS0　uinput
i2c-12　loop8　stdout　tty38　ttyS1　urandom　zero
i2c-13　loop9　tty　tty39　ttyS10　usb　zfs
i2c-2　loop-control　tty0　tty4　ttyS11　userio

图 8-4　查看摄像头端口号

当计算机自带摄像头且外接有摄像头时，usb_cam-test.launch 只会调用计算机自带的摄像头，此时如果要调用外接摄像头，需运行以下命令修改 usb_cam-test.launch，运行结果如图 8-5 所示。

obj@frl:/opt/ros/melodic/share/usb_cam/launch$ sudo gedit usb_cam-test.launch
[sudo] obj 的密码:

图 8-5　打开 usb_cam-test.launch

将 video_device 的 value 从“/dev/video0”变成“/dev/video2”，这样就能通过 usb_cam-test.launch 调用外接摄像头，usb_cam-test.launch 内容如下所示：

```
<launch>
  <node name="usb_cam" pkg="usb_cam" type="usb_cam_node" output="screen" >
    <param name="video_device" value="/dev/video0" />
    <param name="image_width" value="640" />
    <param name="image_height" value="480" />
    <param name="pixel_format" value="yuyv" />
    <param name="camera_frame_id" value="usb_cam" />
    <param name="io_method" value="mmap"/>
  </node>
</launch>
```

修改完 usb_cam-test.launch，运行以下命令重新启动摄像头驱动功能包，此时启动的摄像头是外接摄像头，运行结果如图 8-6 所示。

```
$ roslaunch usb_cam usb_cam-test.launch
```

图 8-6　运行 usb_cam-test.launch 结果

8.1.2　通过 rviz 显示图像

首先通过以下命令查看摄像头发布的话题列表，运行结果如图 8-7 所示。

```
$ rostopic list
```

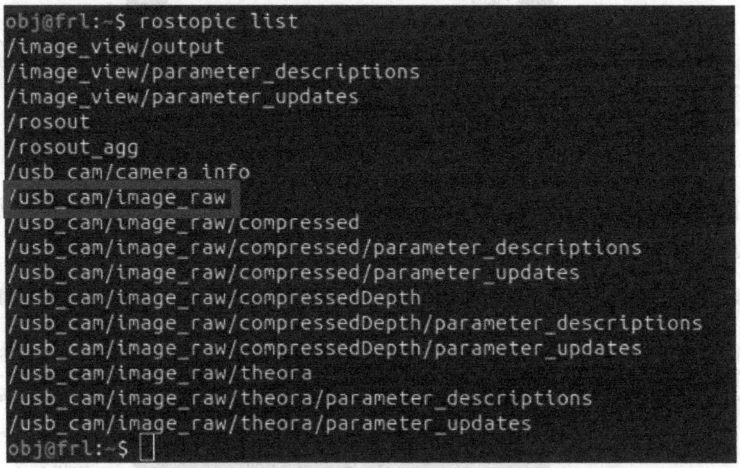

```
obj@frl:~$ rostopic list
/image_view/output
/image_view/parameter_descriptions
/image_view/parameter_updates
/rosout
/rosout_agg
/usb_cam/camera_info
/usb_cam/image_raw
/usb_cam/image_raw/compressed
/usb_cam/image_raw/compressed/parameter_descriptions
/usb_cam/image_raw/compressed/parameter_updates
/usb_cam/image_raw/compressedDepth
/usb_cam/image_raw/compressedDepth/parameter_descriptions
/usb_cam/image_raw/compressedDepth/parameter_updates
/usb_cam/image_raw/theora
/usb_cam/image_raw/theora/parameter_descriptions
/usb_cam/image_raw/theora/parameter_updates
obj@frl:~$
```

图 8-7　查看话题列表

从图中可以看到/usb_cam/image_raw 是摄像头功能包发布的图像话题。通过以下命令可以查看/usb_cam/image_raw 话题的信息，话题的消息类型是 sensor_msgs/Image，/usb_cam/image_ raw 话题信息如图 8-8 所示。

```
$ rostopic info /usb_cam/image_raw
```

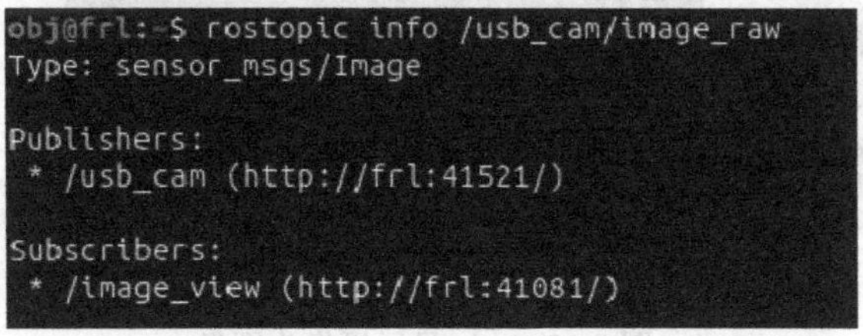

```
obj@frl:~$ rostopic info /usb_cam/image_raw
Type: sensor_msgs/Image

Publishers:
 * /usb_cam (http://frl:41521/)

Subscribers:
 * /image_view (http://frl:41081/)
```

图 8-8　查看/usb_cam/image_raw 话题信息

运行以下命令打开 rviz：

```
$ rosrun rviz rviz
```

单击左下角 Add，选择 Image，确定并将其勾选，rviz 添加 Image 界面如图 8-9 所示。

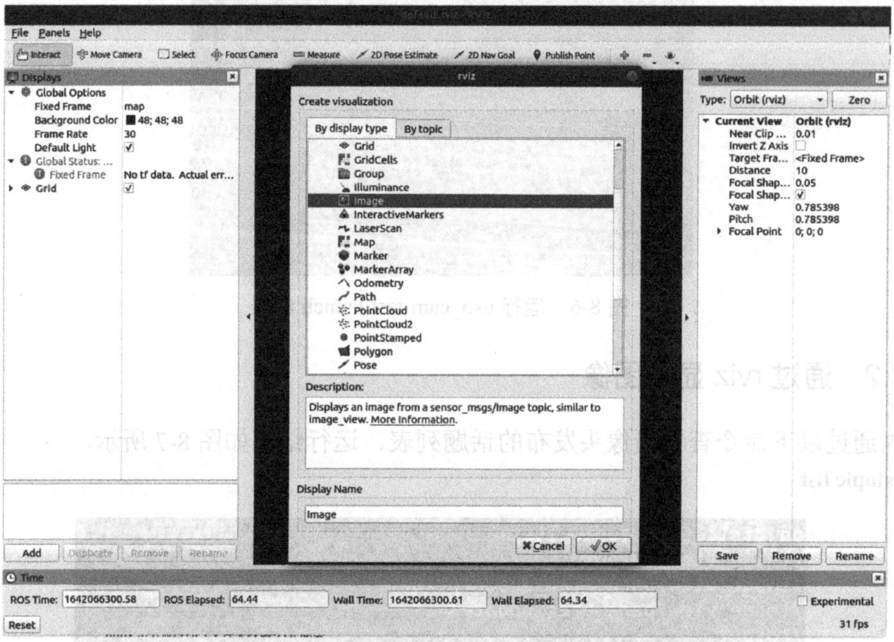

图 8-9　rviz 添加 Image 界面

然后修改 Image 的 Image Topic 为/usb_cam/image_raw，即可通过 rviz 调用摄像头显示图像，显示结果如图 8-10 所示。

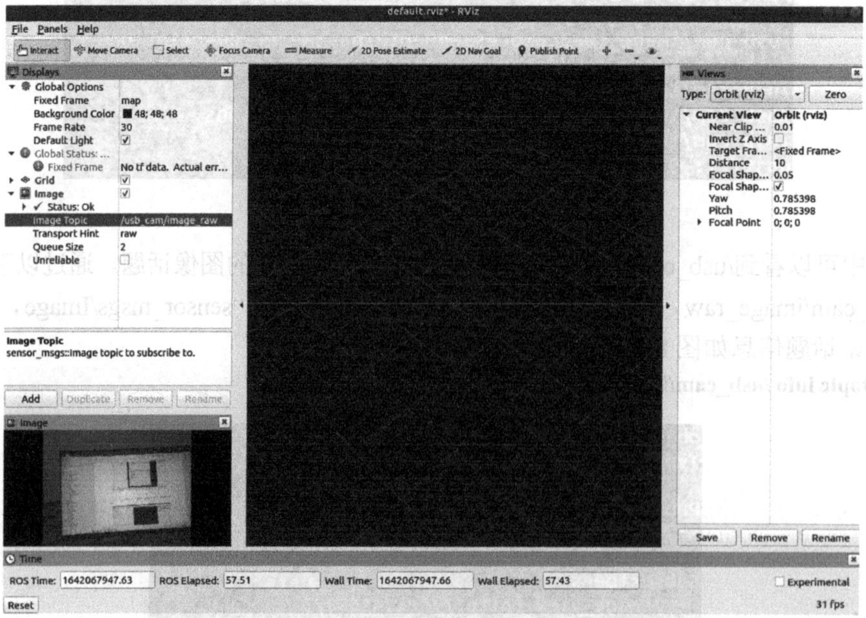

图 8-10　rviz 显示摄像头图像

8.1.3　相机内参标定

我们所处的世界是三维的，而图像是二维的。相机的内参标定就是假定相机符合针孔相机模型，通过内参的标定求解模型的参数，以达到用简单的数学模型来表达复杂成像过程的目的，并求解出成像的反过程。而且由于镜头径向曲率产生的径向畸变，以及相机组装过程中不能使透镜严格和成像平面平行而产生的切向畸变，会在图像的数据处理中产生误差，因此需要针对摄像头的参数进行标定。本节采用的是基于 ROS 的可对单目和双目相机标定的 camera_calibration 功能包。

1）标定板准备

在进行标定之前，需要先准备一个尺寸已知的标定板。本书采用如图 8-11 所示的棋盘格标定板，每个棋盘格的边长为 0.024m。实际标定过程中检测的为标定板内部的角点，标定的尺寸也就是内部交叉点的个数，而不是方形格的个数，因此该棋盘格的尺寸为 9×6。除了标定板的尺寸，还需要知道标定板每个棋盘格的边长，准备好了标定板之后，就能开始标定过程了。

图 8-11　棋盘格标定板

2）camera_calibration 功能包配置

运行以下命令安装摄像头标定功能包 camera_calibration，运行结果如图 8-12 所示。

```
$ sudo apt-get install ros-melodic-camera-calibration
```

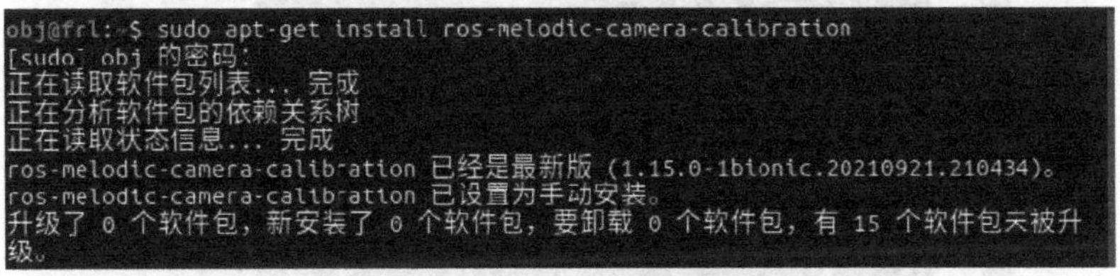

obj@frl:~$ sudo apt-get install ros-melodic-camera-calibration
[sudo] obj 的密码：
正在读取软件包列表... 完成
正在分析软件包的依赖关系树
正在读取状态信息... 完成
ros-melodic-camera-calibration 已经是最新版 (1.15.0-1bionic.20210921.210434)。
ros-melodic-camera-calibration 已设置为手动安装。
升级了 0 个软件包，新安装了 0 个软件包，要卸载 0 个软件包，有 15 个软件包未被升级。

图 8-12　安装标定功能包

3）启动标定节点

在标定前，通过以下命令启动摄像头：

```
$ roslaunch usb_cam usb_cam-test.launch
```

运行以下命令启动标定程序，对摄像头进行标定，启动标定程序结果如图 8-13 所示。

```
$ rosrun camera_calibration cameracalibrator.py --size 9x6 --square 0.024 image:=/usb_cam/image_raw camera:=/usb_cam
```

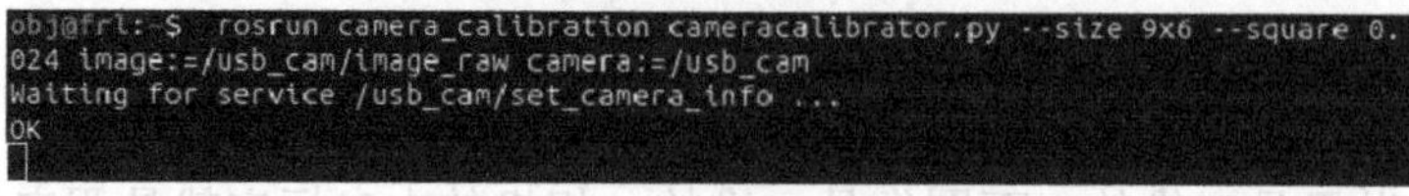

图 8-13　启动标定程序结果

其中，--size 后面为使用的标定板的内部角点的个数，--square 为每个棋盘格的边长，单位为米，image:=/usb_cam/image_raw 表示标定时订阅的图像来自/usb_cam/image_raw 的话题，camera:=/usb_cam 表示当前的摄像头名称，具体的参数请根据使用的标定板和摄像头进行选择。

4）标定相机参数

进入标定界面后，将标定板放在摄像头下，就可以开始标定了，标定界面如图 8-14 所示。

图 8-14　标定界面

标定界面右边有 4 个进度条，标定没有成功时，右下角的 3 个按钮都是不能使用的，通过将标定板左右移动来提高 *X* 进度条的进度，将标定板上下移动来提高 *Y* 进度条的进度，标定过程如图 8-15 所示。

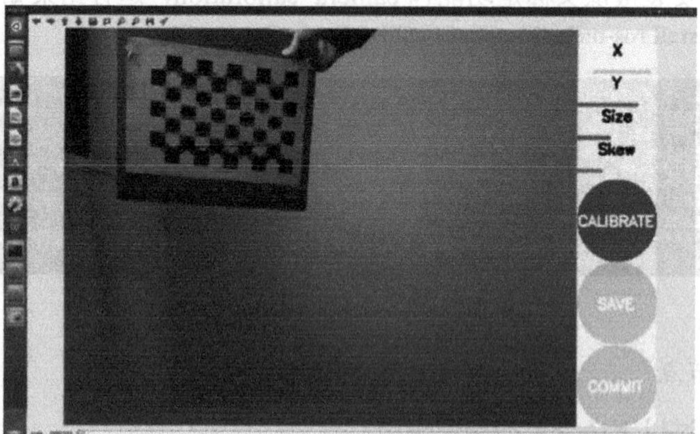

图 8-15　标定过程（一）

将标定板前后移动来提高 Size 进度条的进度，将标定板左右上下倾斜来提高 Skew 的进度条的进度，标定过程如图 8-16 所示。

图 8-16　标定过程（二）

通过不断变更位置来提高标定进度条进度，直到 4 个进度条都达到满意的效果，标定结束界面如图 8-17 所示。

图 8-17　标定结束界面

最后按下右下角的 CALIBRATE 按钮对内参系数和畸变系数进行计算，计算过程中不要关闭标定界面，参数计算完成后，SAVE 和 COMMIT 按钮会亮起，单击 SAVE 按钮对结果数据进行保存，此时在终端中也会出现标定的结果，如图 8-18 所示。

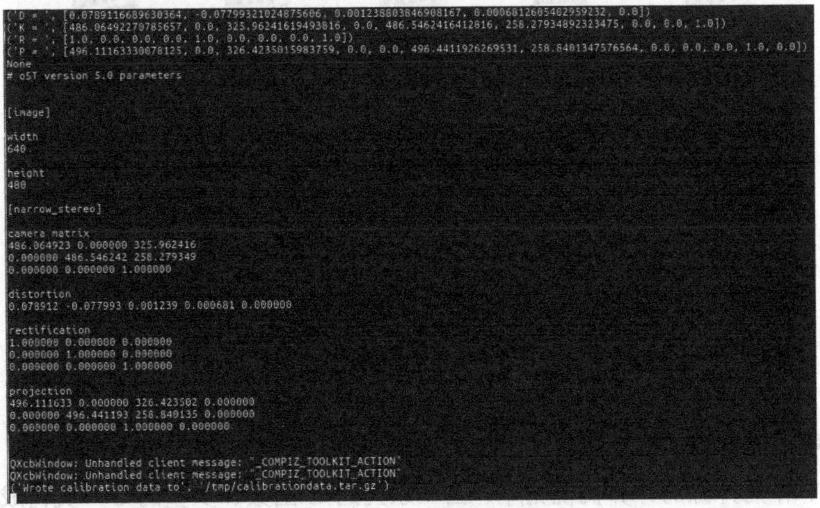

```
('D = ', [0.0789116689630364, -0.07799321024875606, 0.0012388038469081 67, 0.0006812605402959232, 0.0])
('K = ', [486.06492270785657, 0.0, 325.96241619493816, 0.0, 486.5462416412816, 258.27934892323475, 0.0, 0.0, 1.0])
('R = ', [1.0, 0.0, 0.0, 0.0, 1.0, 0.0, 0.0, 0.0, 1.0])
('P = ', [496.11163330078125, 0.0, 326.4235015983759, 0.0, 0.0, 496.4411926269531, 258.8401347576564, 0.0, 0.0, 0.0, 1.0, 0.0])
None
# oST version 5.0 parameters


[image]

width
640

height
480

[narrow_stereo]

camera matrix
486.064923 0.000000 325.962416
0.000000 486.546242 258.279349
0.000000 0.000000 1.000000

distortion
0.078912 -0.077993 0.001239 0.000681 0.000000

rectification
1.000000 0.000000 0.000000
0.000000 1.000000 0.000000
0.000000 0.000000 1.000000

projection
496.111633 0.000000 326.423502 0.000000
0.000000 496.441193 258.840135 0.000000
0.000000 0.000000 1.000000 0.000000


QXcbWindow: Unhandled client message: "_COMPIZ_TOOLKIT_ACTION"
QXcbWindow: Unhandled client message: "_COMPIZ_TOOLKIT_ACTION"
('Wrote calibration data to', '/tmp/calibrationdata.tar.gz')
```

图 8-18　标定结果数据（一）

单击 COMMIT 按钮可以提交数据并退出标定界面，并在~/.ros/camera_info/文件夹下生成标定参数配置文件 head_camera.yaml，如图 8-19 所示，此时重新打开相机，将自动加载该配置文件，矫正相机畸变。

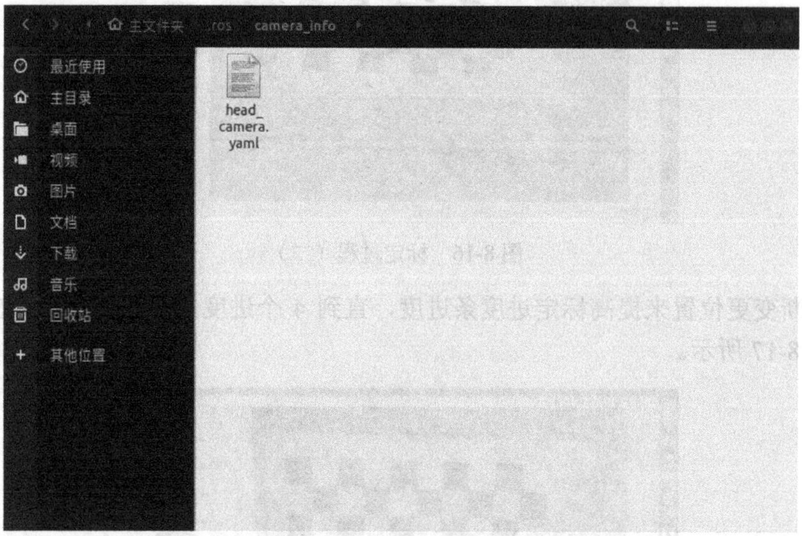

图 8-19　标定结果数据（二）

根据终端中输出的路径可以找到保存的标定参数，标定参数保存路径如图 8-20 所示。

```
('Wrote calibration data to', '/tmp/calibrationdata.tar.gz')
```

图 8-20　标定参数保存路径

根据上述路径打开压缩包 calibrationdata.tar.gz，里面放着标定过程的图像以及存放标定结果的 ost.txt 和 ost.yaml 文件，这里的 ost.yaml 文件就是所需要的内参标定结果文件，如图 8-21 所示。

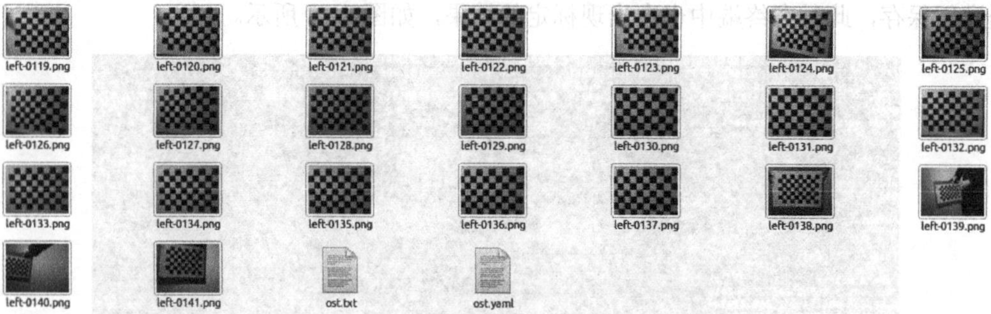

图 8-21　标定过程图像和内参标定结果文件

8.1.4　人脸识别实验

1）OpenCV 配置

OpenCV 作为开源的计算机视觉库，由一系列的 C 函数和少量的 C++类构成，实现了图像处理和计算机视觉方面的很多通用算法，能够运行于 Windows、Linux、mac OS 等操作系统中，由于我们使用的 ROS 版本为 Melodic，在该版本中 ROS 会默认安装 OpenCV3，可以通过以下命令查看 OpcnCV 是否安装成功以及其版本：

```
$ python
>>>import cv2
>>>cv2.__version__
```

当出现如图 8-22 所示的结果时，就说明 OpenCV 已经正常安装，对应的版本为 OpenCV 3.2.0。

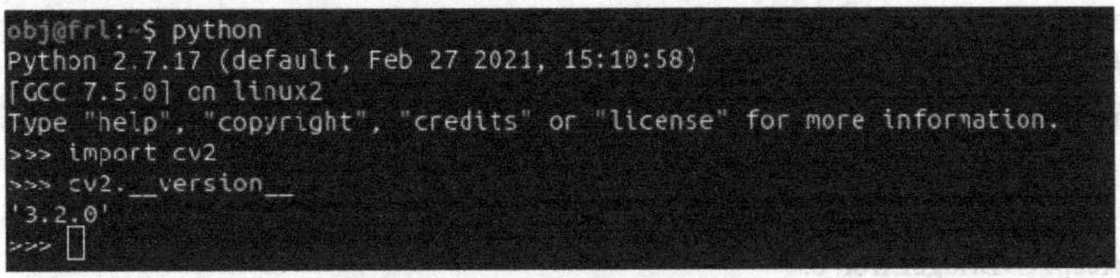

图 8-22　OpenCV 版本查询

若未安装 OpenCV，可以运行以下命令进行安装：

```
$ sudo apt-get install ros-melodic-vision-opencv libopencv-dev python-opencv
```

2）代码讲解

人脸识别部分的源码实现在 face_detector.py 部分，具体代码和其各自的功能如下：

```
#!/usr/bin/env python
# -*- coding: utf-8 -*-
import rospy
import cv2
import numpy as np
from sensor_msgs.msg import Image, RegionOfInterest
from cv_bridge import CvBridge, CvBridgeError

class faceDetector:
    def __init__(self):
        rospy.on_shutdown(self.cleanup);

        # 创建 cv_bridge
        self.bridge = CvBridge()
        self.image_pub = rospy.Publisher("cv_bridge_image", Image, queue_size=1)

        # 获取 haar 特征的级联表的 XML 文件，文件路径在 launch 文件中传入
        cascade_1 = rospy.get_param("~cascade_1", "")
        cascade_2 = rospy.get_param("~cascade_2", "")

        # 使用级联表初始化 haar 特征检测器
        self.cascade_1 = cv2.CascadeClassifier(cascade_1)
        self.cascade_2 = cv2.CascadeClassifier(cascade_2)

        # 设置级联表的参数，优化人脸识别，可以在 launch 文件中重新配置
```

```
        self.haar_scaleFactor = rospy.get_param("~haar_scaleFactor", 1.2)
        self.haar_minNeighbors = rospy.get_param("~haar_minNeighbors", 2)
        self.haar_minSize = rospy.get_param("~haar_minSize", 40)
        self.haar_maxSize = rospy.get_param("~haar_maxSize", 60)
        self.color = (50, 255, 50)

        # 初始化订阅 rgb 格式图像数据的订阅者，此处图像 topic 的话题名可以在 launch 文件中重映射
        self.image_sub = rospy.Subscriber("input_rgb_image", Image, self.image_callback, queue_size=1)
    def image_callback(self, data):
        # 使用 cv_bridge 将 ROS 的图像数据转换成 OpenCV 的图像格式
        try:
            cv_image = self.bridge.imgmsg_to_cv2(data, "bgr8")
            frame = np.array(cv_image, dtype=np.uint8)
        except CvBridgeError, e:
            print e

        # 创建灰度图像
        grey_image = cv2.cvtColor(frame, cv2.COLOR_BGR2GRAY)

        # 创建平衡直方图，减少光线影响
        grey_image = cv2.equalizeHist(grey_image)

        # 尝试检测人脸
        faces_result = self.detect_face(grey_image)

        # 在 opencv 的窗口中框出所有人脸区域
        if len(faces_result)>0:
            for face in faces_result:
                x, y, w, h = face
                cv2.rectangle(cv_image, (x, y), (x+w, y+h), self.color, 2)

        # 将识别后的图像转换成 ROS 消息并发布
        self.image_pub.publish(self.bridge.cv2_to_imgmsg(cv_image, "bgr8"))
    def detect_face(self, input_image):
        # 首先匹配正面人脸的模型
        if self.cascade_1:
            faces = self.cascade_1.detectMultiScale(input_image,
                    self.haar_scaleFactor,
                    self.haar_minNeighbors,
                    cv2.CASCADE_SCALE_IMAGE,
                    (self.haar_minSize, self.haar_maxSize))

        # 如果正面人脸匹配失败，那么就尝试匹配侧面人脸的模型
        if len(faces) == 0 and self.cascade_2:
                faces = self.cascade_2.detectMultiScale(input_image,
                        self.haar_scaleFactor,
                        self.haar_minNeighbors,
```

```
                                cv2.CASCADE_SCALE_IMAGE,
                                (self.haar_minSize, self.haar_maxSize))
                return faces

    def cleanup(self):
        print "Shutting down vision node."
        cv2.destroyAllWindows()

if __name__ == '__main__':
    try:
        #初始化 ros 节点
        rospy.init_node("face_detector")
        faceDetector()
        rospy.loginfo("Face detector is started..")
        rospy.loginfo("Please subscribe the ROS image.")
        rospy.spin()
    except KeyboardInterrupt:
        print "Shutting down face detector node."
    cv2.destroyAllWindows()
```

接下来，将逐段解释代码。

（1）初始化函数部分

```
def __init__(self):
    rospy.on_shutdown(self.cleanup);
    #创建 cv_bridge，由于在 OpenCV 中，图像是以 Mat 矩阵的形式储存的，这与 ROS 的图像消息的
    格式有所区别，因此需要通过 cv_bridge 将其联系起来。
    self.bridge = CvBridge()
    self.image_pub=rospy.Publisher("cv_bridge_image",Image, queue_size=1)

    #获取 haar 特征的级联表的 XML 文件，设置在启动文件中。
    cascade_1 = rospy.get_param("~cascade_1", "")
    cascade_2 = rospy.get_param("~cascade_2", "")

    #使用级联表初始化 haar 特征检测器。
    self.cascade_1 = cv2.CascadeClassifier(cascade_1)
    self.cascade_2 = cv2.CascadeClassifier(cascade_2)

    #设置级联表的参数，优化人脸识别，可以在 launch 文件中重新配置。
    self.haar_scaleFactor = rospy.get_param("~haar_scaleFactor", 1.2)
    self.haar_minNeighbors = rospy.get_param("~haar_minNeighbors", 2)
    self.haar_minSize = rospy.get_param("~haar_minSize", 40)
    self.haar_maxSize = rospy.get_param("~haar_maxSize", 60)
    self.color = (50, 255, 50)

    #初始化图像数据的订阅者，使图像的话题名能在 launch 文件中重映射。
    self.image_sub=rospy.Subscriber("input_rgb_image",Image,
```

```
        self.image_callback, queue_size=1)
```

（2）图像处理函数部分

```
def image_callback(self, data):
    #使用 cv_bridge 将 ROS 的图像数据转换成 OpenCV 的图像格式。
    try:
        cv_image = self.bridge.imgmsg_to_cv2(data, "bgr8")
        frame = np.array(cv_image, dtype=np.uint8)
    except CvBridgeError, e:
        print e

        #将图像转化成灰度图。
        grey_image = cv2.cvtColor(frame, cv2.COLOR_BGR2GRAY)
        #平衡直方图以减少光线影响。
        grey_image = cv2.equalizeHist(grey_image)
        #尝试检测人脸
        faces_result = self.detect_face(grey_image
        #在 OpenCV 的窗口中框出所有人脸区域。
        if len(faces_result)>0:
            for face in faces_result:
                x, y, w, h = face
                cv2.rectangle(cv_image, (x, y), (x+w, y+h), self.color, 2

        #将识别后的图像转换成 ROS 消息并发布。
        self.image_pub.publish(self.bridge.cv2_to_imgmsg(cv_image, "bgr8"))
```

（3）人脸识别函数部分

```
def detect_face(self, input_image):
    #正面人脸的模型匹配。
    if self.cascade_1:
        faces = self.cascade_1.detectMultiScale(input_image,
            self.haar_scaleFactor,
            self.haar_minNeighbors,
            cv2.CASCADE_SCALE_IMAGE,
            (self.haar_minSize, self.haar_maxSize))
        #侧面人脸的模型匹配。
        if len(faces) == 0 and self.cascade_2:
            faces = self.cascade_2.detectMultiScale(input_image,
            self.haar_scaleFactor,
            self.haar_minNeighbors,
            cv2.CASCADE_SCALE_IMAGE,
            self.haar_minSize, self.haar_maxSize))
        return faces
```

3）人脸识别

进行人脸识别的代码在本书所附的代码库中，将其复制到工作空间。接下来运行以下命令启动相机节点：

```
$ roslaunch usb_cam usb_cam-test.launch
```

运行以下命令，进行人脸识别，运行结果如图 8-23 所示。

```
$ roslaunch robot_vision face_detector.launch
```

started roslaunch server http://192.168.3.38:41993/
SUMMARY
========
PARAMETERS
* /face_detector/cascade_1: /home/zyh/catkin_...
* /face_detector/cascade_2: /home/zyh/catkin_...
* /face_detector/haar_maxSize: 60
* /face_detector/haar_minNeighbors: 2
* /face_detector/haar_minSize: 40
* /face_detector/haar_scaleFactor: 1.2
* /rosdistro: kinetic
* /rosversion: 1.12.17
NODES
/
face_detector (robot_vision/face_detector.py)
ROS_MASTER_URI=http://192.168.3.38:11311
process[face_detector-1]: started with pid [28988]

图 8-23　运行结果

运行以下命令启动 rviz：

```
$ rosrun rviz rviz
```

在 rviz 中添加 Image，并将 Image 的 Image Topic 修改成 cv_bridge_image，就能看到如图 8-24 所示的人脸识别结果。

图 8-24　人脸识别结果

8.1.5 本节小结

本节我们学习了相机的使用方法和标定方法，通过相机标定得到相机内参，从而校正相机畸变，并基于 ROS 和 OpenCV 实现了人脸识别，读者也可以通过 ROS 和 OpenCV 实现物体的跟踪、二维码的识别等。

8.2 光流模块的测速及定位实验

目标对象或者摄像机的移动造成图像在连续两帧中的移动被称为光流（optical flow），光流法是运动图像分析的重要方法。我们将在本节学习如何在 ROS 中读取光流模块 PX4FLOW 的数据，然后根据 PX4FLOW 输出的速度信息，并结合 IMU 输出的姿态信息来解算 PX4FLOW 的当前位置，并绘制运动轨迹。

8.2.1 PX4FLOW 的使用

PX4FLOW 是一款用于无人机的光流智能相机，它的自然分辨率为 752×480 像素，并在 400Hz 下计算 4 倍剪切区域的光流，使其具有很高的光敏度。此外它还配有超声波传感器，可测得模块离地高度。PX4FLOW 的实物图如图 8-25 所示。PX4FLOW 提供了许多类型的数据读取接口，如 USART、I2C、USB，本节我们仅通过 USB 端口来读取数据，其数据输出频率为 10Hz。

图 8-25 PX4FLOW 的实物图

1）驱动安装

首先我们需要用到 px-ros-pkg 功能包来读取 PX4FLOW 数据。PX4FLOW 使用串行 MAVLINK 协议输出高达 250Hz 的光流估计。px-ros-pkg 功能包的作用就是解析来自 PX4FLOW 光流模块的 MAVLINK 消息，并在发布它们之前将它们转换为 ROS 消息。

进入工作空间的 src 目录下，可以通过以下命令将 px-ros-pkg 功能包下载到该目录下，也可以复制本书源码到工作空间。

```
$ cd ~/catkin_ws/src
$ git clone https://github.com/cvg/px-ros-pkg.git
```

在工作空间中进行编译：

```
$ cd ~/catkin_ws/
$ catkin_make
```

2）PX4FLOW 的使用

在接入 PX4FLOW 光流模块前查看设备端口：

```
$ ls /dev
```

将 PX4FLOW 通过 USB 线连接到计算机的 USB 端口，如图 8-26 所示，再次通过该命令查看设备端口，根据接入前后端口的变化，确定 PX4FLOW 的端口名称。本节所用设备的端口名称为 ttyACM0，如图 8-27 所示。

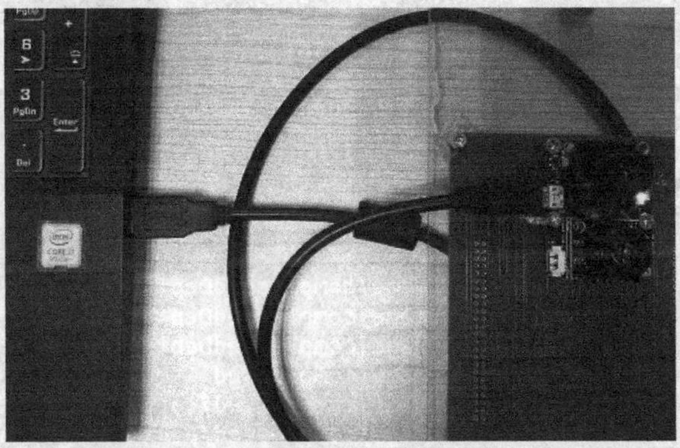

图 8-26 PX4FLOW 连接示意图

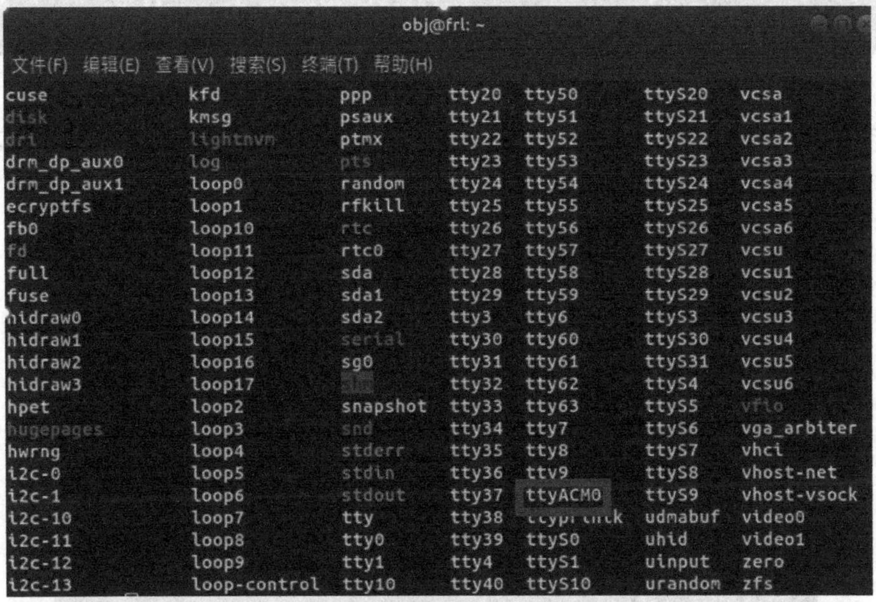

图 8-27 查看设备的端口号

进入 px-ros-pkg/drivers/px4flow/launch/目录下，打开 px4flow_parameters.yaml 文件，将 serial_port: /dev/ttyS0 中的 ttyS0 改为所使用的 PX4FLOW 的端口名称，本节所用设备的端口名称为 ttyACM0，故改为 serial_port: /dev/ttyACM0。修改完的配置文件如下：

```
serial_port: /dev/ttyACM0
baudrate:     115200
```

通过以下命令修改/dev/ttyACM0 端口权限为可读、可写、可执行：

$ sudo chmod 777 /dev/ttyACM0

运行 launch 文件启动节点，运行结果如图 8-28 所示。

$ roslaunch px4flow px4flow.launch

图 8-28　运行 launch 文件

运行以下命令查看发布的话题，可以看到该节点发布/px4flow/camera_image 和/px4flow/opt_flow 两个话题，如图 8-29 所示。

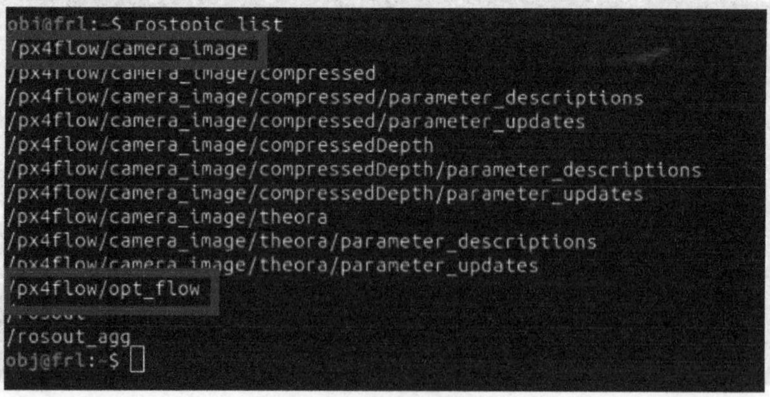

obj@frl:~$ rostopic list
/px4flow/camera_image
/px4flow/camera_image/compressed
/px4flow/camera_image/compressed/parameter_descriptions
/px4flow/camera_image/compressed/parameter_updates
/px4flow/camera_image/compressedDepth
/px4flow/camera_image/compressedDepth/parameter_descriptions
/px4flow/camera_image/compressedDepth/parameter_updates
/px4flow/camera_image/theora
/px4flow/camera_image/theora/parameter_descriptions
/px4flow/camera_image/theora/parameter_updates
/px4flow/opt_flow
/rosout_agg
obj@frl:~$

图 8-29　查看话题

运行 rqt_image_view /px4flow/camera_image，查看 PX4FLOW 的图像，如图 8-30 所示，调节焦距直至清晰（实际操作中可通过拍摄书中的印刷字体进行对焦，直至可以看清字迹为止）。

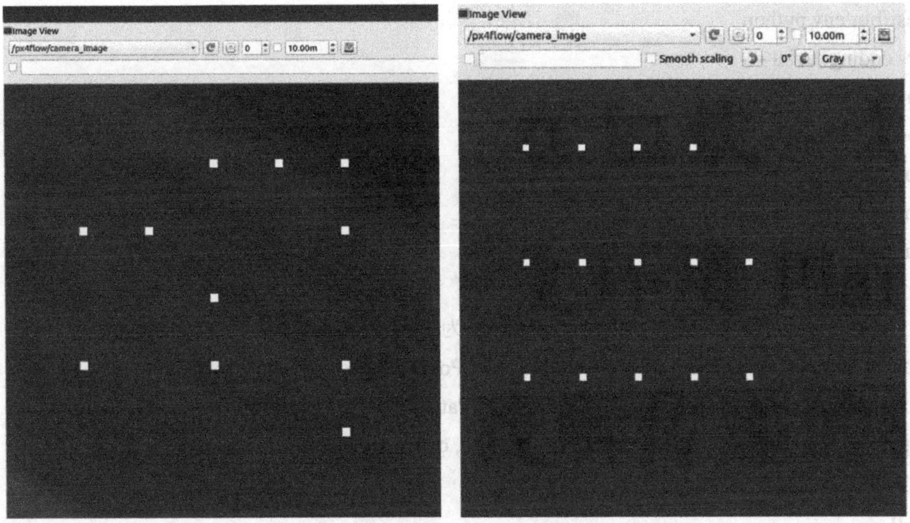

图 8-30 PX4FLOW 图像

通过以下命令查看/px4flow/opt_flow 话题消息，运行结果如图 8-31 所示。

```
$ rostopic echo /px4flow/opt_flow
```

其中，ground_distance 是超声波模块测得的距离地面高度，测距范围应大于 0.3m，若小于 0.3m 则均输出 0.3m 左右的数据；flow_x 和 flow_y 为 x 和 y 方向上移动的像素位移；velocity_x 和 velocity_y 为 x 和 y 方向上的速度；quality 表示图像质量，取值范围为 0～255，数值越大表示图像质量越好（纹理丰富），若为 0 则表示图像不可用。此时，我们将 PX4FLOW 朝向纹理较好的地面，并水平移动它，就可以看到数据的变化，如图 8-32 所示。

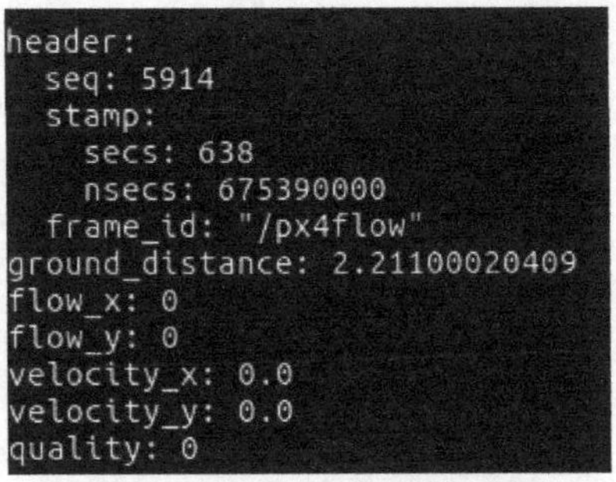

```
header:
  seq: 5914
  stamp:
    secs: 638
    nsecs: 675390000
  frame_id: "/px4flow"
ground_distance: 2.21100020409
flow_x: 0
flow_y: 0
velocity_x: 0.0
velocity_y: 0.0
quality: 0
```

图 8-31 PX4FLOW 消息格式

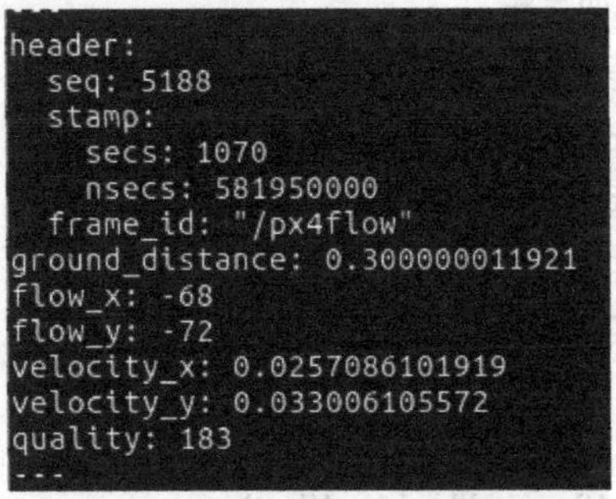

```
header:
  seq: 5188
  stamp:
    secs: 1070
    nsecs: 581950000
  frame_id: "/px4flow"
ground_distance: 0.300000011921
flow_x: -68
flow_y: -72
velocity_x: 0.0257086101919
velocity_y: 0.033006105572
quality: 183
---
```

图 8-32 移动后数据变化图

8.2.2 PX4FLOW 位置解算并显示

本节将介绍如何利用 PX4FLOW 和 IMU 解算 PX4FLOW 的当前位置，并将绘制的运动轨迹在 rviz 界面中查看。

1）代码讲解

PX4FLOW 位置解算代码（文件名 optical_flow_xy_test.py）如下：

```
#!/usr/bin/env python
# -*- coding: utf-8 -*-
import rospy
import math
from geometry_msgs.msg import PoseStamped
from px_comm.msg import OpticalFlow
from nav_msgs.msg import Path

#位置发布，话题为/px4flow/position，数据类型为 PoseStamped，队列长度为 10
px4flow_pub = rospy.Publisher('/px4flow/position',PoseStamped,queue_size=10)
#轨迹发布，话题为/px4flow/path，数据类型为 Path，队列长度为 1000
px4path_pub = rospy.Publisher('/px4flow/path',Path, queue_size=1000)
#定义各参数
x=0.0
y=0.0
delta_x=0.0
delta_y=0.0
current_time=0.0
last_time=0.0
dt = 0.0
yaw=0.0
path_msg = Path()
path_temp_poses = []
#定义四元数
temp = PoseStamped()
temp.pose.orientation.x = 0.0
temp.pose.orientation.y = 0.0
temp.pose.orientation.z = 0.0
temp.pose.orientation.w = 1.0

#定义回调函数
def px4flow_callback(px4flow):
    global x
    global y
    global current_time
    global last_time
    global dt
    global yaw
    global delta_x
    global delta_y
    #记录当前时间
```

```
        current_time=rospy.get_time()
        vx = px4flow.velocity_x
        vy = px4flow.velocity_y
        dt = current_time - last_time
        #角度单位转换
        yaw=yaw*math.pi/180
        #距离计算
        delta_x = (vx * math.cos(yaw) - vy * math.sin(yaw)) * dt
        delta_y = (vy * math.cos(yaw) + vx * math.sin(yaw)) * dt
        x += delta_x
        y += delta_y
        #定义 px4flow_msg 相关参数
        px4flow_msg=PoseStamped()
        px4flow_msg.header.frame_id="px4flow_position"
        px4flow_msg.header.stamp=rospy.Time.now()
        px4flow_msg.pose.position.x = x
        px4flow_msg.pose.position.y = y
        px4flow_msg.pose.orientation = temp.pose.orientation
        px4flow_pub.publish(px4flow_msg)
        #定义 Path 相关参数
        path_msg.header.frame_id="path"
        path_msg.header.stamp=rospy.Time.now()
        path_temp_poses.append(px4flow_msg)
        path_msg.poses = path_temp_poses
        px4path_pub.publish(path_msg)

        rospy.loginfo("px4flow data pub!")
        last_time=current_time

#定义 IMU 回调函数
def imu_callback(angle):
        global yaw
        yaw = angle.pose.position.z

#定义一个 listener
def listener():
        global current_time
        global last_time
        #初始化节点
        rospy.init_node('listener', anonymous=True)
        current_time=rospy.get_time()
        last_time=rospy.get_time()
```

```
    #订阅/px4flow/opt_flow 话题
    px4flow_sub = rospy.Subscriber('/px4flow/opt_flow',OpticalFlow,px4flow_callback)
    #订阅/imu/angle 话题
    angle_sub = rospy.Subscriber('/imu/angle', PoseStamped,imu_callback)
    rospy.loginfo("successfully initialized!")
    rospy.spin()

if __name__ == '__main__':
    listener()
    rospy.loginfo("data successfully saved!")
```

本节不仅使用了 PX4FLOW 光流模块，还结合了 IMU 提供的信息进行位置解算，使用的 IMU 型号为 R6093U，将本书提供的 IMU 的解算代码（文件名 read_gyro_data.py）复制到工作空间即可。

2）PX4FLOW 位置解算实验

将 optical_flow_xy_test.py 文件复制到功能包 px-ros-pkg\drivers\px4flow\src 目录下。下面进行定位实验，首先将 PX4FLOW 和 IMU 安装在实验小车上，如图 8-33 所示。

图 8-33　实验示意图

运行 launch 文件启动节点：

```
$ roslaunch px4flow px4flow.launch
```

通过以下命令修改 IMU 所用端口（IMU 所用设备的端口名称为 ttyUSB0）权限为可读、可写、可执行，每次拔插 IMU 模块之后需重新设置。

```
$ sudo chmod 777 /dev/ttyUSB0
```

运行 IMU 数据发布节点，若失败，则重新拔插 IMU 端口，再次运行节点，运行成功结果如图 8-34 所示。

```
$ rosrun px4flow read_gyro_data.py
```

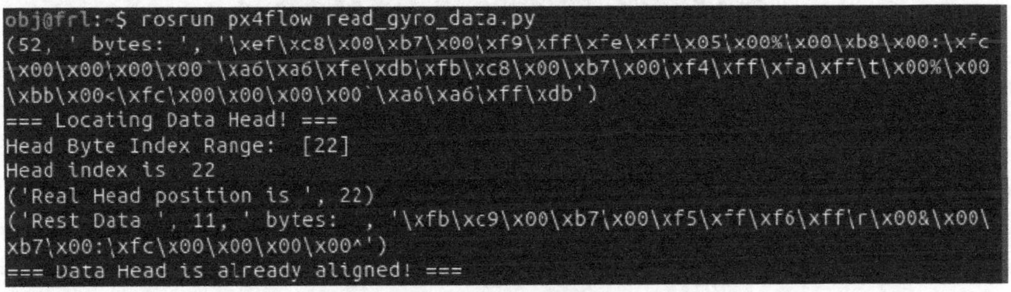

```
obj@frl:~$ rosrun px4flow read_gyro_data.py
(52, ' bytes: ', '\xef\xc8\x00\xb7\x00\xf9\xff\xfe\xff\x05\x00%\x00\xb8\x00:\xfc
\x00\x00\x00\x00`\xa6\xa6\xfe\xdb\xfb\xc8\x00\xb7\x00\xf4\xff\xfa\xff\t\x00%\x00
\xbb\x00<\xfc\x00\x00\x00\x00`\xa6\xa6\xff\xdb')
=== Locating Data Head! ===
Head Byte Index Range:  [22]
Head index is  22
('Real Head position is ', 22)
('Rest Data ', 11, ' bytes: ', '\xfb\xc9\x00\xb7\x00\xf5\xff\xf6\xff\r\x00&\x00\
xb7\x00:\xfc\x00\x00\x00\x00^')
=== Data Head is already aligned! ===
```

图 8-34　运行成功结果

运行 PX4FLOW 位置解算节点 optical_flow_xy_test.py，运行结果如图 8-35 所示。

$ rosrun px4flow optical_flow_xy_test.py

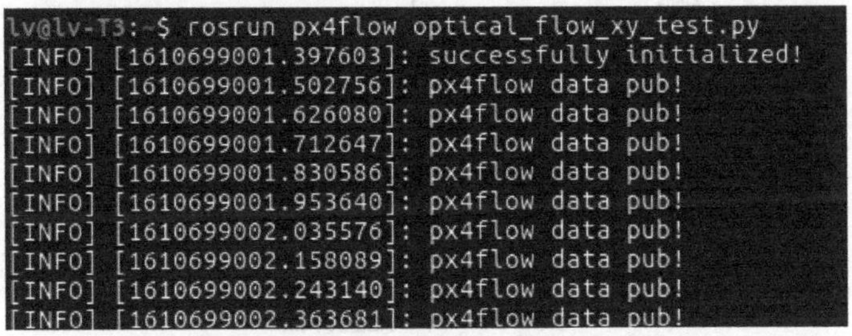

```
lv@lv-T3:~$ rosrun px4flow optical_flow_xy_test.py
[INFO] [1610699001.397603]: successfully initialized!
[INFO] [1610699001.502756]: px4flow data pub!
[INFO] [1610699001.626080]: px4flow data pub!
[INFO] [1610699001.712647]: px4flow data pub!
[INFO] [1610699001.830586]: px4flow data pub!
[INFO] [1610699001.953640]: px4flow data pub!
[INFO] [1610699002.035576]: px4flow data pub!
[INFO] [1610699002.158089]: px4flow data pub!
[INFO] [1610699002.243140]: px4flow data pub!
[INFO] [1610699002.363681]: px4flow data pub!
```

图 8-35　运行 PX4FLOW 位置解算节点结果

运行以下命令，我们可以看到如图 8-36 所示的话题消息，即 PX4FLOW 在 *x* 和 *y* 方向上的位置分量：

$ rostopic echo /px4flow/position

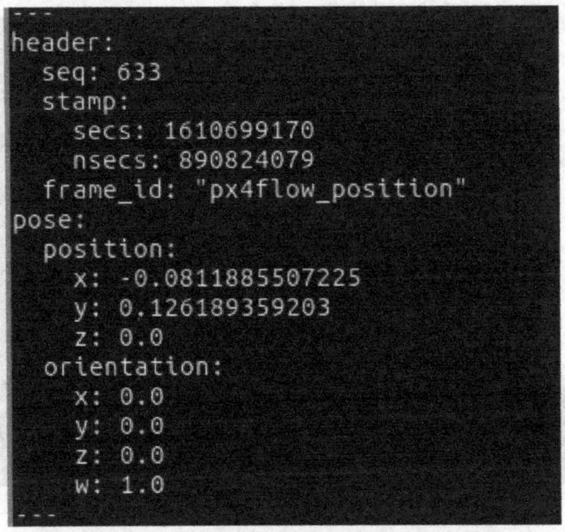

```
---
header:
  seq: 633
  stamp:
    secs: 1610699170
    nsecs: 890824079
  frame_id: "px4flow_position"
pose:
  position:
    x: -0.0811885507225
    y: 0.126189359203
    z: 0.0
  orientation:
    x: 0.0
    y: 0.0
    z: 0.0
    w: 1.0
---
```

图 8-36　/px4flow/position 位置消息

运行以下命令打开 rviz 界面，如图 8-37 所示，在 Displays 中单击左下角的 Add 按钮，分别添加 Image 和 Path 话题，将 Global Options 的 Fixed Frame 设置为 Path，将 Path 的 Topic 设置为/px4flow/path，将 Image 的 Topic 设置为/px4flow/camera_image，rviz 配置界面如图 8-37 所示。

$ rosrun rviz rviz

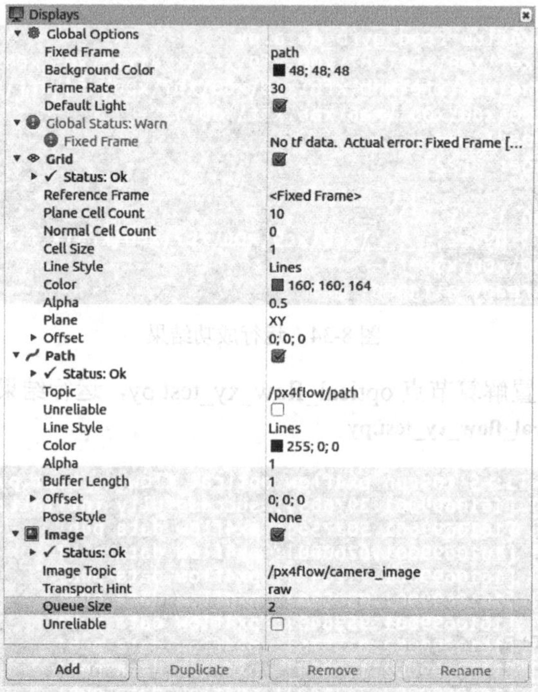

图 8-37　rviz 配置界面

移动小车即可在右侧界面中显示出运动轨迹，如图 8-38 所示。如果看不见轨迹，可能是因为轨迹的距离相比于网格来说太小，我们可以通过调整网格数量和大小，并滑动鼠标滚轮进行观察。至此我们已经学会了如何利用 PX4FLOW 和 IMU 实现定位。

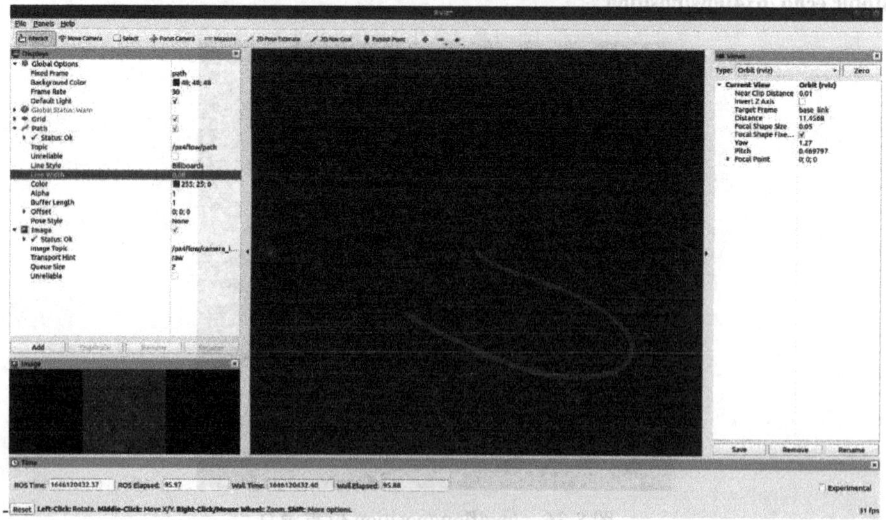

图 8-38　PX4FLOW 运动轨迹

8.2.3　本节小结

本节中我们学习了 PX4FLOW 光流模块的使用方法，根据 PX4FLOW 输出的速度信息，并结合 IMU 输出的姿态信息来解算 PX4FLOW 的当前位置，实现基于光流法的移动机器人定位。

8.3　基于 Autoware 的目标检测实验

8.3.1　Autoware 简介

Autoware 是世界上第一个用于自动驾驶汽车的“all-in-one”开源软件，它基于 ROS 操作系统，并在 Apache 2 许可下使用，提供了一套丰富的自驱动模块，由感知、计算和驱动功能组成，支持功能包括 3D 定位、3D 映射、目标检测和跟踪、交通灯识别、任务和运动规划、轨迹生成、车道检测和选择、车辆控制、传感器融合、摄像机、LiDAR、雷达、深度学习、基于规则的系统、连接导航、日志记录、虚拟现实等，ROS 框架结构如图 8-39 所示。

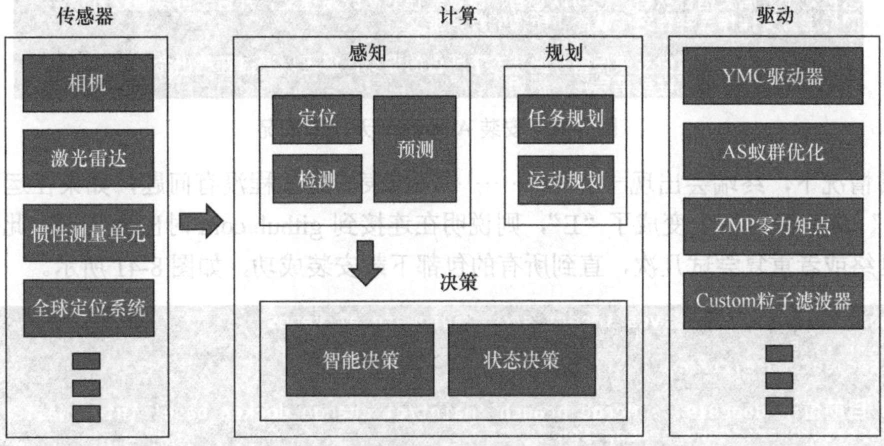

图 8-39　ROS 框架结构

本节中我们将学习如何配置自动驾驶框架 Autoware 的环境，并通过配置深度学习框架 yolov3 来进行目标检测实验。

8.3.2　安装配置 Autoware

首先运行以下命令安装 Autoware 的依赖包：

```
$ sudo apt-get update
$ sudo apt-get install -y python-catkin-pkg python-rosdep ros-$ROS_DISTRO-catkin
$ sudo apt-get install -y python3-pip python3-colcon-common-extensions python3-setuptools python3-vcstool
$ pip3 install –U setuptools –I http://pypi.douban.com/simple --trusted-host pypi.douban.com
```

依赖包安装完成后，建立 Autoware 的工作空间：

```
$ mkdir -p autoware/src
$ cd autoware
```

运行以下命令下载 Autoware1.12.0 版本的配置文件：

```
$ wget -O autoware.ai.repos "https://gitlab.com/autowarefoundation/autoware.ai/autoware/raw/1.12.0/autoware.ai.repos?inline=false"
```

运行以下命令将 Autoware 安装到工作空间中，如图 8-40 所示。

```
$ vcs import src < autoware.ai.repos
```

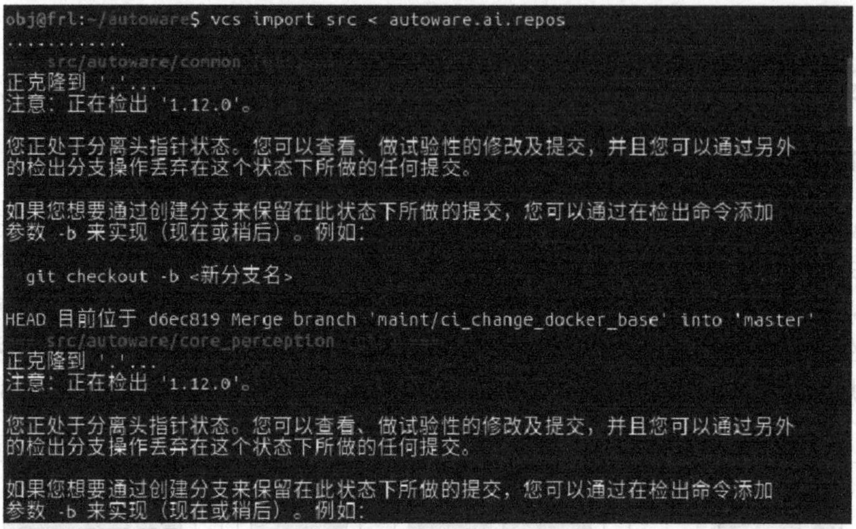

图 8-40　安装 Autoware 无报错情况

正常情况下，终端会出现一行“………”，代表安装过程没有问题，如果在运行命令后出现“E”或者多个“·”变成了“E”，则说明在连接到 github.com 时出现错误，此时可以考虑更换网络或者重复尝试几次，直到所有的包都下载安装成功，如图 8-41 所示。

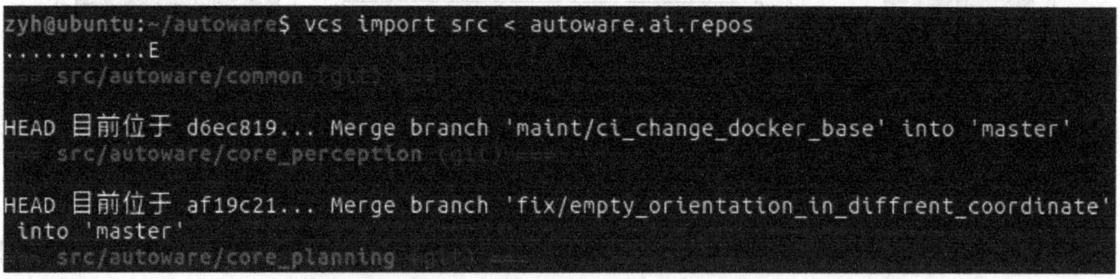

图 8-41　安装 Autoware 出现报错情况

接下来通过 rosdep 安装依赖包，首先进行 rosdep 的初始化：

$ sudo rosdep init

此时若出现报错显示不能下载，如图 8-42 所示，则主要是因为网络问题。

图 8-42　进行 rosdep 出现报错情况

此时按照以下操作进行修改，本书采用 https://ghproxy.com/进行 GitHub 的资源代理，以此来解决不能下载资源的问题。

1）修改 sources_list.py 目录下的 download_rosdep_data 函数，然后添加以下内容：

$ cd /usr/lib/python2.7/dist-packages/rosdep2

$ sudo gedit sources_list.py

url="https://ghproxy.com/"+url

具体内容如下：

```
def download_rosdep_data(url):
    """
    :raises: :exc:`DownloadFailure` If data cannot be
      retrieved (e.g. 404, bad YAML format, server down).
    """
    try:
      url="https://ghproxy.com/"+url
      # http/https URLs need custom requests to specify the user-agent, since some repositories reject
      # requests from the default user-agent.
      if url.startswith("http://") or url.startswith("https://"):
        url_request = request.Request(url, headers={'User-Agent': 'rosdep/{version}'.format(version=__version__)})
      else:
        url_request = url
      f = urlopen(url_request, timeout=DOWNLOAD_TIMEOUT)
      text = f.read()
      f.close()
      data = yaml.safe_load(text)
      if type(data) != dict:
        raise DownloadFailure('rosdep data from [%s] is not a YAML dictionary' % (url))
      return data
    except (URLError, httplib.HTTPException) as e:
      raise DownloadFailure(str(e) + ' (%s)' % url)
    except yaml.YAMLError as e:
      raise DownloadFailure(str(e))
```

2）修改/usr/lib/python2.7/dist-packages/rosdistro 目录下的__init__.py 文件：

```
$ cd /usr/lib/python2.7/dist-packages/rosdistro
$ sudo gedit __init__.py
```

在打开的文件中，修改原有的 DEFAULT_INDEX_URL，在原来的 URL 链接前加入“https://ghproxy.com/”。

```
# same version as in:
# - setup.py
# - stdeb.cfg
__version__ = '0.8.3'

# index information

DEFAULT_INDEX_URL = 'https://ghproxy.com/https://raw.githubusercontent.com/ros/rosdistro/master/index-v4.yaml'
```

```
def get_index_url():
    # environment variable has precedence over configuration files
    if 'ROSDISTRO_INDEX_URL' in os.environ:
        return os.environ['ROSDISTRO_INDEX_URL']
...
```

3）修改/usr/lib/python2.7/dist-packages/rosdep2 目录下的 gbpdistro_support.py 文件。

```
$ cd /usr/lib/python2.7/dist-packages/rosdep2
$ sudo gedit gbpdistro_support.py
```

修改文件中的 FUERTE_GBPDISTRO_URL：

```
# py3k
try:
    unicode
except NameError:
    basestring = unicode = str

# location of an example gbpdistro file for reference and testing
FUERTE_GBPDISTRO_URL = 'https://ghproxy.com/https://raw.githubusercontent.com/ros/rosdistro/' \
    'master/releases/fuerte.yaml'

# seconds to wait before aborting download of gbpdistro data
DOWNLOAD_TIMEOUT = 15.0
```

4）修改/usr/lib/python2.7/dist-packages/rosdep2 目录下的 sources_list.py 文件。

```
$ cd /usr/lib/python2.7/dist-packages/rosdep2
$ sudo gedit sources_list.py
```

修改文件中的 DEFAULT_SOURCES_LIST_URL。

```
# default file to download with 'init' command in order to bootstrap
# rosdep
DEFAULT_SOURCES_LIST_URL = 'https://ghproxy.com/https://raw.githubusercontent.com/ros/rosdistro/
master/ rosdep/sources.list.d/20-default.list'

# seconds to wait before aborting download of rosdep data
DOWNLOAD_TIMEOUT = 15.0
```

5）修改/usr/lib/python2.7/dist-packages/rosdep2 目录下的 rep3.py 文件。

```
$ cd /usr/lib/python2.7/dist-packages/rosdep2
$ sudo gedit rep3.py
```

修改文件中的 REP3_TARGETS_URL。

```
from .core import DownloadFailure
```

```
from .rosdistrohelper import PreRep137Warning

# location of targets file for processing gbpdistro files
REP3_TARGETS_URL = 'https://ghproxy.com/https://raw.githubusercontent.com/ros/rosdistro/master/releases/targets.yaml'

# seconds to wait before aborting download of gbpdistro data
DOWNLOAD_TIMEOUT = 15.0
```

6）修改/usr/lib/python2.7/dist-packages/rosdistro/manifest_provider 目录下的 github.py 文件。

```
$ cd /usr/lib/python2.7/dist-packages/rosdistro/manifest_provider
$ sudo gedit github.py
```

修改 github.py 文件中第 68 行的 URL 地址。

```
    if not repo.has_remote_tag(release_tag):
        raise RuntimeError('specified tag "%s" is not a git tag' % release_tag)

    url = 'https://ghproxy.com/https://raw.githubusercontent.com/%s/%s/package.xml' % (path, release_tag)
    try:
        logger.debug('Load package.xml file from url "%s"' % url)
        return _get_url_contents(url)
    except URLError as e:
        logger.debug('- failed (%s), trying "%s"' % (e, url))
        raise RuntimeError()
```

同时，修改 github.py 文件中第 119 行的 URL 地址。

```
    cache = SourceRepositoryCache.from_ref(tree_json['sha'])
    for package_xml_path in package_xml_paths:
        url ='https://ghproxy.com/https://raw.githubusercontent.com/%s/%s/%s'; % \
        (path, cache.ref(), package_xml_path + '/package.xml' if package_xml_path else 'package.xml')
    logger.debug('- load package.xml from %s' % url)
    package_xml = _get_url_contents(url)
    name = parse_package_string(package_xml).name
    cache.add(name, package_xml_path, package_xml)

    return cache
```

7）修改/usr/lib/python2.7/dist-packages/rosdep2 目录下的 gbpdistro_support.py 文件。

```
$ cd /usr/lib/python2.7/dist-packages/rosdep2
$ sudo gedit gbpdistro_support.py
```

在文件的第 202 行下添加“gbpdistro_url = 'https://ghproxy.com/' + gbpdistro_url”:

```
# we can convert a gbpdistro file into rosdep data by following a
# couple rules
# will output a warning
targets_data = download_targets_data(targets_url=targets_url)
gbpdistro_url = 'https://ghproxy.com/' + gbpdistro_url
try:
    f = urlopen(gbpdistro_url, timeout=DOWNLOAD_TIMEOUT)
    text = f.read()
    f.close()
    gbpdistro_data = yaml.safe_load(text)
    # will output a warning
    return gbprepo_to_rosdep_data(gbpdistro_data,
                                  targets_data,
                                  gbpdistro_url)
except Exception as e:
    raise DownloadFailure('Failed to download target platform data '
                          'for gbpdistro:\n\t' + str(e))
```

所有文件修改完成后，重新运行以下命令进行 rosdep 的初始化，运行结果如图 8-43 所示。

```
$ sudo rosdep init
```

图 8-43 sudo rosdep init 运行结果

rosdep 初始化成功后，运行以下命令进行 rosdep 更新，如图 8-44 所示。

```
$ rosdep update
```

图 8-44 rosdep update 运行结果

如果整个更新过程如图 8-44 所示一样没有出现报错，则更新成功；如果出现报错，则需要检测一下在前文的修改文件过程中是否出现缺漏或者错误，如果检查无误依然无法更新成功，则可以考虑切换网络进行更新。

然后运行以下命令采用 rosdep 安装依赖包，如图 8-45 所示。

```
$ cd ~/autoware/
$ rosdep install -y --from-paths src --ignore-src --rosdistro $ROS_DISTRO
```

```
obj@frl:~$ cd ~/autoware/
obj@frl:~/autoware$ rosdep install -y --from-paths src --ignore-src --rosdistro
$ROS_DISTRO
executing command [sudo -H apt-get install -y ros-melodic-grid-map-visualization
]
[sudo] obj 的密码:
正在读取软件包列表... 完成
正在分析软件包的依赖关系树
正在读取状态信息... 完成
将会同时安装下列软件:
  ros-melodic-grid-map-core ros-melodic-grid-map-cv ros-melodic-grid-map-msgs
  ros-melodic-grid-map-ros
下列【新】软件包将被安装:
  ros-melodic-grid-map-core ros-melodic-grid-map-cv ros-melodic-grid-map-msgs
  ros-melodic-grid-map-ros ros-melodic-grid-map-visualization
升级了 0 个软件包，新安装了 5 个软件包，要卸载 0 个软件包，有 0 个软件包未被升级
。
需要下载 2,337 kB 的归档。
解压缩后会消耗 3,834 kB 的额外空间。
获取:2 http://mirrors.tuna.tsinghua.edu.cn/ros/ubuntu bionic/main amd64 ros-melo
dic-grid-map-cv amd64 1.6.4-2bionic.20211014.175613 [46.4 kB]
```

图 8-45　使用 rosdep 安装依赖包

若部分依赖包无法安装，如图 8-46 所示，则可以采用手动安装的方式，如 nmea_msgs 无法安装成功，则使用以下命令进行安装：

```
ERROR: the following packages/stacks could not have their rosdep keys resolved
to system dependencies:
autoware_bag_tools: Cannot locate rosdep definition for [nmea_msgs]
vehicle_gazebo_simulation_launcher: Cannot locate rosdep definition for [velodyne_description]
kitti_box_publisher: Cannot locate rosdep definition for [jsk_recognition_msgs]
range_vision_fusion: Cannot locate rosdep definition for [jsk_topic_tools]
runtime_manager: Cannot locate rosdep definition for [nmea_navsat_driver]
as: Cannot locate rosdep definition for [pacmod_msgs]
autoware_camera_lidar_calibrator: Cannot locate rosdep definition for [image_view2]
lidar_euclidean_cluster_detect: Cannot locate rosdep definition for [jsk_rviz_plugins]
xsens_driver: Cannot locate rosdep definition for [gps_common]
autoware_health_checker: Cannot locate rosdep definition for [jsk_rviz_plugins]
autoware_external_msgs: Cannot locate rosdep definition for [lgsvl_msgs]
costmap_generator: Cannot locate rosdep definition for [grid_map_ros]
decision_maker: Cannot locate rosdep definition for [jsk_rviz_plugins]
lidar_localizer: Cannot locate rosdep definition for [jsk_rviz_plugins]
points_preprocessor: Cannot locate rosdep definition for [velodyne_pointcloud]
road_occupancy_processor: Cannot locate rosdep definition for [grid_map_msgs]
points_downsampler: Cannot locate rosdep definition for [velodyne_pointcloud]
lgsvl_simulator_bridge: Cannot locate rosdep definition for [rosbridge_server]
roi_object_filter: Cannot locate rosdep definition for [grid_map_msgs]
pos_db: Cannot locate rosdep definition for [jsk_rviz_plugins]
autoware_pointgrey_drivers: Cannot locate rosdep definition for [gscam]
garmin: Cannot locate rosdep definition for [nmea_msgs]
vehicle_model: Cannot locate rosdep definition for [velodyne_gazebo_plugins]
lidar_kf_contour_track: Cannot locate rosdep definition for [jsk_recognition_msgs]
op_ros_helpers: Cannot locate rosdep definition for [jsk_recognition_msgs]
sound_player: Cannot locate rosdep definition for [sound_play]
javad_navsat_driver: Cannot locate rosdep definition for [nmea_msgs]
gnss_localizer: Cannot locate rosdep definition for [nmea_msgs]
object_map: Cannot locate rosdep definition for [grid_map_visualization]
dp_planner: Cannot locate rosdep definition for [jsk_recognition_msgs]
adi_driver: Cannot locate rosdep definition for [imu_tools]
autoware_msgs: Cannot locate rosdep definition for [jsk_recognition_msgs]
```


图 8-46　部分依赖包无法安装

```
$ sudo apt-get install ros-melodic-nmea-msgs
```

如果 jsk_rviz_plugins 无法安装成功，则使用以下命令进行安装：

```
$ sudo apt-get install ros-melodic-jsk-rviz-plugins
```

对于其他无法安装成功的依赖包，只需要修改 ros-melodic-后面的包名即可，但需要注意，包名的下画线“_”应该修改成横线“-”。

当所有的依赖包都安装完成后，再输入

```
$ rosdep install -y --from-paths src --ignore-src --rosdistro $ROS_DISTRO
```

若得到如图 8-47 所示的界面，则代表所有依赖包安装成功，可以进行 Autoware 的编译了。

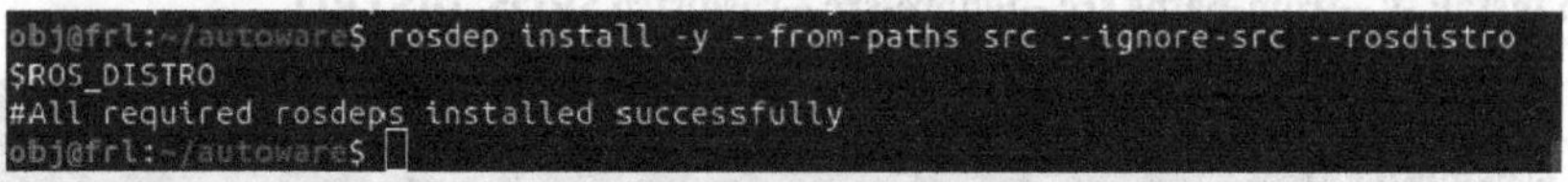

```
obj@frl:~/autoware$ rosdep install -y --from-paths src --ignore-src --rosdistro
$ROS_DISTRO
#All required rosdeps installed successfully
obj@frl:~/autoware$
```

图 8-47　依赖包全部安装成功

本文采用的是不依赖 CUDA 的安装方式，运行以下命令开始对 Autoware 的编译，运行结果如图 8-48 所示。

```
$ cd autoware/
$ colcon build --cmake-args -DCMAKE_BUILD_TYPE=Release
```

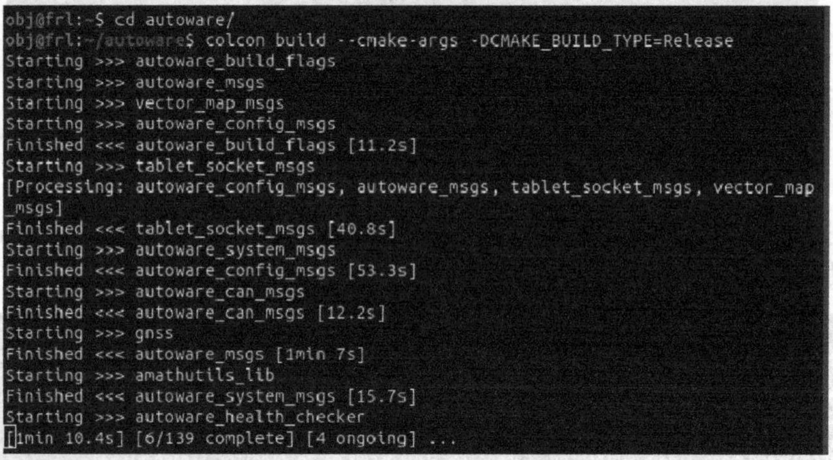

```
obj@frl:~$ cd autoware/
obj@frl:~/autoware$ colcon build --cmake-args -DCMAKE_BUILD_TYPE=Release
Starting >>> autoware_build_flags
Starting >>> autoware_msgs
Starting >>> vector_map_msgs
Starting >>> autoware_config_msgs
Finished <<< autoware_build_flags [11.2s]
Starting >>> tablet_socket_msgs
[Processing: autoware_config_msgs, autoware_msgs, tablet_socket_msgs, vector_map
_msgs]
Finished <<< tablet_socket_msgs [40.8s]
Starting >>> autoware_system_msgs
Finished <<< autoware_config_msgs [53.3s]
Starting >>> autoware_can_msgs
Finished <<< autoware_can_msgs [12.2s]
Starting >>> gnss
Finished <<< autoware_msgs [1min 7s]
Starting >>> amathutils_lib
Finished <<< autoware_system_msgs [15.7s]
Starting >>> autoware_health_checker
[1min 10.4s] [6/139 complete] [4 ongoing] ...
```

图 8-48　Autoware 开始编译

编译成功的包会显示 Finished，编译失败则会显示 Failed。

当所有包编译成功时，会出现如图 8-49 所示的界面。

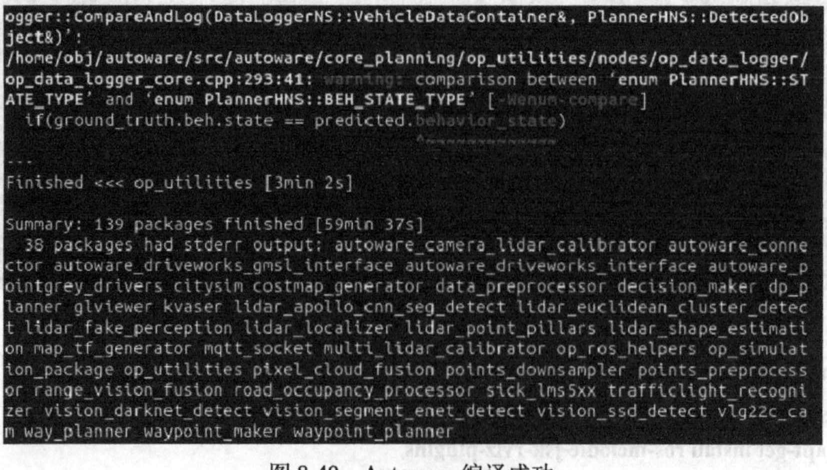

```
ogger::CompareAndLog(DataLoggerNS::VehicleDataContainer&, PlannerHNS::DetectedOb
ject&)':
/home/obj/autoware/src/autoware/core_planning/op_utilities/nodes/op_data_logger/
op_data_logger_core.cpp:293:41: warning: comparison between 'enum PlannerHNS::ST
ATE_TYPE' and 'enum PlannerHNS::BEH_STATE_TYPE' [-Wenum-compare]
  if(ground_truth.beh.state == predicted.behavior_state)
                                         ^~~~~~~~~~~~~~
---
Finished <<< op_utilities [3min 2s]

Summary: 139 packages finished [59min 37s]
  38 packages had stderr output: autoware_camera_lidar_calibrator autoware_conne
ctor autoware_driveworks_gmsl_interface autoware_driveworks_interface autoware_p
ointgrey_drivers citysim costmap_generator data_preprocessor decision_maker dp_p
lanner glviewer kvaser lidar_apollo_cnn_seg_detect lidar_euclidean_cluster_detec
t lidar_fake_perception lidar_localizer lidar_point_pillars lidar_shape_estimati
on map_tf_generator mqtt_socket multi_lidar_calibrator op_ros_helpers op_simulat
ion_package op_utilities pixel_cloud_fusion points_downsampler points_preprocess
or range_vision_fusion road_occupancy_processor sick_lms5xx trafficlight_recogni
zer vision_darknet_detect vision_segment_enet_detect vision_ssd_detect vlg22c_ca
m way_planner waypoint_maker waypoint_planner
```

图 8-49　Autoware 编译成功

当在 summary 后面显示“139 packages finished”时，即代表 Autoware 编译成功，当其中的包编译失败时，会出现“** packages failed”，至此 Autoware 安装完成。

8.3.3　Autoware 测试

先打开一个终端运行 roscore：

```
$ roscore
```

再打开一个终端运行：

```
$ cd autoware/
$ source install/setup.bash
$ roslaunch runtime_manager runtime_manager.launch
```

出现名为 Runtime Manager 的 Autoware 界面，即程序运行成功，如图 8-50 所示。

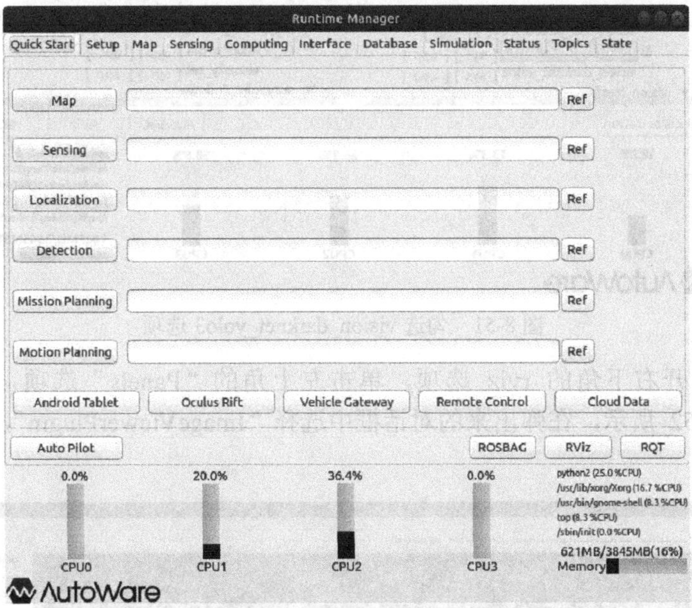

图 8-50　Autoware 打开成功

8.3.4　利用 yolov3 实现目标检测

首先配置 yolov3，并使用 yolov3 进行目标检测，运行以下命令进入目标检测文件夹：

```
$ cd autoware/
$ source install/setup.bash
$ roscd vision_darknet_detect/darknet/
```

运行以下命令新建一个文件夹，并下载 yolov3 的权重数据：

```
$ mkdir data
$ cd data
$ wget https://pjreddie.com/media/files/yolov3.weights
```

接下来运行以下命令打开计算机的摄像头：

```
$ rosrun uvc_camera uvc_camera_node
```

然后进入打开的 Autoware 界面的 computing 选项，选择 Detetion 分支下 vision_ detector 分支下的 vision_darknet_yolo3，将其勾选，如图 8-51 所示。

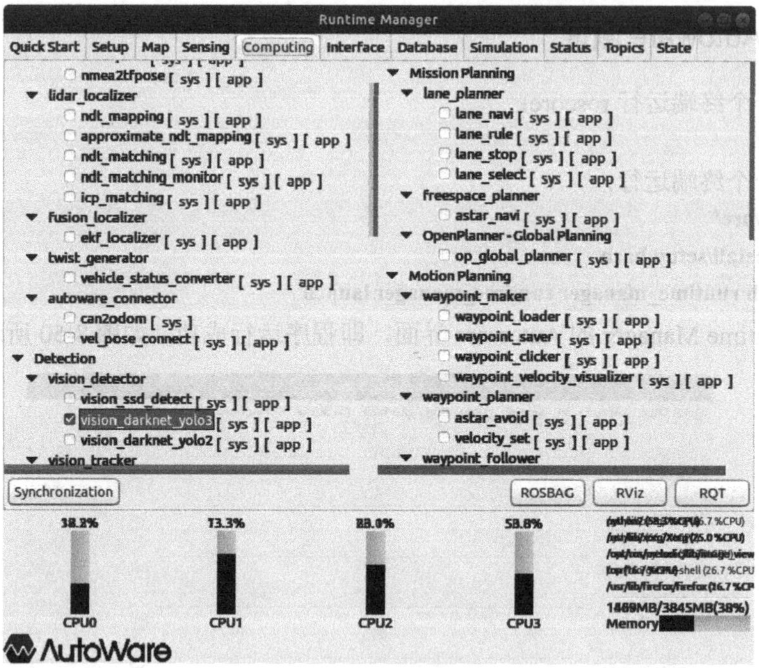

图 8-51 勾选 vision_darknet_yolo3 选项

然后接着打开右下角的 rviz 选项，单击左上角的“Panels”选项，选择“Add new Panel”，如图 8-52 所示，在弹出来的对话框中选择“ImageViewerPlugin”，单击“OK”，如图 8-53 所示。

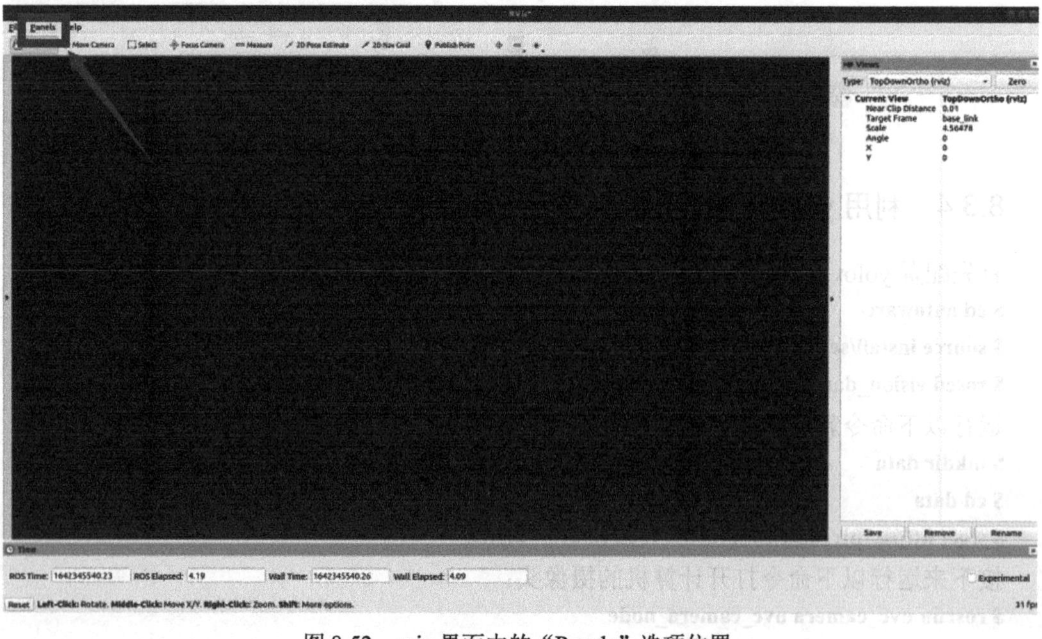

图 8-52 rviz 界面中的“Panels”选项位置

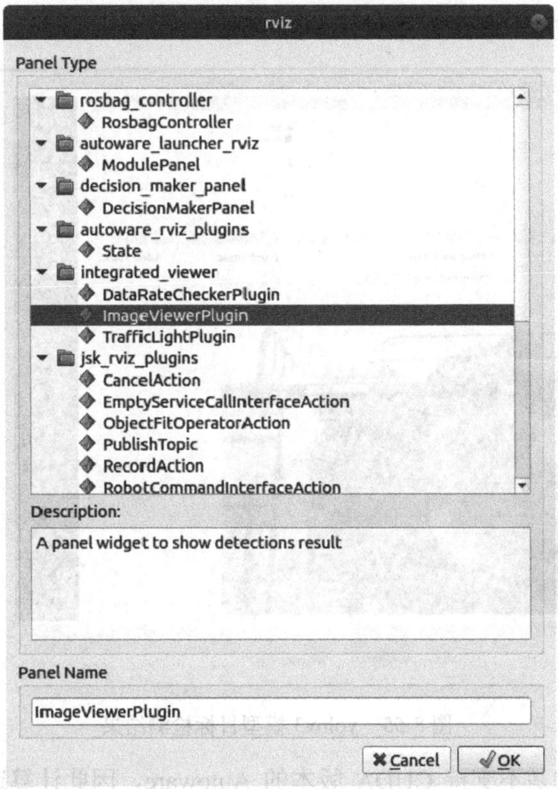

图 8-53　rviz 界面中的“ImageViewerPlugin”选项位置

接着就会在 rviz 界面左侧出现如图 8-54 所示的界面，将“Image Topic”选项进行下拉，选择“image_raw”，将“Object Rect Topic”选项进行下拉，勾选其下的唯一选项“/detection/image_ detector/objects”。

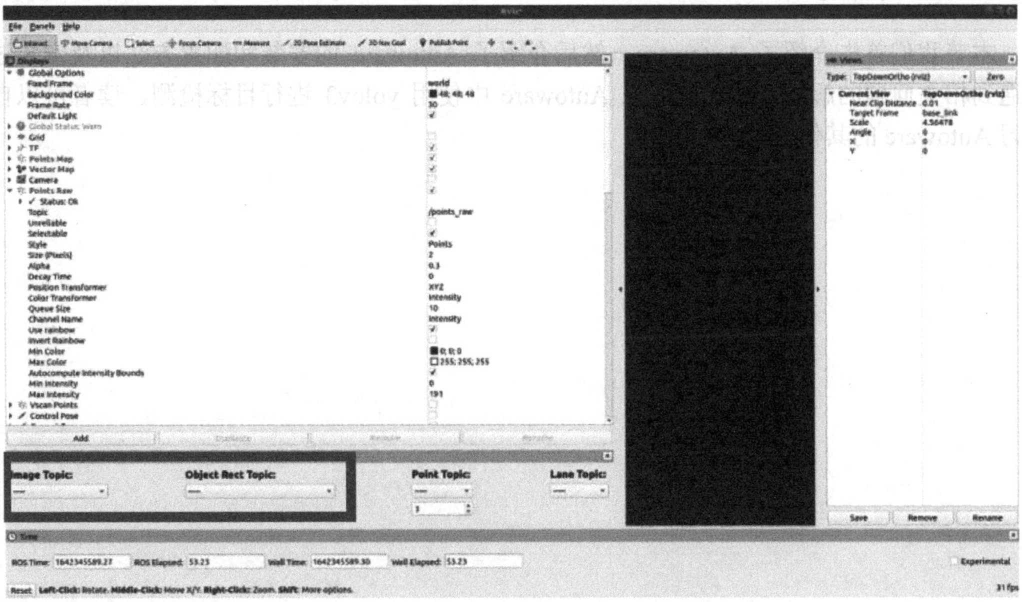

图 8-54　rviz 界面

这样就能进行检测了，检测结果如图 8-55 所示。

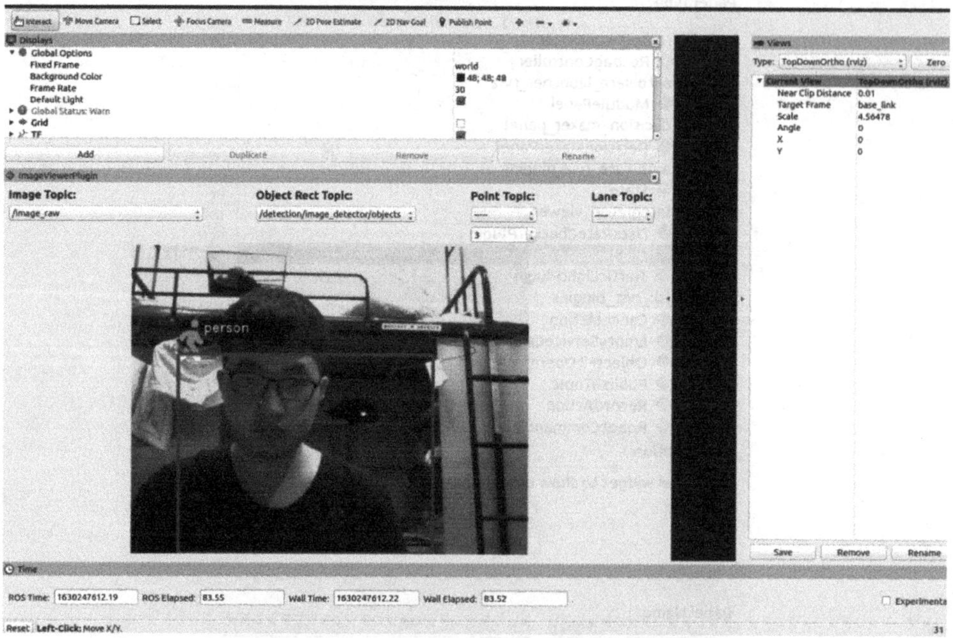

图 8-55 yolov3 模型目标检测结果

因为本实验采用的是不支持 CUDA 版本的 Autoware，因此计算速度远低于支持 CUDA 版本的 GPU 计算方式，实时性相对较差，并且计算速度与计算机配置相关，如果希望提高计算速度和实时性能，可以安装 10.0 版本的 CUDA，并重新对 Autoware 进行编译，切换至 CUDA 版本，这样就能获得较好的实时性能。

8.3.5 本节小结

本节我们首先介绍了 Autoware，然后介绍了 Autoware 的安装和配置方法以及安装过程中遇到相关问题的解决方法，最后在 Autoware 中使用 yolov3 进行目标检测，读者可以自行学习 Autoware 的其他应用。

第 9 章　ROS 机器语音和深度学习实例

9.1　在 ROS 中构建一个人机交互机器人

在本节中，使用 AIML（Artificial Intelligence Markup Language，人工智能标记语言）构建一个简单的智能人机交互机器人，让机器通过语音或文字与人交流。

9.1.1　AIML 简介

AIML 是一种基于 XML 的语言，用于存储 XML 标签内部的知识。AIML 文件使用结构化的方式存储知识，以便在需要时可以轻松访问。换句话说，AIML 是一种为了匹配模式和确定响应而进行规则定义的 XML 格式。

AIML 的雏形是一个名为 A.L.I.C.E.（Artificial Linguistic Internet Computer Entity）的高度扩展的 Eliza 机器人，由 Alicebot 自由软件社区和 Richard S. Wallace 博士在 1995 年至 2000 年期间开发。目前 AIML 已经有了 Java、Ruby、Python、C、C#、Pascal 等语言的版本。

1）AIML 标签

要学习 AIML，首先需要学习基本的 AIML 标签，如表 9.1 所示。

表 9.1　基本的 AIML 标签

编　号	标　签	描　述
1	<aiml>	定义 AIML 文档的开头和结尾
2	<category>	定义 Alicebot 知识库中的知识单元
3	<pattern>	定义模式以匹配用户可以输入 Alicebot 的模式
4	<template>	定义 Alicebot 对用户输入的响应
5	<star>	用于匹配<pattern>标签中的通配符*字符
6	<srai>	多用途标签，用于调用/匹配其他类别
7	<random>	获取随机响应
8	<li>	用于表示多个响应
9	<set>	用于在 AIML 变量中设置值
10	<get>	用于获取存储在 AIML 变量中的值
11	<that>	用于根据上下文进行响应
12	<topic>	用于存储上下文，以便可以基于上下文完成对话
13	<think>	在 AIML 中用于存储变量而不通知用户
14	<condition>	用于 ALICE 响应匹配输入

下面通过一个简单的例子，对上述 AIML 标签进行更加形象的描述，具体代码如下：

```
<aiml version="1.0.1" encoding="UTF-8">
```

```
  <category>
    <pattern> MY NAME IS * </pattern>
    <template>
      NICE TO SEE YOU <star/>
    </template>
  </category>

  <category>
    <pattern> MEET OUR ROBOTS * AND * </pattern>
    <template>
      NICE TO SEE <star index="1"/> AND <star index="2"/>
    </template>
  </category>
</aiml>
```

上述代码以<aiml>标签开始，以</aiml>标签结束，基本上包含 AIML 的版本和文件的字符编号。<AIML>标签不是强制性的，但是在处理海量的 AIML 数据集时非常有用。

在<category>标签中，保存用户的输入和机器人回复的输出，其中来自用户的可能输入保存在<pattern>标签下，机器人回复的输出保存在<template>标签下。

<star>标签有助于从用户的可能输入中提取单词，<star index="1"/>表示从用户可能输入中提取提一个片段。显然若有多个可提取的片段，只需修改可提取片段出现的序号即可。

以上就是 AIML 文件中常用的标签。接下来，我们将学习如何加载这些文件，并从 AIML 知识库中检索来自用户随机输入的智能回复。

2）安装 PyAIML

AIML 解释器有许多不同语言的版本，可用于加载 AIML 知识库并进行交互。AIML 文件加载和交互最简单的方法之一是使用 Python 的 AIML 解释器，即 PyAIML。

PyAIML 可以安装在 Windows、Linux 和 Mac OS X 操作系统上。下面学习如何在 Ubuntu18. 04 上安装 PyAIML。

可以使用以下命令安装软件包：

```
$ sudo apt-get install python-aiml
```

为了验证是否成功安装，可进入 Python 解释器，并尝试使用以下命令导入 AIML 模块：

```
$ python
>>> import aiml
```

如果模块正确加载没有出现错误，指针将会进入下一行，表明 PyAIML 安装成功。

9.1.2 在 ROS 中构建 AIML 人机交互机器人

接下来，我们将介绍如何在 ROS 中构建人机交互机器人，AIML 人机交互机器人的完整结构框图如图 9-1 所示。

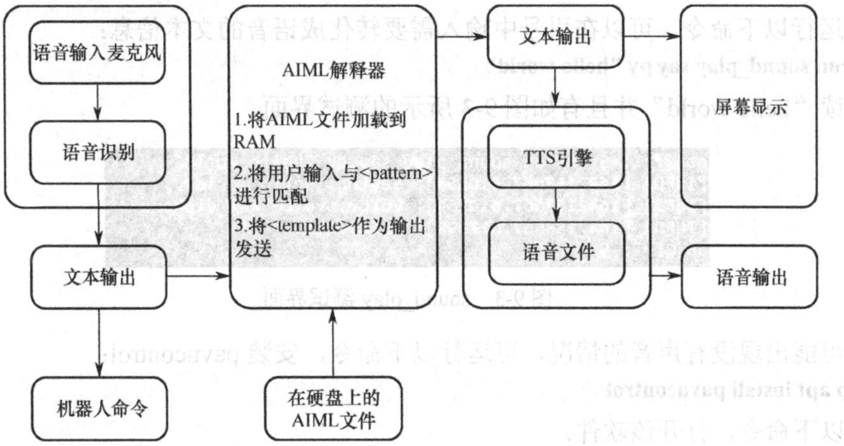

图 9-1　AIML 人机交互机器人的完整结构框图

整个系统的工作原理如下：使用 ROS 中的语音识别系统将用户的语音转换成文本，然后输入 AIML 引擎或作为机器人命令发送，其中机器人命令是用于机器人控制的特定命令，如果文本不是机器人命令，它将发送到 AIML 引擎，从数据库中给出智能回复。最后，使用文本到语音模块将 AIML 解释器的输出转换为语音输出。

1）AIML ROS 功能包

在本节中，将安装一个功能包 ros_aiml，使用 ROS 节点将 AIML 文件加载到内存中，使得用户可以通过文本或语音与 AIML 进行交互聊天。在安装 ros-aiml 之前需要安装一些其他的依赖包。

（1）sound_play 是 audio_common 的一个组件，audio_common 是一个第三方的音频开发包，它实现了音频驱动以及相关的 ROS 消息机制。安装 sound_play 相关依赖包的具体命令如下：

```
$ sudo apt-get install libasound2
$ sudo apt-get install gstreamer0.10-*
$ sudo apt-get install libgstreamer1.0-dev
$ sudo apt-get install libgstreamer1.0-0-dbg
$ sudo apt-get install libgstreamer-plugins-base1.0-dev
```

（2）使用以下命令下载 sound_play 源码：

```
$ cd ~/catkin_ws/src
$ git clone https://github.com/ros-drivers/audio_common
```

或将本书对应章节的功能包复制到工作空间下进行编译，其相关命令如下：

```
$ cd ~/catkin_ws/
$ catkin_make
```

（3）运行以下命令启动 sound_play 主节点，运行结果如图 9-2 所示。

```
$ roscore
$ rosrun sound_play soundplay_node.py
```

obj@frl:~$ rosrun sound_play soundplay_node.py
[INFO] [1642158523.000082]: sound_play node is ready to play sound

图 9-2　运行 sound_play 节点

（4）运行以下命令，可以在引号中输入需要转化成语音的文本信息：

```
$ rosrun sound_play say.py "hello world"
```

能听到朗读“hello world”并且有如图 9-3 所示的测试界面。

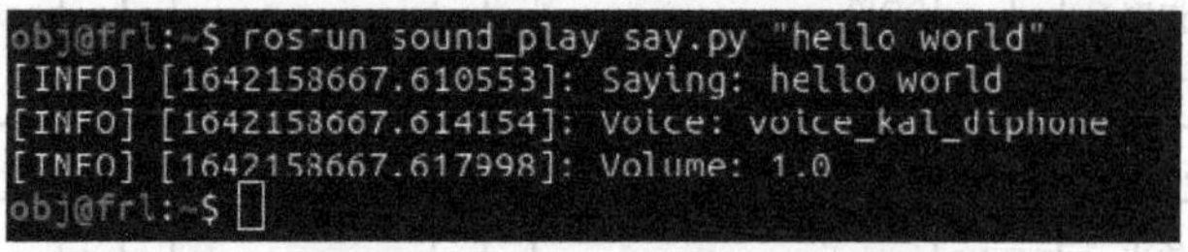

图 9-3　sound_play 测试界面

有时可能出现没有声音的情况，可运行以下命令，安装 pavucontrol：

```
$ sudo apt install pavucontrol
```

运行以下命令，打开该软件：

```
$ pavucontrol
```

切换到“配置”选项卡，根据实际情况禁用不需要的声卡。这里将耳机插入计算机，禁止第一项，第二项选择模拟立体声双工（analogy stereo duplex）（unplugged）或者模拟立体声输出（analogy stereo output）（unplugged），如图 9-4 所示。

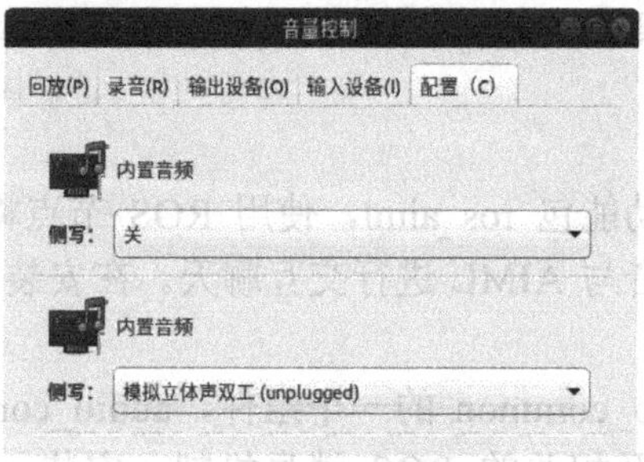

图 9-4　音量控制配置

切换到输出设备，如果输出设备是有线耳机则选择线缆输出（unplugged），同时单击右上角的绿色对勾，如图 9-5 所示。

切换到输入设备，选择话筒（unplugged），同样单击右上角的绿色对勾，如图 9-6 所示。

图 9-5　输出设备

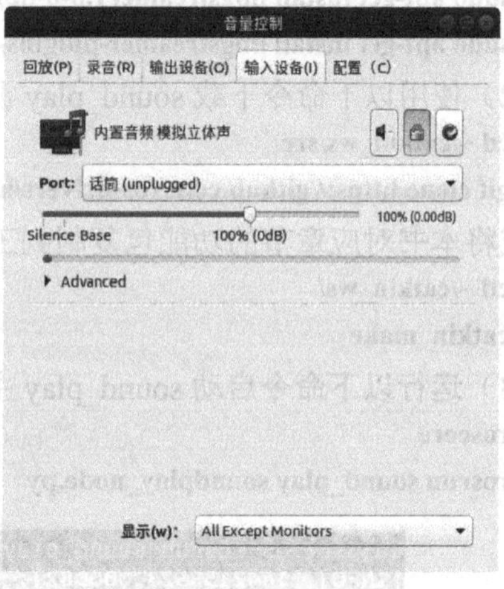

图 9-6　输入设备

配置完成后，运行以下命令重新进行测试：

```
$ rosrun sound_play say.py "hello world"
```

（5）将本书提供的代码库中的 ros_aiml 功能包复制到工作空间下，使用以下命令进行编译：

```
$ cd ~/catkin_ws
$ catkin_make
```

在 ros_aiml 功能包中包含 data、launch 和 scripts 三个文件夹，分别存储了 AIML 文件、ROS 启动文件和 Python 脚本。

2）下面对主要代码进行简单解释。

（1）aiml_server.py

```
#!/usr/bin/env python
import rospy
import aiml
import os
import sys
from std_msgs.msg import String
rospy.init_node('aiml_server')
mybot = aiml.Kernel()
response_publisher = rospy.Publisher('response',String,queue_size=10)
def load_aiml(xml_file):
    data_path = rospy.get_param("aiml_path")
    print data_path
    os.chdir(data_path)
    if os.path.isfile("standard.brn"):
        mybot.bootstrap(brainFile = "standard.brn")
    else:
        mybot.bootstrap(learnFiles = xml_file, commands = "load aiml b")
        mybot.saveBrain("standard.brn")
def callback(data):
    input = data.data
    response = mybot.respond(input)
    rospy.loginfo("I heard:: %s",data.data)
    rospy.loginfo("I spoke:: %s",response)
    response_publisher.publish(response)

def listener():
    rospy.loginfo("Starting ROS AIML Server")
    rospy.Subscriber("chatter", String, callback)
    # spin() simply keeps python from exiting until this node is stopped
    rospy.spin()
if __name__ == '__main__':
    load_aiml('startup.xml')
    listener()
```

aiml_server 的功能是加载和保存 AIML，它订阅/chatter 话题，是 AIML 解释器的输入，并发布/response 话题。

（2）aimi_client.py

```
#!/usr/bin/env python
import rospy
from std_msgs.msg import String
rospy.init_node('aiml_server')
mybot = aiml.Kernel()
response_publisher = rospy.Publisher('response',String,queue_size=10)
```

客户端代码功能是等待用户输入并将用户输入发布到/chatter 话题。

（3）aiml_tts_client.py

```
#!/usr/bin/env python
import rospy, os, sys
from sound_play.msg import SoundRequest
from sound_play.libsoundplay import SoundClient
from std_msgs.msg import String
rospy.init_node('aiml_soundplay_client', anonymous = True)
soundhandle = SoundClient()
rospy.sleep(1)
soundhandle.stopAll()
print 'Starting TTS'
def get_response(data):
 response = data.data
 rospy.loginfo("Response ::%s",response)
 soundhandle.say(response)
def listener():
 rospy.loginfo("Starting listening to response")
 rospy.Subscriber("response",String, get_response,queue_size=10)
 rospy.spin()
if __name__ == '__main__':
 listener()
```

TTS 客户端订阅/response 话题，并使用 sound_play API 将响应转化为语音。

（4）aiml_speech_recog_client

```
#!/usr/bin/env python
import rospy
from std_msgs.msg import String
rospy.init_node('aiml_speech_recog_client')
pub = rospy.Publisher('chatter', String,queue_size=10)
```

```
r = rospy.Rate(1) # 10hz
def get_speech(data):
    speech_text=data.data
    rospy.loginfo("I said:: %s",speech_text)
    pub.publish(speech_text)
def listener():
    rospy.loginfo("Starting Speech Recognition")
    rospy.Subscriber("/recognizer/output", String, get_speech)
    rospy.spin()
while not rospy.is_shutdown():
    listener()
```

语音识别节点订阅/recognizer/output，并发布话题/chatter，其中话题/recognizer/output 由 ROS 语音识别软件包发布，如 Pocket Sphinx。

（5）start_chat.launch

```
<launch>
    <param name="aiml_path" value="/home/nuaa-frl/catkin _ws/src/ros_aiml/data" />
    <node name="aiml_server" pkg="ros_aiml" type="aiml_server.py" output="screen">
    </node>
    <node name="aiml_client" pkg="ros_aiml" type="aiml_client.py" output="screen">
    </node>
</launch>
```

该启动文件启动 aiml_server 和 aiml_client 节点。运行此启动文件之前，必须将数据文件夹路径设置为 ROS 参数，可以将其设置为 AIML 数据文件夹路径。

（6）start_tts_chat.launch

```
<launch>
    <param name="aiml_path" value="/home/nuaa-frl/catkin _ws/src/ros_aiml/data" />
    <node name="aiml_server" pkg="ros_aiml" type="aiml_server.py" output="screen">
    </node>
    <include file="$(find sound_play)/soundplay_node.launch"></include>
    <node name="aiml_tts" pkg="ros_aiml" type="aiml_tts_client.py" output="screen">
    </node>
    <node name="aiml_client" pkg="ros_aiml" type="aiml_client.py" output="screen">
    </node>
</launch>
```

该启动文件启动 aiml_server、aiml_client 和 aiml_tts 节点，与上一个启动文件的区别在于将 AIML 服务器的响应转化为语音。

（7）start_speech_chat.launch

该启动文件将启动 AIML 服务器、AIML TTS 节点和语音识别节点。

```
<launch>
    <param name="aiml_path" value="/home/nuaa-frl/catkin _ws/src/ros_aiml/data" />
    <node name="aiml_server" pkg="ros_aiml" type="aiml_server.py" output="screen">
    </node>
    <include file="$(find sound_play)/soundplay_node.launch"></include>
    <node name="aiml_tts" pkg="ros_aiml" type="aiml_tts_client.py" output="screen">
    </node>
    <node name="aiml_speech_recog" pkg="ros_aiml" type="aiml_speech_recog_client.py" output="screen">
    </node>
</launch>
```

9.1.3 运行人机交互机器人

运行以下命令输出 data 当前路径，如图 9-7 所示。

图 9-7 输出 data 当前路径

将 start_chat.launch、start_tts_chat.launch 和 start_speech_chat.launch 文件中 value 参数修改为用户的 data 当前路径。

运行以下命令与 AIML 解释器进行交互：

```
$ roslaunch ros_aiml start_chat.launch
```

手动输入字符串并按回车键后，就能与机器人进行线上聊天，如图 9-8 所示。

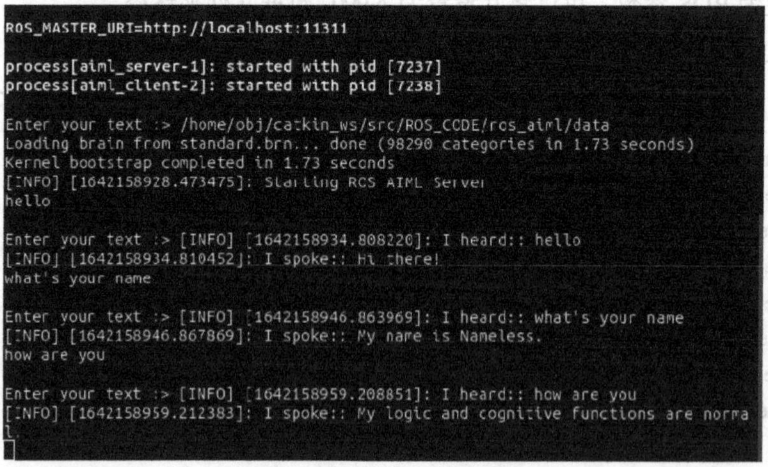

图 9-8 线上聊天输出界面

运行以下命令与 AIML 解释器进行语音交互，此时机器人的答复将转换为语音，如图 9-9 所示。

```
$ roslaunch ros_aiml start_tts_chat.launch
```

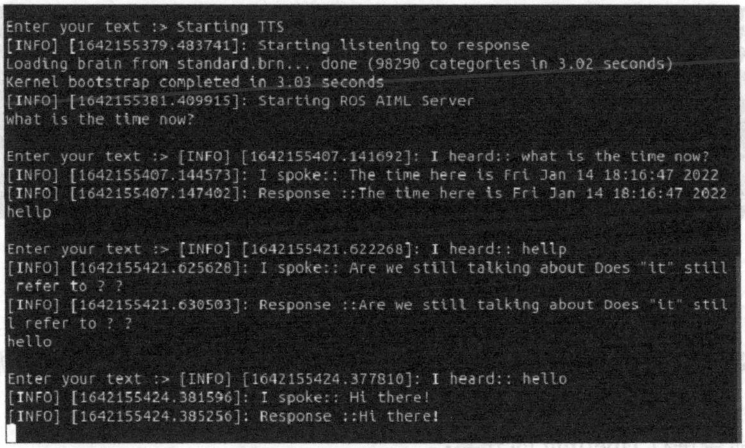

图 9-9　语音交互输出界面

9.1.4　本节小结

在本节中，我们学习了如何在 ROS 中利用 AIML 构建一个人机交互机器人，通过介绍 AIML 常用的标签和 AIML 文件在 Python 下的使用方法，并基于 ros_aiml 实现了与人机交互机器人聊天的功能。

9.2　基于深度学习的标志物检测

深度学习（Deep Learning）是机器学习中表征学习的一类方法，其通过监督式或者半监督式的特征学习和分层特征提取高效算法来代替手工特征，可以让机器学习算法更加容易地进行学习。本节我们将学习如何进行数据集的制作和标注以及模型的训练，并利用训练好的模型进行道路标志物的检测。

9.2.1　依赖包安装

1）pip3 配置

通过以下命令安装 pip3：

```
$ sudo apt-get install python3-pip
```

如果此时显示 Unable to fetch some archives，则运行以下命令后重新安装：

```
$ sudo apt-get update
```

安装完成后，运行以下命令查看 pip3 版本，如果能显示出如图 9-10 所示的内容，则安装成功。

图 9-10　pip3 版本

接下来运行以下命令更新 pip3 至最新版本，如图 9-11 所示。

```
$ sudo python3 -m pip install --upgrade pip
```

Collecting pip
Downloading https://files.pythonhosted.org/packages/a4/6d/6463d49a933f547439d6b5b98b46af8742cc03ae83543e4d7688c2420f8b/pip-21.3.1-py3-none-any.whl (1.7MB)
100% | 1.7MB 20kB/s
Installing collected packages: pip
Found existing installation: pip 9.0.1
Not uninstalling pip at /usr/lib/python3/dist-packages, outside environment /usr
Successfully installed pip-21.3.1

图 9-11　pip3 更新至 21.3.1 版本

2）labelImg 配置

labelImg 是一个图形图像注释工具。图片标注主要是用来创建自己的数据集，方便进行深度学习训练，如目标追踪、图像分类等。

运行以下命令进行 labelImg 的安装：

```
$ git clone https://gitcode.net/mirrors/ruolingdeng/labelimg.git
$ cd labelimg/
$ sudo apt-get install pyqt5-dev-tools
$ sudo pip3 --default-timeout=1000 install -r requirements/requirements-linux-python3.txt –i https://pypi. mirrors.ustc.edu.cn/simple/
$ make qt5py3
```

安装完成后，运行以下命令打开 labelImg 软件：

```
$ python3 labelImg.py
```

若出现报错：ImportError: No module named lxml，则运行以下命令安装相应的依赖包：

```
$ sudo apt-get install python3-lxml
```

若运行正常，其界面显示如图 9-12 所示。

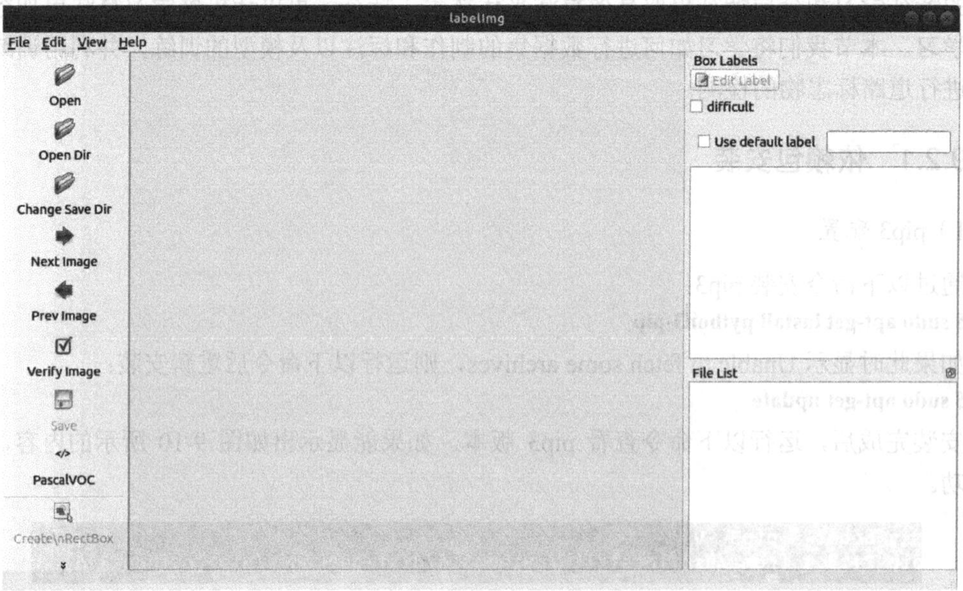

图 9-12　labelImg 界面

3）OpenCV 配置

首先运行以下命令更新相关的依赖包：

```
$ sudo apt-get install build-essential cmake git libgtk2.0-dev pkg-config libavcodec-dev libavformat-dev libswscale-dev
```

接着进入 OpenCV 网站寻找对应的 OpenCV 版本进行下载，并安装所需版本的 OpenCV。

4）安装 v4l2capture 模块

v4l2 是 Linux 下用于采集图像、视频和音频数据的 API 接口，配合适当的视频采集设备和相应的驱动程序，可以实现图像、视频、音频等采集。

下载源码并解压后进入 python3- v4l2capture 文件夹，运行以下命令进行安装：

```
$ sudo ./setup.py install
```

若终端显示如图 9-13 所示的信息，则表示安装成功。

图 9-13　安装成功

9.2.2　数据采集

首先将本书配套的源码解压到相应的文件夹。在/your_path/paddle/detect/目录下，我们可以看到里面包含 5 个 Python 脚本，其中通过相机获取图像数据的脚本是 Data_Coll.py，具体代码内容如下：

```
#!/usr/bin/env python
# -*- coding: utf-8 -*-

import os
import v4l2capture
import select
from ctypes import *
import struct, array
from fcntl import ioctl
import cv2
import numpy as np
import time
from sys import argv
import multiprocessing
import time
import getopt

path = os.path.split(os.path.realpath(__file__))[0]

save_name="img"
```

```
def mkdir(path):
  if not os.path.exists(path):  #若 path 路径不存在
    os.makedirs(path)              #创建 path 路径
    #print("----- new folder -----")
  #else:
    #print('----- there is this folder -----')

def save_image_process(Camera):
  mkdir(path+"/data")                                  #创建目录
  mkdir(path+"/data/"+save_name)    #创建子目录
  video = v4l2capture.Video_device(Camera)    #用于在 Camera 地址下生成设备节点文件，把操作设
备的接口暴露给用户空间
  #video.set_format(424,240, fourcc='MJPG')
  video.set_format(160,120, fourcc='MJPG')      #设置图像尺寸为 160×120mm，分辨率格式为 MJPG
  video.create_buffers(1)                                  #创建的缓冲区对象的数量为 1
  video.queue_all_buffers()                                #排列所有缓冲区
  video.start()                                            #开始读取图像
  imgInd = -1

  while  imgInd < 60:  #当 imgInd 小于 60 时
    imgInd+=1              #imgInd 加 1
    select.select((video,), (), ())              # select 函数阻塞进程，直到(video,)中的套接字被触发
    image_data = video.read_and_queue()   #读取并排列图像到 image_data
    frame = cv2.imdecode(np.frombuffer(image_data, dtype=np.uint8), cv2.IMREAD_COLOR)  #指定
uint8 类型解码并转换为 3 通道 BGR 彩色图像保存到 frame

    cv2.imshow('video',frame)              #在名为 video 的窗口中显示来自 frame 的图像
    cv2.imwrite(path+"/data/"+save_name+"/{}.jpg".format(imgInd), frame) #指定图片存储路径和文件名
    #a.value = imgInd
    print("imgInd=",imgInd)

    time.sleep(0.5)              #休眠 0.5s
    key = cv2.waitKey(1)  #超过 1ms 后，如果键盘没有按键，那么会返回-1，如果此时有按键那么会
返回键盘值，返回值为 ASCII 值。
    if key & 0xFF == ord('q'):  #ord(' ')将字符 q 转化为对应的整数 113，若按下的键为 q，则跳出循环
      break

if __name__ == '__main__':
  save_image_process("/dev/video0")  #摄像头设备地址进入此函数
```

在终端输入以下命令运行图像采集脚本：

```
$ python3 Date_coll.py
```

如果出现如图 9-14 所示的报错，则运行以下命令进行 Python3 环境下 OpenCV 的配置：

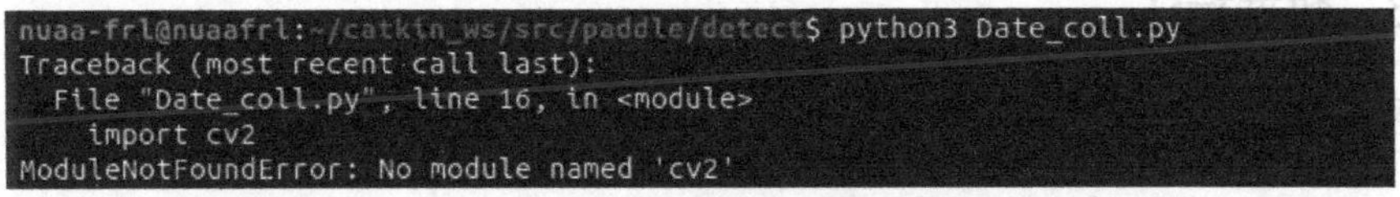

nuaa-frl@nuaafrl:~/catkin_ws/src/paddle/detect$ python3 Date_coll.py
Traceback (most recent call last):
File "Date_coll.py", line 16, in <module>
import cv2
ModuleNotFoundError: No module named 'cv2'

图 9-14　采集脚本报错

```
$ pip3 install opencv-python -i https://pypi.mirrors.ustc.edu.cn/simple/
```

运行成功后会出现如图 9-15 所示的界面。

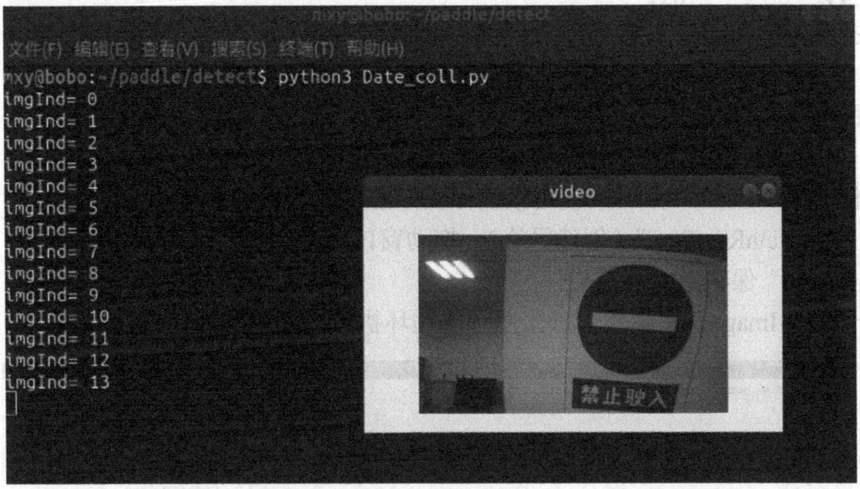

图 9-15　图像采集

界面中会显示当前采集的图像以及采集的个数，此时移动车体或移动标志物来获取不同视角下包含标志物的图像；当采集到合适数量的图像后，按下“q”键结束采集；保存的图像将会放在/your_path/paddle/detect/data/img/rgb 目录下，可以看到该目录下查看已经生成的图像数据；将 img 文件夹名字改成标签名称（no_entry），进而采集下一个标志物。

也可以从本书配套资料中获取图像数据，如图 9-16 所示。

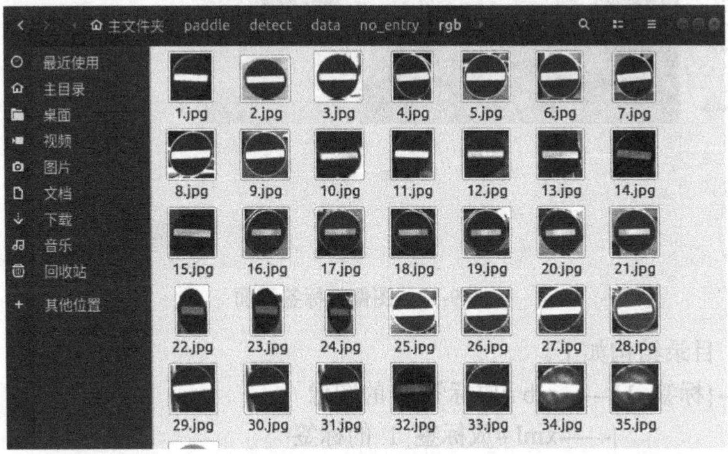

图 9-16　标志物图像文件

9.2.3 数据标注

获取图像信息后，需要对图像进行标注，并按照一定格式打包数据集。

1）使用 labelImg 软件实现图像标注

首先，在终端输入以下命令运行 labelImg 软件。

```
$ cd labelimg/
$ sudo python3 labelImg.py
```

图像打标签界面如图 9-17 所示。

单击“Open Dir”，打开文件，选择图像目录 ~/paddlepaddle/detect/data/{标签名}/ rgb；此时会显示目录下的图像。

单击“Change Save Dir”，选择图像标签保存目录。

在右侧“Use default label”（使用预设标签）前面打勾并在后面输入标签名。

单击“Create\nRectBox”（创建区块），拖动窗口，给当前显示图像打标签。

单击“Save”保存当前标签文件。

单击“Next Image”切换到下一张图像，循环执行，直至此文件夹标记完。

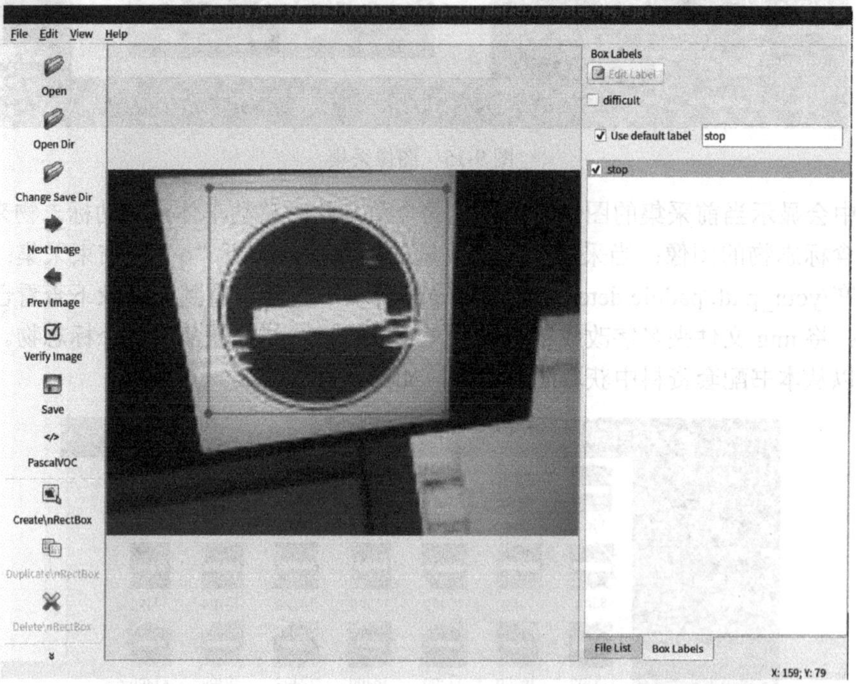

图 9-17 图像打标签界面

标记完后，目录结构如下。

```
---data-------{标签 1}----- rgb #放标签 1 的图像
    |                 |------xml #放标签 1 的标签
    |
    |-------{标签 2}
    |…
```

2）生成列表文件

运行以下命令进入/your_path/paddle/detect/文件夹：

```
$ cd ~/paddle/detect/
```

创建 train_txt_xml.py 文件，输入以下命令，该脚本的作用是生成标签信息列表文件。

```
$ gedit train_txt_xml.py
```

train_txt_xml.py 文件内容如下：

```
# -*- coding: utf-8 -*-

from xml.etree.ElementTree import ElementTree,Element
import xml.etree.ElementTree as ET
import cv2
import numpy as np

def save_train_txt(file_write,label,num):
    m=0
    while m <= num:
        if(m%10 != 0):
            tree = ET.parse('data/{0}/xml/{1}.xml'.format(str(label),str(m)))
            root = tree.getroot()
            #遍历文件所有的 tag 为目标值的标签
            for elem in root.iter('xmin'):
                a=int(elem.text)
            for elem in root.iter('ymin'):
                b=int(elem.text)
            for elem in root.iter('xmax'):
                c=int(elem.text)
            for elem in root.iter('ymax'):
                d=int(elem.text)
            for elem in root.iter('name'):
                e=str(elem.text)

            file_write.write("data/{1}/jpg/{0}.jpg\t{{\"value\":\"{1}\",\"coordinate\":[[{2},{3}],[{4},{5}]]
}}\n".format(str(m),e,str(a),str(b),str(c),str(d)))
            print("data/{1}/jpg/{0}.jpg\t{{\"value\":\"{1}\",\"coordinate\":[[{2},{3}],[{4},{5}]]
}}\n".format(str(m),e,str(a),str(b),str(c),str(d)))
            file_write.flush()
            print(m)
        m +=1
def save_eval_txt(file_write,label,num):
    m=0
```

```
        while m < num:
            if(m%10 == 0):
                tree = ET.parse('data/{0}/xml/{1}.xml'.format(str(label),str(m)))
                root = tree.getroot()
                #遍历文件所有的 tag 为目标的值打标签
                for elem in root.iter('xmin'):
                    a=int(elem.text)
                for elem in root.iter('ymin'):
                    b=int(elem.text)
                for elem in root.iter('xmax'):
                    c=int(elem.text)
                for elem in root.iter('ymax'):
                    d=int(elem.text)
                for elem in root.iter('name'):
                    e=str(elem.text)
                file_write.write("data/{1}/jpg/{0}.jpg\t{{\"value\":\"{1}\",\"coordinate\":[[{2},{3}],[{4},{5}
                ]]}}\n".format(str(m),e,str(a),str(b),str(c),str(d)))
                print("data/{1}/jpg/{0}.jpg\t{{\"value\":\"{1}\",\"coordinate\":[[{2},{3}],[{4},{5}]]}}\n".form
                at(str(m),e,str(a),str(b),str(c),str(d)))
                file_write.flush()
                print(m)
            m +=1

if __name__ == "__main__":
    file_write = open("./train.txt","a")
    save_train_txt(file_write,"no_entry",37)
    file_write = open("./eval.txt","a")
    save_eval_txt(file_write,"no_entry",37)
```

运行以下命令将生成 train.txt、eval.txt 文件：

```
$ python3 train_txt_xml.py
```

在同目录下，运行以下命令打开 label_list.txt 和 label_list 文件，将我们刚标注完成的标签分别添加到文件中，最后保存并关闭两个文件。

```
$ gedit laxbel_list.txt
$ gedit label_list
```

修改后的 label_list.txt 和 label_list 文件如图 9-18 所示。在此次实验中我们针对一个标志物进行检测，后续若进行多个标志物检测，可以按照如图 9-19 所示的格式增加多个标签名。

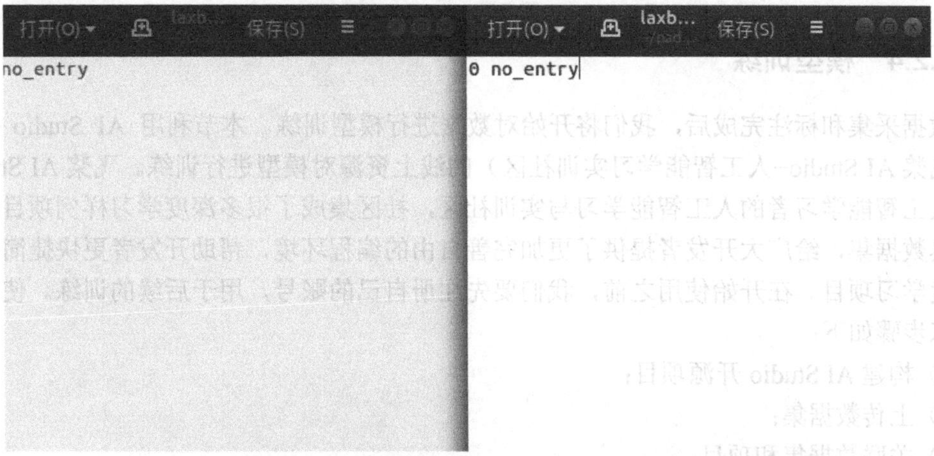

图 9-18 修改后的 label_list.txt 和 label_list 文件

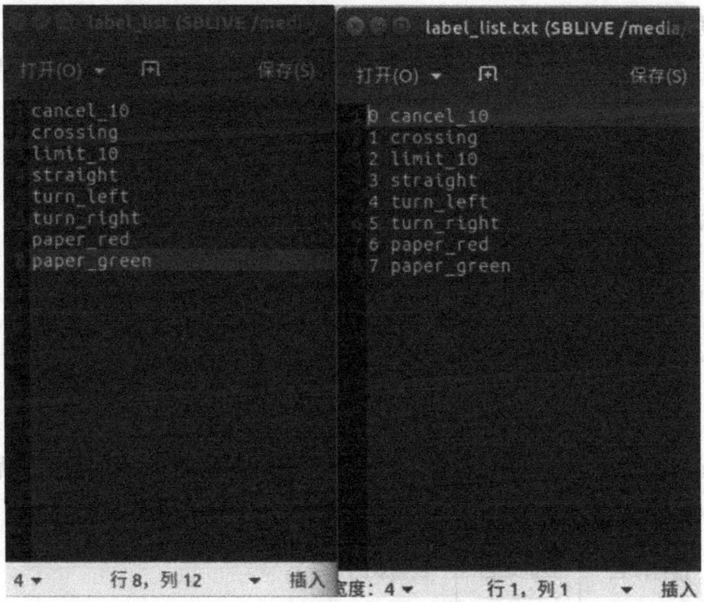

图 9-19 label.txt 和 label 格式

最终得到的数据集格式如下所示。

```
---data-------{标签 1}----- rgb   #放标签 1 的图像
   |              |------xml   #放标签 1 的标签
   |-------{标签 2}
   |…
   |-------{标签*}
   |-------train.txt
   |-------eval.txt
   |-------label_list
   |-------label_list.txt
```

9.2.4 模型训练

数据采集和标注完成后，我们将开始对数据进行模型训练。本节利用 AI Studio 线上平台（飞桨 AI Studio–人工智能学习实训社区）的线上资源对模型进行训练。飞桨 AI Studio 是面向人工智能学习者的人工智能学习与实训社区，社区集成了很多深度学习样例项目和各领域经典数据集，给广大开发者提供了更加完善自由的编程环境，帮助开发者更快捷简便地完成深度学习项目。在开始使用之前，我们要先注册自己的账号，用于后续的训练。使用该平台训练步骤如下：

1）构建 AI Studio 开源项目；

2）上传数据集；

3）关联数据集和项目；

4）训练模型；

5）下载训练好的模型。

在本次实验中，我们使用名为“无人车教具，目标检测”的标志物识别开源项目，进入网址后，首先单击右上角的登录按钮，登录个人账户后单击右侧的“Fork”，添加到自己的项目里，如图 9-20 所示。

图 9-20 开源项目地址

回到 AI Studio 首页，单击标签栏“项目”，然后单击“我的项目”，就可以看到刚才添加的新项目，如图 9-21 所示。

图 9-21 我的项目

在个人中心里，单击左侧标题栏的“数据集”，接着单击“创建数据集”，如图 9-22 所示。

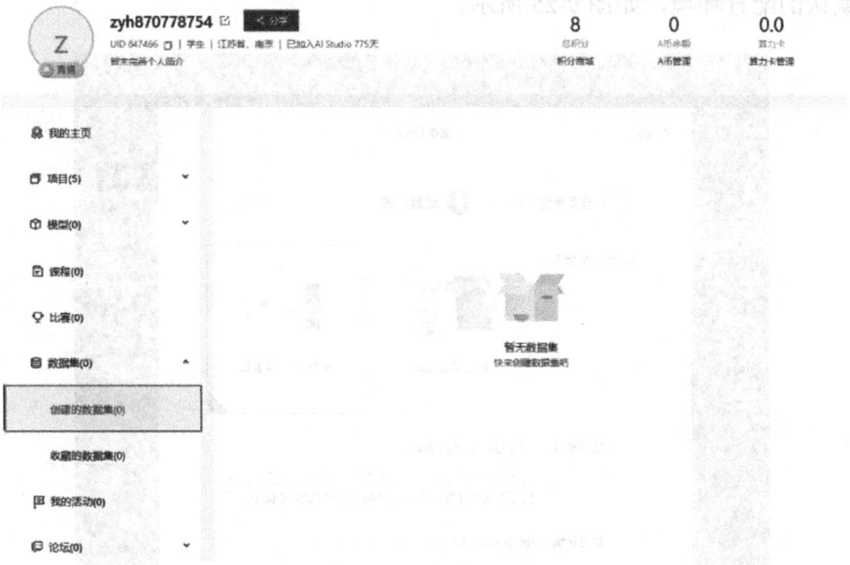

图 9-22 创建数据集（一）

此时会弹出对话框，添加数据集名称，接着单击“上传文件”，接着单击“下一步”，在弹出对话框下面选择“创建”，该数据集创建完成，如图 9-23 所示。

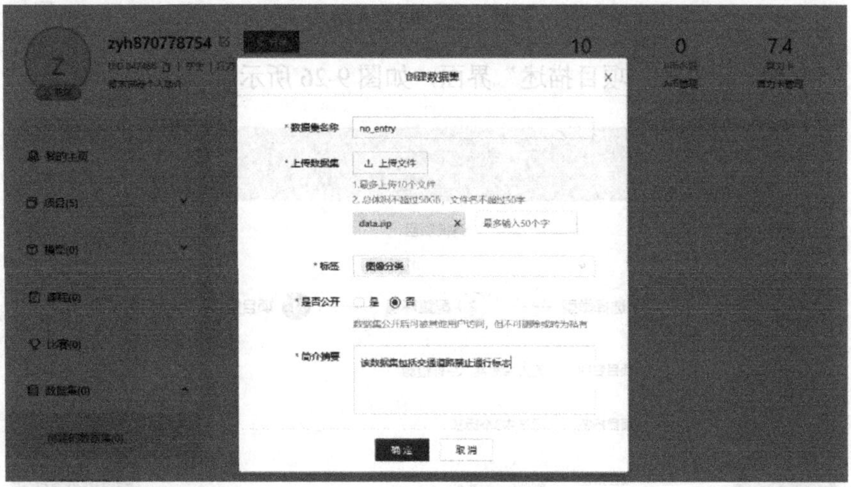

图 9-23 创建数据集（二）

进入“我的项目”中，单击“修改”，如图 9-24 所示。

图 9-24 “修改”界面

使用默认的配置环境，如图 9-25 所示。

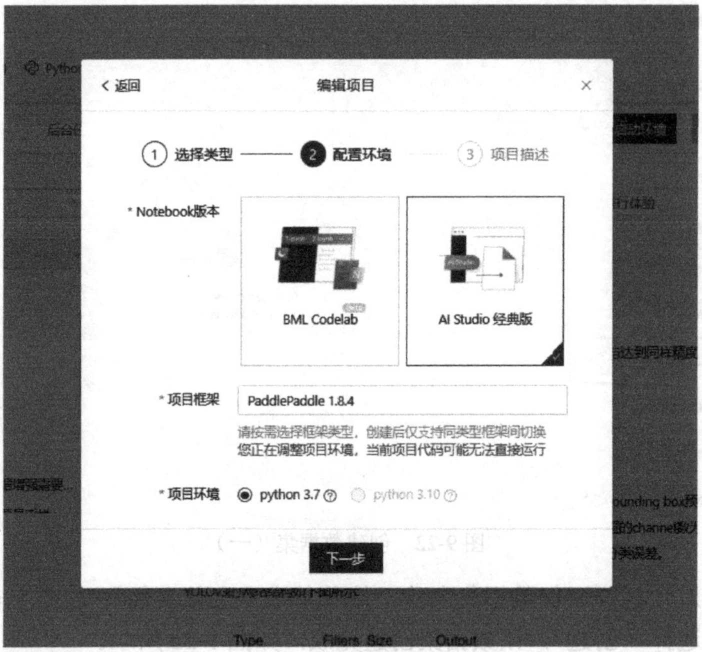

图 9-25 配置环境

单击“下一步”，进入“项目描述”界面，如图 9-26 所示。

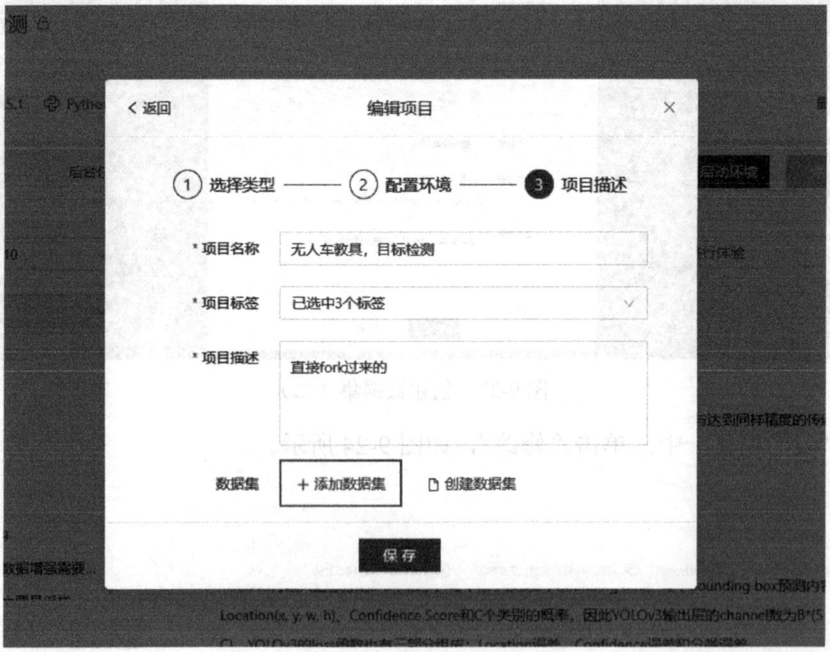

图 9-26 项目描述

单击“添加数据集”选择已经创建的数据集，如图 9-27 所示。

图 9-27　添加数据集

最后单击“保存”和“确定”，项目编辑完成，如图 9-28 所示。

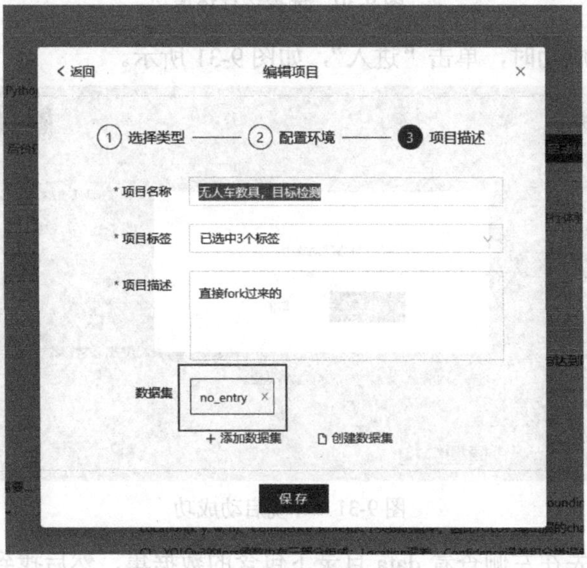

图 9-28　项目编辑完成

接着单击“启动环境”，如图 9-29 所示。

图 9-29　启动环境

此时弹出“选择运行环境”对话框，在对话框中选择使用 GPU 资源还是 CPU 资源，建议优先使用 GPU 资源，该项目默认代码是在 GPU 环境下运行的，最后单击“确定”，如图 9-30 所示。

图 9-30 选择运行环境

当显示环境启动成功时，单击“进入”，如图 9-31 所示。

图 9-31 环境启动成功

进入项目后，首先在左侧查看 data 目录下包含的数据集，然后找到自己上传的数据集，在右侧相应位置进行修改，如图 9-32 所示。

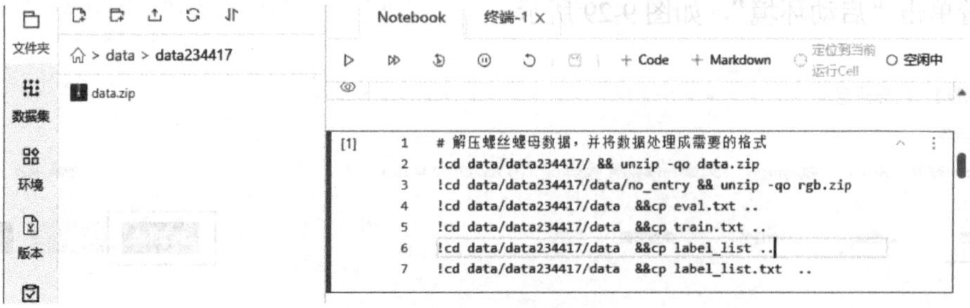

图 9-32 修改代码

默认使用的是 GPU 资源，如果不使用 GPU 资源，需要把参数改成"use_gpu": False。接着按执行键从第一行开始，逐一运行代码，如图 9-33 所示。

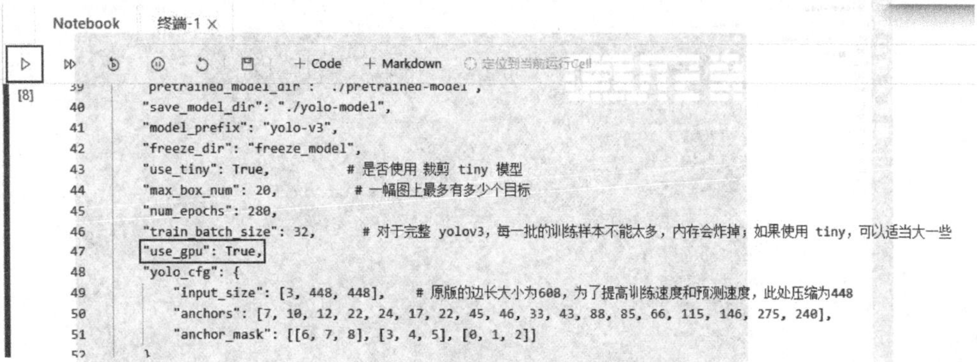

图 9-33　修改参数及运行代码

如果出现如图 9-34 所示的错误，则将前面的 data_dir 的路径修改为当前实际路径。

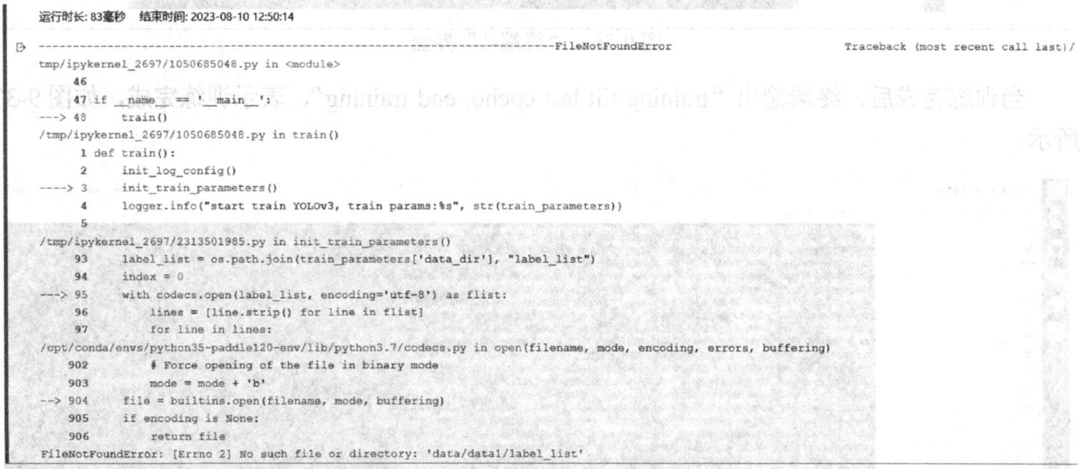

图 9-34　路径错误处理

如果出现如图 9-35 所示的错误，则将“rgb”文件夹重命名为“jpg”。

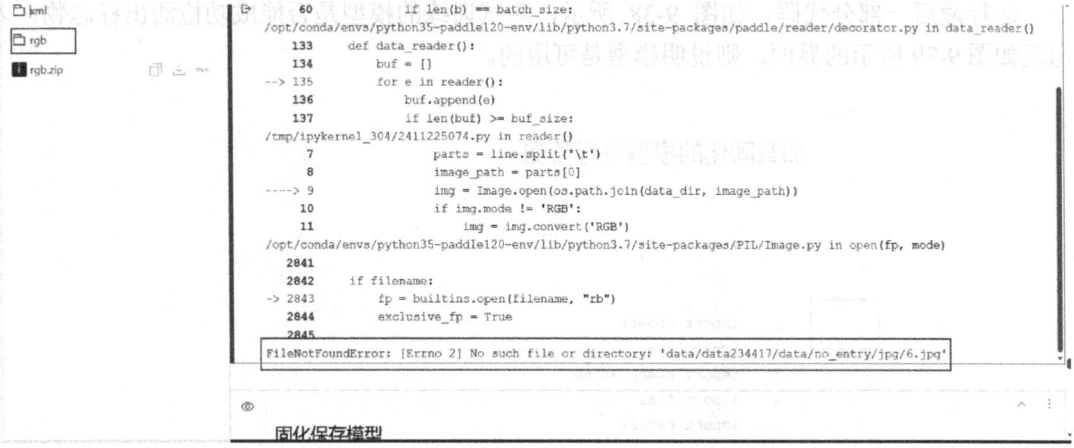

图 9-35　文件名错误处理

可以通过在“终端-1”中输入 tailf logs/train.log 命令查看当前 log 信息。

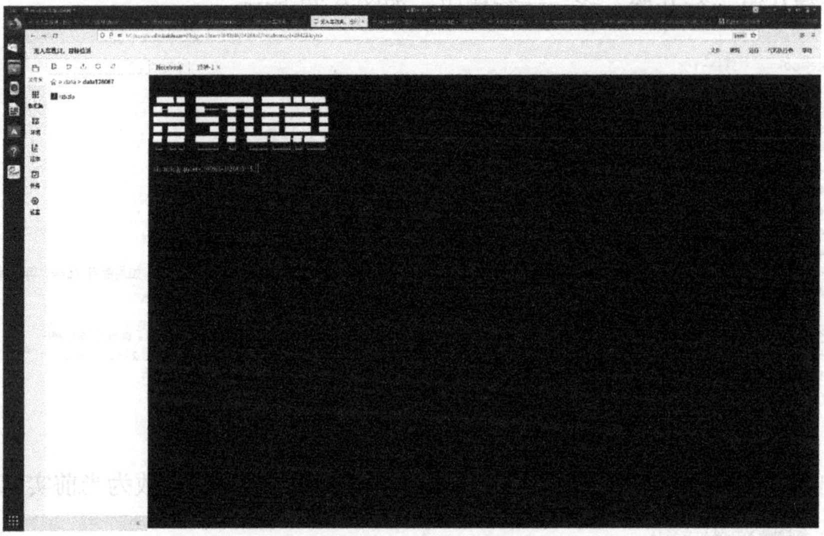

图 9-36 “终端-1”界面

当训练完成后，终端输出“training till last epcho. end training”，表示训练完成，如图 9-37 所示。

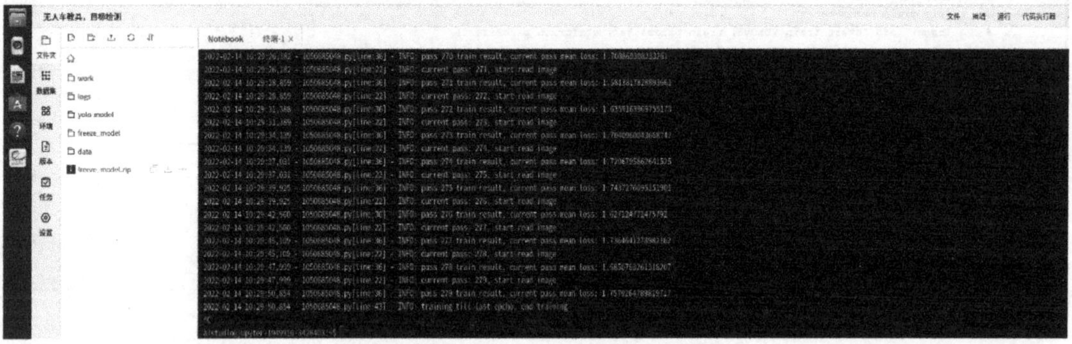

图 9-37 训练完成

运行最后一部分代码，如图 9-38 所示，测试训练的模型是否能成功检测出标志物，若出现如图 9-39 所示的界面，则说明模型是可用的。

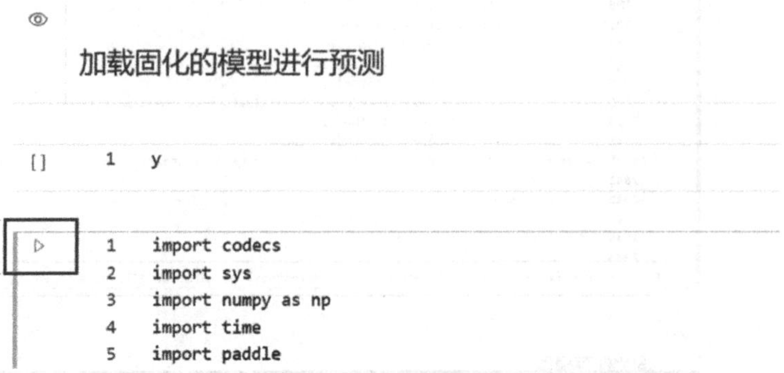
加载固化的模型进行预测
[]
1 y
1 import codecs
2 import sys
3 import numpy as np
4 import time
5 import paddle

图 9-38 最后一部分代码

```
label_dict:{0: 'no_entry'} class dim:1
predict cost time:0.01 sec
score:[0.7703672]
label:[0]
label: no_entry
```

图 9-39　模型测试

如果出现如图 9-40 所示的错误，则将 image_path 的路径改成实际的路径，本实验的路径为“data/data180881/data/no_entry/jpg/30.jpg”。

```
Traceback (most recent call last)/tmp/ipykernel_491/2282256702.py in <module>
    121     image_path = image_name
    122     image_path = "data/data19585/data/forbid_left/jpg/80.jpg"
--> 123     infer(image_path)
/tmp/ipykernel_491/2282256702.py in infer(image_path)
     87     :return:
     88     """
---> 89     origin, tensor_img, resized_img = read_image(image_path)
     90     input_w, input_h = origin.size[0], origin.size[1]
     91     image_shape = np.array([input_h, input_w], dtype='int32')
/tmp/ipykernel_491/2282256702.py in read_image(img_path)
     69     :return:
     70     """
---> 71     origin = Image.open(img_path)
     72     img = resize_img(origin, target_size)
     73     resized_img = img.copy()
/opt/conda/envs/python35-paddle120-env/lib/python3.7/site-packages/PIL/Image.py in open(fp, mode)
   2841
   2842     if filename:
-> 2843         fp = builtins.open(filename, "rb")
   2844         exclusive_fp = True
   2845
FileNotFoundError: [Errno 2] No such file or directory: 'data/data19585/data/forbid_left/jpg/80.jpg'
```

图 9-40　图片路径错误处理

代码运行后会在根目录下生成 freeze_model 文件夹，如图 9-41 所示，单击“下载”将该压缩包下载到本地计算机上，选中“保存文件”并单击确定，此压缩包已保存到本地计算机上，如图 9-42 所示；通过单击“文件夹”可显示当前下载的 freeze_model.zip 文件，如图 9-43 所示。

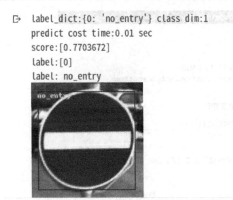

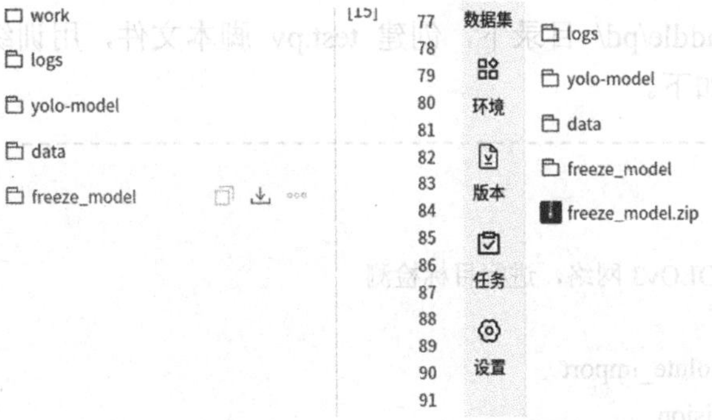

图 9-41　下载模型文件

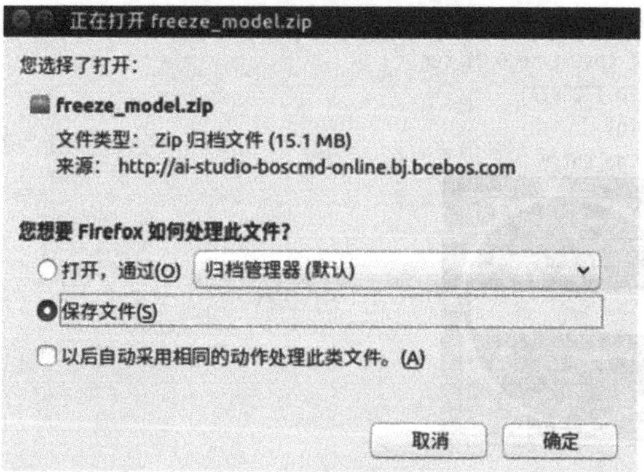

图 9-42　保存模型文件

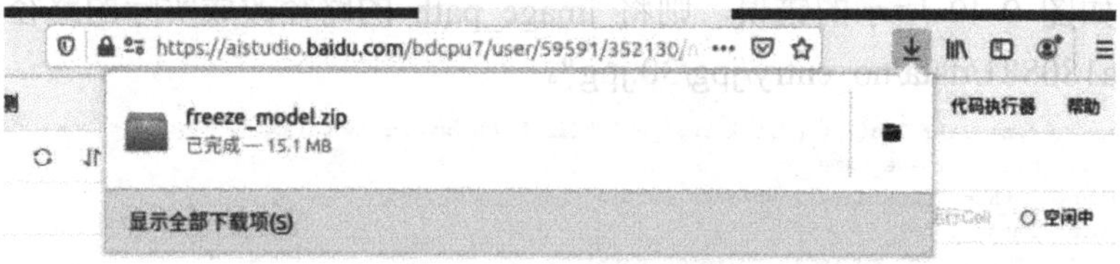

图 9-43　完成模型下载

在该压缩文件右击，单击“提取到此处”进行解压操作，如图 9-44 所示。然后将~/下载/home/aistudio/目录下的 freeze_model 文件复制粘贴到/your_path/paddle/pd/目录下。

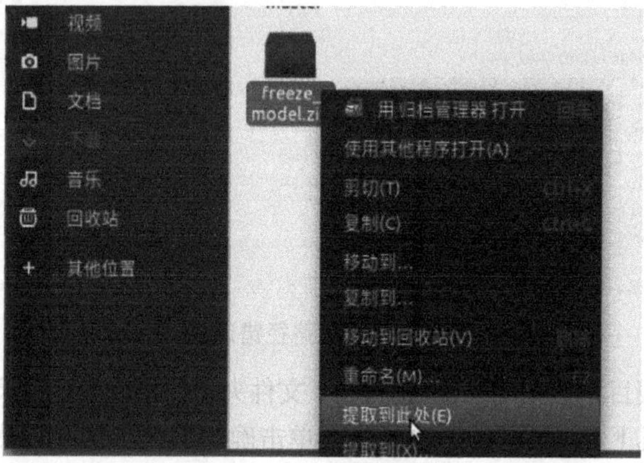

图 9-44　文件解压缩

最后，在/your_path/paddle/pd/ 目录下，创建 test.py 脚本文件，用训练好的模型进行标志物检测实验，具体代码如下。

```
# -*- coding: UTF-8 -*-
"""
训练常基于 dark-net 的 YOLOv3 网络，进行目标检测
"""
from __future__ import absolute_import
from __future__ import division
```

```
from __future__ import print_function
import os
os.environ["FLAGS_fraction_of_gpu_memory_to_use"] = '0.82'
import uuid
import numpy as np
import time
import six
import math
import random
import paddle
import paddle.fluid as fluid
import logging
import xml.etree.ElementTree
import codecs
import json
import cv2

from paddle.fluid.initializer import MSRA
from paddle.fluid.param_attr import ParamAttr
from paddle.fluid.regularizer import L2Decay
from PIL import Image, ImageEnhance, ImageDraw

paddle.enable_static()

# logger = None
train_parameters = {
    "data_dir": "data",
    "train_list": "train.txt",
    "eval_list": "eval.txt",
    "class_dim": -1,
    "label_dict": {},
    "num_dict": {},
    "image_count": -1,
    "continue_train": True,         # 是否加载前一次的训练参数，接着训练
    "pretrained": False,
    "pretrained_model_dir": "./pretrained-model",
    "save_model_dir": "./yolo-model",
    "model_prefix": "yolo-v3",
    "freeze_dir": "freeze_model",
    "use_tiny": True,               # 是否使用裁剪 tiny 模型
    "max_box_num": 6,               # 一幅图像上最多有多少个目标
    "num_epochs": 100,
    "train_batch_size": 32,         # 对于完整的 YOLOv3，每批训练样本不能太多，内存会过满；如果使用
tiny 模型，可以适当大一些
```

```
    "use_gpu": False,
    "yolo_cfg": {
        "input_size": [3, 448, 448],      # 原版的边长大小为 608，为了提高训练速度和预测速度，此处压缩为 448
        "anchors": [7, 10, 12, 22, 24, 17, 22, 45, 46, 33, 43, 88, 85, 66, 115, 146, 275, 240],
        "anchor_mask": [[6, 7, 8], [3, 4, 5], [0, 1, 2]]
    },
    "yolo_tiny_cfg": {
        "input_size": [3, 224, 224],
        "anchors": [ 0,1,   0,2,   1,3,   2,4,   3,1,   4,1],
        "anchor_mask": [[3, 4, 5], [0, 1, 2]]
    },
    "ignore_thresh": 0.7,
    "mean_rgb": [127.5, 127.5, 127.5],
    "mode": "train",
    "multi_data_reader_count": 4,
    "apply_distort": True,
    "nms_top_k": 300,
    "nms_pos_k": 300,
    "valid_thresh": 0.01,
    "nms_thresh": 0.45,
    "image_distort_strategy": {
        "expand_prob": 0.5,
        "expand_max_ratio": 4,
        "hue_prob": 0.5,
        "hue_delta": 18,
        "contrast_prob": 0.5,
        "contrast_delta": 0.5,
        "saturation_prob": 0.5,
        "saturation_delta": 0.5,
        "brightness_prob": 0.5,
        "brightness_delta": 0.125
    },
    "sgd_strategy": {
        "learning_rate": 0.001,
        "lr_epochs": [30, 50, 65],
        "lr_decay": [1, 0.5, 0.25, 0.1]
    },
    "early_stop": {
        "sample_frequency": 50,
        "successive_limit": 3,
        "min_loss": 2.5,
        "min_curr_map": 0.84
    }
```

```
}


def init_train_parameters():
    """
    初始化训练参数，主要是初始化图像数量和类别数
    :return:
    """
    file_list = os.path.join(train_parameters['data_dir'], train_parameters['train_list'])
    label_list = os.path.join(train_parameters['data_dir'], "label_list")
    print(file_list)
    print(label_list)
    index = 0
    with codecs.open(label_list, encoding='utf-8') as flist:
        lines = [line.strip() for line in flist]
        for line in lines:
            train_parameters['num_dict'][index] = line.strip()
            train_parameters['label_dict'][line.strip()] = index
            index += 1
        train_parameters['class_dim'] = index
    with codecs.open(file_list, encoding='utf-8') as flist:
        lines = [line.strip() for line in flist]
        train_parameters['image_count'] = len(lines)

import codecs
import sys
import numpy as np
import time
import paddle
import paddle.fluid as fluid
import math
import functools

from IPython.display import display
from PIL import Image
from PIL import ImageFont
from PIL import ImageDraw
from collections import namedtuple


init_train_parameters()
ues_tiny = train_parameters['use_tiny']
yolo_config = train_parameters['yolo_tiny_cfg'] if ues_tiny else train_parameters['yolo_cfg']
```

```
    target_size = yolo_config['input_size']
    anchors = yolo_config['anchors']
    anchor_mask = yolo_config['anchor_mask']
    label_dict = train_parameters['num_dict']
    class_dim = train_parameters['class_dim']
    print("label_dict:{} class dim:{}".format(label_dict, class_dim))
    place = fluid.CUDAPlace(0) if train_parameters['use_gpu'] else fluid.CPUPlace()
    exe = fluid.Executor(place)
    path = train_parameters['freeze_dir']
    print("luuuu,{}".format(path))
    [inference_program, feed_target_names, fetch_targets] = fluid.io.load_inference_model(dirname=path, executor=exe)


    def draw_bbox_image(img, boxes, labels, save_name):
        """
        给图像画上外接矩形框
        :param img:
        :param boxes:
        :param save_name:
        :param labels
        :return:
        """

        img_width, img_height = img.size
        draw = ImageDraw.Draw(img)
        for box, label in zip(boxes, labels):
            print("label:",label_dict[int(label)])
            xmin, ymin, xmax, ymax = box[0], box[1], box[2], box[3]
            draw.rectangle((xmin, ymin, xmax, ymax), None, 'red')
            draw.text((xmin, ymin), label_dict[int(label)], (255, 255, 0))
        img.save(save_name)
        display(img)


    def resize_img(img, target_size):
        """
        保持比例缩放图像
        :param img:
        :param target_size:
        :return:
        """
        img = img.resize(target_size[1:], Image.BILINEAR)
        return img
```

```
def read_image(img_path):
    """
    读取图像
    :param img_path:
    :return:
    """
    origin = Image.open(img_path)
    img = resize_img(origin, target_size)
    resized_img = img.copy()
    if img.mode != 'RGB':
        img = img.convert('RGB')
    img = np.array(img).astype('float32').transpose((2, 0, 1))    # HWC to CHW
    img -= 127.5
    img *= 0.007843
    img = img[np.newaxis, :]
    return origin, img, resized_img


def infer(image_path):
    """
    预测，将结果保存到一幅新的图像中
    :param image_path:
    :return:
    """
    origin, tensor_img, resized_img = read_image(image_path)
    input_w, input_h = origin.size[0], origin.size[1]
    image_shape = np.array([input_h, input_w], dtype='int32')
    # print("image shape high:{0}, width:{1}".format(input_h, input_w))
    t1 = time.time()
    batch_outputs = exe.run(inference_program,
                    feed={feed_target_names[0]: tensor_img,
                        feed_target_names[1]: image_shape[np.newaxis, :]},
                    fetch_list=fetch_targets,
                    return_numpy=False)
    period = time.time() -t1
    print("predict cost time:{0}".format("%2.2f sec" % period))
    bboxes = np.array(batch_outputs[0])
    #print(bboxes)

    if bboxes.shape[1] != 6:
        print("No object found in {}".format(image_path))
        return
```

```
    labels = bboxes[:, 0].astype('int32')
    scores = bboxes[:, 1].astype('float32')
    boxes = bboxes[:, 2:].astype('float32')
    n_labels=[]
    n_boxes=[]

    for i in range(len(labels)):
      if(scores[i]>0.1):
        n_labels.append(labels[i])
        n_boxes.append(boxes[i])

    print("box:{}".format(n_boxes))
    #print("***********score",scores[i])
    print("label:{}".format(n_labels))
    last_dot_index = image_path.rfind('.')
    out_path = image_path[:last_dot_index]
    out_path = './result.jpg'
    #draw_bbox_image(origin, boxes, labels, out_path)
    draw_bbox_image(origin, n_boxes, n_labels, out_path)
    send_data='null'
    for i in range(len(n_labels)):
      send_data = label_dict[n_labels[i]]
    print("send_data:{}".format(send_data))

if __name__ == '__main__':
    cam = cv2.VideoCapture(0)
"""
```

注意此处 cv2.VideoCapture 的值如果为 0，则为打开设备/dev/video0，如果为 1，则为打开设备/dev/video1，具体值为多少根据接入摄像头的设备号来决定。

```
"""

    while 1:
        ret,frame = cam.read()
        res=cv2.resize(frame,(145,154),interpolation=cv2.INTER_CUBIC)
        cv2.imwrite("1.jpg",res)
        image_path = "1.jpg"
        infer(image_path)
```

打开计算机的摄像头或者外接摄像头，在终端输入以下命令运行该脚本：

```
$ pip install paddlepaddle –i https://mirror.baidu.com/pypi/simple
$ pip install notebook
$ pip install ipython
$ pip install jupyter
$ python3 test.py
```

代码运行时，在/your_path/paddlepaddle/pd/下的 1.jpg 和 result.jpg 图像会持续更新，1.jpg 为检测前的图像，result.jpg 为检测后的图像，实验结果如图 9-45 所示，禁止驶入（no_entry）标志物已被识别出来，并用红色方框标出。

图 9-45　实验结果

9.2.5　在 ROS 中使用训练好的模型

为了使该深度学习的标志物检测能够在 ROS 下使用，以便与其他功能节点进行结合，需要对 test.py 文件进行修改，使之成为独立的节点。

首先，在工作空间的 src 目录下运行以下命令创建新的功能包 DeepLearning，并添加所需的依赖包：

```
$ catkin_create_pkg DeepLearning std_msgs rospy roscpp
```

将 freeze_model 和 data 两个文件夹复制到工作空间目录下。进入该功能包，运行以下命令建立文件夹 scripts，并进入 scripts 文件夹：

```
$ roscd DeepLearning /
$ mkdir scripts
$ cd scripts
```

将 9.2.4 节中/your_path/paddle/pd/ 目录下的 test.py 文件复制到 scripts 目录下，并在此基础上进行修改，修改后的 test.py 代码如下：

```
#!/usr/bin/env python      #将该脚本修改为可以被 Python 执行的可执行文件
# -*- coding: UTF-8 -*-

from __future__ import absolute_import
from __future__ import division
from __future__ import print_function
import os
os.environ["FLAGS_fraction_of_gpu_memory_to_use"] = '0.82'
import uuid
import numpy as np
import time
import six
import math
import random
```

```
import paddle
import paddle.fluid as fluid
import logging
import xml.etree.ElementTree
import codecs
import json
import cv2
import rospy                    #导入 rospy 模块
from std_msgs.msg import String     #导入 String 类型的消息类型

from paddle.fluid.initializer import MSRA
from paddle.fluid.param_attr import ParamAttr
from paddle.fluid.regularizer import L2Decay
from PIL import Image, ImageEnhance, ImageDraw

paddle.enable_static()

# logger = None
train_parameters = {
    "data_dir": "data",
    "train_list": "train.txt",
    "eval_list": "eval.txt",
    "class_dim": -1,
    "label_dict": {},
    "num_dict": {},
    "image_count": -1,
    "continue_train": True,        # 是否加载前一次的训练参数，接着训练
    "pretrained": False,
    "pretrained_model_dir": "./pretrained-model",
    "save_model_dir": "./yolo-model",
    "model_prefix": "yolo-v3",
    "freeze_dir": "freeze_model",
    "use_tiny": True,              # 是否使用裁剪 tiny 模型
    "max_box_num": 6,               # 一幅图像上最多有多少个目标
    "num_epochs": 100,
    "train_batch_size": 32,         # 对于完整的 YOLOv3，每一批的训练样本不能太多，内存会过满；如
果使用 tiny 模型，可以适当大一些
    "use_gpu": False,
    "yolo_cfg": {
        "input_size": [3, 448, 448],      # 原版的边长大小为 608，为了提高训练速度和预测速度，此处压
缩为 448
        "anchors": [7, 10, 12, 22, 24, 17, 22, 45, 46, 33, 43, 88, 85, 66, 115, 146, 275, 240],
        "anchor_mask": [[6, 7, 8], [3, 4, 5], [0, 1, 2]]
    },
```

```
    "yolo_tiny_cfg": {
        "input_size": [3, 224, 224],
        "anchors": [ 0,1,   0,2,   1,3,   2,4,   3,1,   4,1],
        "anchor_mask": [[3, 4, 5], [0, 1, 2]]
    },
    "ignore_thresh": 0.7,
    "mean_rgb": [127.5, 127.5, 127.5],
    "mode": "train",
    "multi_data_reader_count": 4,
    "apply_distort": True,
    "nms_top_k": 300,
    "nms_pos_k": 300,
    "valid_thresh": 0.01,
    "nms_thresh": 0.45,
    "image_distort_strategy": {
        "expand_prob": 0.5,
        "expand_max_ratio": 4,
        "hue_prob": 0.5,
        "hue_delta": 18,
        "contrast_prob": 0.5,
        "contrast_delta": 0.5,
        "saturation_prob": 0.5,
        "saturation_delta": 0.5,
        "brightness_prob": 0.5,
        "brightness_delta": 0.125
    },
    "sgd_strategy": {
        "learning_rate": 0.001,
        "lr_epochs": [30, 50, 65],
        "lr_decay": [1, 0.5, 0.25, 0.1]
    },
    "early_stop": {
        "sample_frequency": 50,
        "successive_limit": 3,
        "min_loss": 2.5,
        "min_curr_map": 0.84
    }
}

def init_train_parameters():

    file_list = os.path.join(train_parameters['data_dir'], train_parameters['train_list'])
    label_list = os.path.join(train_parameters['data_dir'], "label_list")
```

```
    #print(file_list)
    #print(label_list)
    index = 0
    with codecs.open(label_list, encoding='utf-8') as flist:
        lines = [line.strip() for line in flist]
        for line in lines:
            train_parameters['num_dict'][index] = line.strip()
            train_parameters['label_dict'][line.strip()] = index
            index += 1
        train_parameters['class_dim'] = index
    with codecs.open(file_list, encoding='utf-8') as flist:
        lines = [line.strip() for line in flist]
        train_parameters['image_count'] = len(lines)

import codecs
import sys
import numpy as np
import time
import paddle
import paddle.fluid as fluid
import math
import functools

from IPython.display import display
from PIL import Image
from PIL import ImageFont
from PIL import ImageDraw
from collections import namedtuple


init_train_parameters()
ues_tiny = train_parameters['use_tiny']
yolo_config = train_parameters['yolo_tiny_cfg'] if ues_tiny else train_parameters['yolo_cfg']

target_size = yolo_config['input_size']
anchors = yolo_config['anchors']
anchor_mask = yolo_config['anchor_mask']
label_dict = train_parameters['num_dict']
class_dim = train_parameters['class_dim']
#print("label_dict:{} class dim:{}".format(label_dict, class_dim))
place = fluid.CUDAPlace(0) if train_parameters['use_gpu'] else fluid.CPUPlace()
exe = fluid.Executor(place)
path = train_parameters['freeze_dir']
#print("luuuu,{}".format(path))
```

```
[inference_program,    feed_target_names,    fetch_targets]    =    fluid.io.load_inference_model(dirname=path,
executor=exe)


def draw_bbox_image(img, boxes, labels, save_name):

    img_width, img_height = img.size
    draw = ImageDraw.Draw(img)
    for box, label in zip(boxes, labels):
        print("label:",label_dict[int(label)])
        xmin, ymin, xmax, ymax = box[0], box[1], box[2], box[3]
        draw.rectangle((xmin, ymin, xmax, ymax), None, 'red')
        draw.text((xmin, ymin), label_dict[int(label)], (255, 255, 0))
    img.save(save_name)
    display(img)


def resize_img(img, target_size):

    img = img.resize(target_size[1:], Image.BILINEAR)
    return img



def read_image(img_path):

    origin = Image.open(img_path)
    img = resize_img(origin, target_size)
    resized_img = img.copy()
    if img.mode != 'RGB':
        img = img.convert('RGB')
    img = np.array(img).astype('float32').transpose((2, 0, 1))    # HWC to CHW
    img -= 127.5
    img *= 0.007843
    img = img[np.newaxis, :]
    return origin, img, resized_img


def infer(image_path):
    """
    预测，将结果保存到一幅新的图像中
    :param image_path:
    :return:
    """
    origin, tensor_img, resized_img = read_image(image_path)
```

```
    input_w, input_h = origin.size[0], origin.size[1]
    image_shape = np.array([input_h, input_w], dtype='int32')
    # print("image shape high:{0}, width:{1}".format(input_h, input_w))
    t1 = time.time()
    batch_outputs = exe.run(inference_program,
                    feed={feed_target_names[0]: tensor_img,
                        feed_target_names[1]: image_shape[np.newaxis, :]},
                    fetch_list=fetch_targets,
                    return_numpy=False)
    period = time.time() -t1
    #print("predict cost time:{0}".format("%2.2f sec" % period))
    bboxes = np.array(batch_outputs[0])
    #print(bboxes)

    if bboxes.shape[1] != 6:
        print("No object found in {}".format(image_path))
        return
    labels = bboxes[:, 0].astype('int32')
    scores = bboxes[:, 1].astype('float32')
    boxes = bboxes[:, 2:].astype('float32')
    n_labels=[]
    n_boxes=[]

    for i in range(len(labels)):
        if(scores[i]>0.1):
            n_labels.append(labels[i])
            n_boxes.append(boxes[i])

   # print("box:{}".format(n_boxes))
    #print("***********score",scores[i])
    print("label:{}".format(n_labels))
    last_dot_index = image_path.rfind('.')
    out_path = image_path[:last_dot_index]
    out_path = './result.jpg'
    #draw_bbox_image(origin, boxes, labels, out_path)
    draw_bbox_image(origin, n_boxes, n_labels, out_path)
    send_data='null'
    for i in range(len(n_labels)):
        send_data = label_dict[n_labels[i]]
    print("send_data:{}".format(send_data))
    msg = String()
    msg.data = send_data
    pub.publish(msg)
```

```
if __name__ == '__main__':
    rospy.init_node('test', anonymous=True)  #在 ROS 中初始化一个名为 test 的节点。

    pub = rospy.Publisher("test", String, queue_size=10) #发布一个名为 test 的话题。
    cam = cv2.VideoCapture(0)
    while 1:
        ret,frame = cam.read()
        res=cv2.resize(frame,(145,154),interpolation=cv2.INTER_CUBIC)
        #res=cv2.resize(frame,(450,540),interpolation=cv2.INTER_CUBIC)
        cv2.imwrite("1.jpg",res)
        image_path = "1.jpg"
        infer(image_path)
```

代码主要添加了以下内容：在脚本文件顶部添加#!/usr/bin/env python，使该脚本成为可以被 Python 执行的可执行文件。在头文件中添加 import rospy 和 from std_msgs.msg import String。在主函数里添加 rospy.init_node('test', anonymous=True)，即在 ROS 中初始化一个名为 test 的节点，以及 pub = rospy.Publisher("test", String, queue_size=10)，即发布一个名为 test 的话题。

修改 CMakeLists.txt 如下：

```
cmake_minimum_required(VERSION 2.8.3)
project(DeepLearning)

## Find catkin macros and libraries
## if COMPONENTS list like find_package(catkin REQUIRED COMPONENTS xyz)
## is used, also find other catkin packages

set(OpenCV_DIR /usr/share/OpenCV)
find_package(catkin REQUIRED COMPONENTS
  roscpp
  rospy
  std_msgs

catkin_package()

install(PROGRAMS
   scripts/test.py
   DESTINATION ${CATKIN_PACKAGE_BIN_DESTINATION}
)
```

回到工作空间目录下，进行功能包的编译：

$ catkin_make

编译完成后，开启节点管理器：

$ roscore

在终端输入以下命令设置环境变量并开启节点：

$ source catktin/devel/setup.bash

$ rosrun DeepLearning test.py

这里要注意切换 Python 的版本，因为 ROS 默认在 Python2 的环境中运行，因此开启 roscore 时的 Python 环境是 Python2，而 test.py 脚本需要的环境是 Python3，因此，在运行 test 节点时，需要将 Python 版本切换为 Python3。

执行以下命令查看默认的 Python 版本信息，如图 9-46 所示。

$ python --version

图 9-46　Python 版本信息

执行以下命令罗列出所有可用的 Python 替代版本信息，如图 9-47 所示。

$ update-alternatives --list python

图 9-47　Python 版本替代信息

如果终端输出：update-alternatives: error: no alternatives for python，则表示 Python 的替代版本尚未被 update-alternatives 命令识别。想解决这个问题，我们需要执行以下命令，更新替代列表，将 Python2.7 和 Python3.6 放入其中：

$ sudo update-alternatives --install /usr/bin/python python /usr/bin/python2.7 1

$ sudo update-alternatives --install /usr/bin/python python /usr/bin/python3.6 2

输入以下命令切换 Python 版本，如图 9-48 所示。

$ sudo update-alternatives --config python

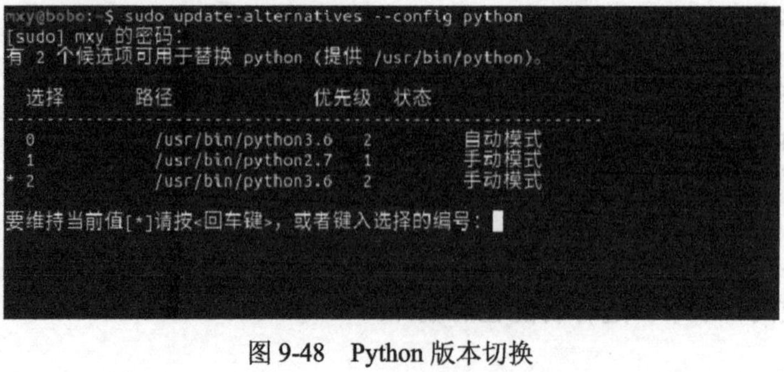

图 9-48　Python 版本切换

输入选择的编号，即可切换 Python 版本。

如果此时出现 No module named 'paddle' 的报错，则按照以下命令对 paddle 进行安装：

```
$ pip install paddle
$ pip install paddlepaddle
```

在安装的过程如果仍然出现 No module named '×××'的问题，则同样按照 pip install ×××的形式对缺少的模块进行安装。

在安装好缺少的模块且成功运行 test 节点后，打开 result1.jpg，可以看到标志物的识别情况，如图 9-49 所示。

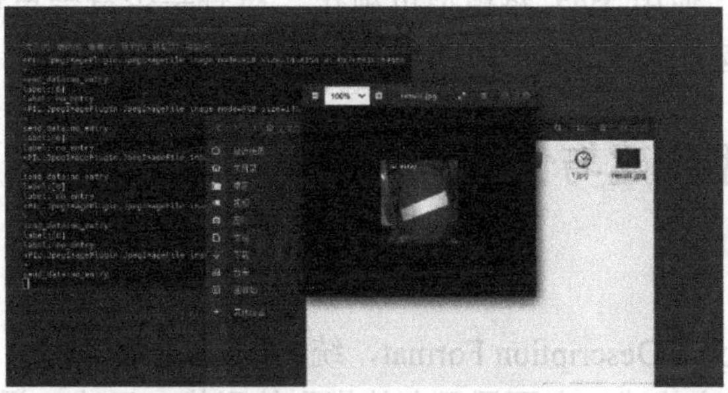

图 9-49　实验结果

在终端中输入以下命令，查看 ROS 发布的话题：

```
$ rostopic list
```

本节点发布的话题为/test，运行以下命令查看该话题正在发布的消息：

```
$ rostopic echo /test
```

可以看到话题上已经输出识别的标志物为“no_entry”，如图 9-50 所示。

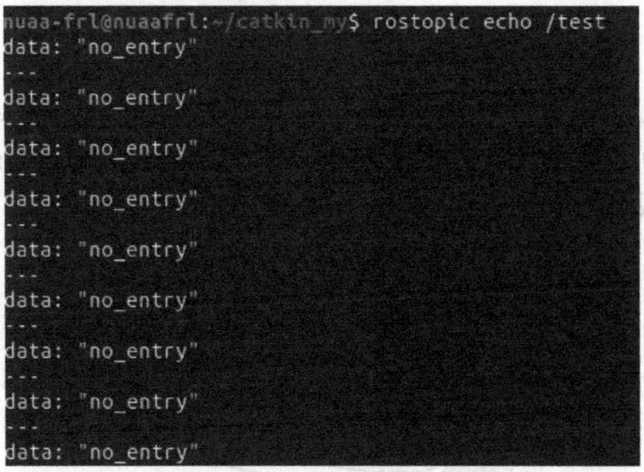
nuaa-frl@nuaafrl:~/catkin_my$ rostopic echo /test
data: "no_entry"
---
data: "no_entry"
---
data: "no_entry"
---
data: "no_entry"
---
data: "no_entry"
---
data: "no_entry"
---
data: "no_entry"
---
data: "no_entry"
---
data: "no_entry"

图 9-50　话题发布

9.2.6　本节小结

本节通过安装深度学习相关依赖包、下载配置 labelImg 软件、采集图像数据并给每张图像打标签，最后进行模型训练实现道路标志物的识别，讲解了深度学习的大概流程和关键步骤。通过学习在 ROS 中创建功能包，我们使用训练好的模型，并通过话题将识别的结果发布出去，进一步掌握 ROS 中节点的编写，为以后在 ROS 中实现其他的深度学习相关应用打下基础。

第 10 章　ROS 机器人仿真实验

本章我们将学习在 ROS 中如何构建自己的机器人模型并导入仿真环境中。通过了解 URDF 模型文件中 XML 格式的标签，我们可以更好地构建自己的机器人模型。我们完成 URDF 模型的设计后，使用 rviz 将模型可视化，检查是否符合设计的目标，并通过使用 Twist 消息实现小车的运动控制。

10.1　机器人模型构建与仿真

10.1.1　URDF

URDF（Unified Robot Description Format，统一机器人描述格式）是一个 XML 语法框架下用来描述机器人的语言格式，主要用于存储模型的形状、尺寸、颜色等基本属性。在构建机器人模型之前，我们需要了解 URDF 的语法和常用的标签。

1）URDF 语法

在 URDF 中编辑文件需要一定的编写语法，语言要求包含本体、关节、节点的定义以及节点间各关节的连接关系。下面将详细介绍 URDF 中几种常用的标签。

2）常用标签

（1）< link >标签

<link>标签描述机器人某个刚体部分的外观和物理属性，包括连杆尺寸（size）、颜色（color）、形状（shape）、惯性矩阵（inertial matrix）、碰撞属性（collision properties）等。机器人中每个 link 都会成为一个坐标系。link 结构如图 10-1 所示。

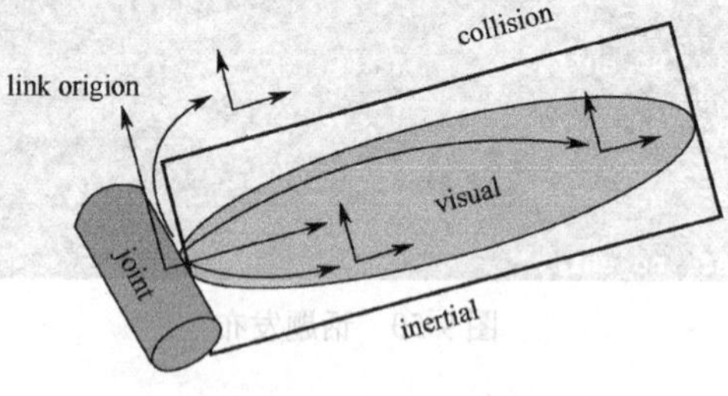

图 10-1　link 结构

一个典型的<link>标签如下：

```
<link name="my_link">
  <inertial>
    <origin xyz="0 0 0.5" rpy="0 0 0"/>
    <mass value="1"/>
```

```
  <inertia ixx="100" ixy="0" xz="0" iyy="100" iyz="0" izz="100" />
 </inertial>

 <visual>
  <origin xyz="0 0 0" rpy="0 0 0" />
  <geometry>
   <box size="1 1 1" />
  </geometry>
  <material name="Cyan">
   <color rgba="0 1.0 1.0 1.0"/>
  </material>
 </visual>

 <collision>
  <origin xyz="0 0 0" rpy="0 0 0"/>
  <geometry>
   <cylinder radius="1" length="0.5"/>
  </geometry>
 </collision>
</link>
```

首先，定义该 link 的名字（link name），<inertial>标签用于描述 link 部分的惯性参数，这个标签是可选的，如果未指定，则默认为零质量和零惯性。origin xyz 和 rpy 分别为惯性参考系相对于 link 参考系的位置和姿态，rpy 以弧度表示固定轴滚动、俯仰和偏航角。此外，还可以设置质量（mass value）、惯性矩阵（inertia）。<visual>标签用于描述 link 的外观参数（可选），<collision>标签用于描述 link 的碰撞属性（可选），同一个 link 可以存在多个<collision>标签。它们所定义的几何图形的并集构成了 link 的碰撞描述。通常，使用更简单的碰撞模型来减少计算时间。

（2）<joint>标签

与人的关节相似，<joint>标签用于描述机器人的关节，包括关节运动的位置和速度限制，<joint>标签的主要作用是连接两个 link 坐标系，分别是 parent link 和 child link，根据关节运动形式，可以将其分为 6 种类型。joint 结构如图 10-2 所示。

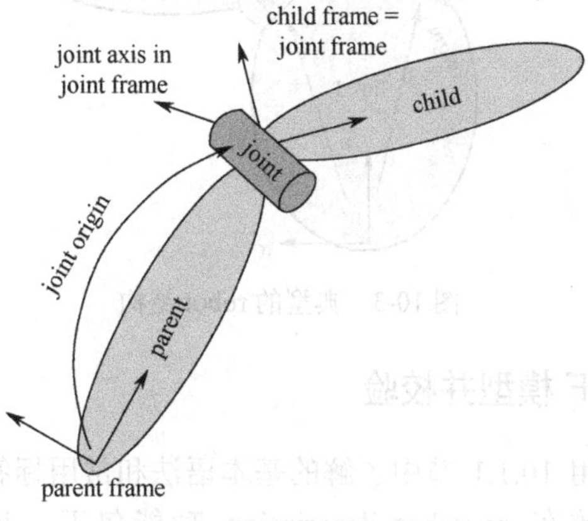

图 10-2　joint 结构

一个典型的<joint>标签如下：

```
<joint name="my_joint" type="floating">
  <origin xyz="0 0 1" rpy="0 0 3.1416"/>
  <parent link="link1"/>
  <child link="link2"/>
  <calibration rising="0.0"/>
  <dynamics damping="0.0" friction="0.0"/>
  <limit effort="30" velocity="1.0" lower="-2.2" upper="0.7" />
 </joint>
```

每个 joint 连接两个 link，其中的 origin 是从 parent link 到 child link 的转换。接头位于 parent link 的原点，是相对于上一个 joint 的 origin 描述的，而上面的<link>标签中的 origin 是相对于 joint 坐标系表达的。除了必须指定的两个 link，关节的其他属性为可选属性，如<calibration>标签，作用是设置 joint 的参考位置，用于校准 joint 的绝对位置；<dynamics>标签的作用是描述关节的物理属性，如阻尼值、物理静摩擦力等。<limit>标签用于描述运动极限值，仅用于 revolute（旋转关节）和 prismatic（滑动关节）的 joint 类型，此外还有<mimic>标签等属性。

（3）<robot>标签

<robot>标签是 URDF 中机器人描述文件的根标签，所有其他元素必须封装在其中。一个完整的机器人模型由一系列的<link>和<joint>等标签组成，典型的 robot 结构如图 10-3 所示，在<robot>标签里可以设置该机器人的名称。

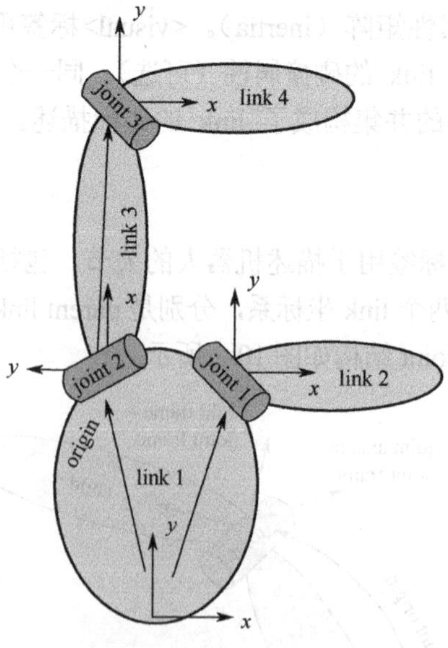

图 10-3　典型的 robot 结构

10.1.2　创建 URDF 模型并校验

在这一节中，我们使用 10.1.1 节中了解的基本语法和常用标签创建自己的机器人模型。本书配套的机器人模型放在 myrobot_description 功能包下，该功能包中包含了 urdf、 meshes、config 和 launch 四个文件夹，分别用于存放机器人模型的 urdf 文件或 xacro 文件、放置 URDF 中引用的模型渲染文件、保存 rviz 的配置文件和保存相关的启动文件。

1）创建模型

先看一下该模型文件 myrobot_description/urdf/myrobot.urdf 的具体内容：

```
<?xml version="1.0" encoding="utf-8"?>
<robot name="myrobot_description">
 <link name="base_link">
   <inertial>
     <origin xyz="0 0 0" rpy="0 0 0" />
     <inertia
       ixx="0.0029446"
       ixy="-1.0694E-05"
       ixz="8.6442E-05"
       iyy="0.0086395"
       iyz="-7.9718E-07"
       izz="0.0097467" />
   </inertial>
   <visual>
     <origin xyz="0 0 0" rpy="0 0 0" />

     <material name="">
       <color rgba="1 0.812 5 1" />
     </material>
   </visual>
   <collision>
     <origin xyz="0 0 0" rpy="0 0 0" />
   </collision>
  </link>
 <link name="base2_link">
 <visual>
 <origin xyz="0 0 0" rpy="0 0 1.57"/>
   <geometry>
       <box size="0.20 0.1 0.15"/>
   </geometry>
 <origin rpy="0 0 0" xyz="-3 0 5"/>
   <material name=" "> <color rgba="1 0.812 5 1"/>
   </material>
 </visual>
 </link>
 <joint name="laser_joint" type="fixed">
 <origin xyz="0.10 0 0.08 "      rpy="0 0 0"/>
 <parent link="base_link"/>
```

```
  <child link="base2_link"/>
  </joint>
 <link name="wheel_la_link">
    <inertial>
      <origin xyz="-7.128E-08 -0.024133 -1.2354E -07" rpy="0 0 0" />
      <mass value="0.72164" />
      <inertia
        ixx="0.0014337"
        ixy="-1.4592E-09"
        ixz="1.906E-10"
        iyy="0.0026176"
        iyz="-2.5284E-09"
        izz="0.0014337" />
    </inertial>
    <visual>
      <origin xyz="0 0 0" rpy="0 0 0" />
      <geometry>
        <mesh filename="package:/myrobot_description/meshes/myrobot/wheel_left.STL" />
      </geometry>
      <material name=""> <color rgba="0.2 0.2 0.2 1" />
      </material>
    </visual>
    <collision>
      <origin xyz="0 0 0" rpy="0 0 0" />
      <geometry>
        <mesh
          filename="package:/myrobot_description/meshes/myrobot/wheel_left.STL" />
      </geometry>
    </collision>
  </link>
  <joint name="wheel_la_joint" type="continuous">
    <origin xyz="0.12 0.1595 0.02" rpy="0 0 0" />
    <parent link="base_link" />
    <child link="wheel_la_link" />
    <axis xyz="0 1 0" />
  </joint>
  <link name="wheel_lb_link">
    <inertial>
      <origin xyz="-7.128E-08 -0.024133 -1.2354E -07" rpy="0 0 0" />
      <mass value="0.72164" />
      <inertia
        ixx="0.0014337"
        ixy="-1.4592E-09"
        ixz="1.906E-10"
```

```
    iyy="0.0026176"
    iyz="-2.5284E-09"
    izz="0.0014337" />
  </inertial>
  <visual>
   <origin xyz="0 0 0" rpy="0 0 0" />
   <geometry>
    <mesh
     filename="package://myrobot/meshes/myrobot/wheel_left.STL" />
   </geometry>
   <material name="">
    <color rgba="0.2 0.2 0.2 1" />
   </material>
  </visual>
  <collision>
   <origin xyz="0 0 0" rpy="0 0 0" />
   <geometry>
    <mesh
     filename="package://myrobot_description/meshes/myrobot/wheel_left.STL" />
   </geometry>
  </collision>
 </link>
 <joint name="wheel_lb_joint" type="continuous">
  <origin xyz="-0.12 0.1595 0.02" rpy="0 0 0" />
  <parent link="base_link" />
  <child link="wheel_lb_link" />
  <axis xyz="0 1 0" />
 </joint>
 <link name="wheel_ra_link">
  <inertial>
   <origin xyz="-7.1345E-08 0.024133 -1.235E-07" rpy="0 0 0" />
   <mass value="0.72164" />
   <inertia
    ixx="0.0014337"
    ixy="1.4601E-09"
    ixz="1.9073E-10"
    iyy="0.0026176"
    iyz="2.5279E-09"
    izz="0.0014337" />
  </inertial>
  <visual>
   <origin xyz="0 0 0" rpy="0 0 0" />
   <geometry>
    <mesh
```

```
        filename="package://myrobot_description/meshes/myrobot/wheel_right.STL" />
      </geometry>
      <material name="">
        <color rgba="0.2 0.2 0.2 1" />
      </material>
    </visual>
    <collision>
      <origin xyz="0 0 0" rpy="0 0 0" />
      <geometry>
        <mesh
        filename="package://myrobot_description/meshes/myrobot/wheel_right.STL" />
      </geometry>
    </collision>
  </link>
  <joint name="wheel_ra_joint" type="continuous">
    <origin xyz="0.12 -0.1595 0.02" rpy="0 0 0" />
    <parent link="base_link" />
    <child link="wheel_ra_link" />
    <axis xyz="0 1 0" />
  </joint>
  <link name="wheel_rb_link">
    <inertial>
      <origin xyz="0 0 0" rpy="0 0 0" />
      <mass value="0" />
    </inertial>
    <visual>
      <origin xyz="0 0 0" rpy="0 0 0" />
      <geometry>
        <mesh
        filename="package://myrobot/meshes/myrobot/wheel_right.STL" />
      </geometry>
      <material name="">
        <color rgba="0.2 0.2 0.2 1" />
      </material>
    </visual>
    <collision>
      <origin xyz="0 0 0" rpy="0 0 0" />
      <geometry>
        <mesh
        filename="package://myrobot_description/meshes/myrobot/wheel_right.STL" />
      </geometry>
    </collision>
  </link>
  <joint name="wheel_rb_joint" type="continuous">
```

```
    <origin xyz="-0.12 -0.1595 0.02" rpy="0 0 0" />
    <parent link="base_link" />
    <child link="wheel_rb_link" />
    <axis xyz="0 1 0" />
  </joint>
</robot>
```

该机器人底盘模型包括 6 个 link 和 5 个 joint。6 个 link 包括 1 个机器人底盘、1 个与底盘连接的放置激光雷达的台架和 4 个驱动轮，5 个 joint 负责将驱动轮安装到机器人底盘上，并设计了 fixed 和 continuous 类型的连接方式，fixed 是固定关节，continuous 类型的关节围绕单轴无限旋转。至此，一个比较基本的四轮实验小车模型就建立好了。

2）URDF 文件校验

编程创建 URDF 文件后，必须进行文件校验，查看是否存在语法错误。对于我们这次创建的机器人模型，可以使用简单的命令工具来分析建立的结构是否存在语法错误，输入以下命令在终端安装工具：

```
$ sudo apt-get install liburdfdom-tools
```

进入 myrobot_description/urdf 目录下，然后运行以下命令对 myrobot.urdf 文件进行检查：

```
$ check_urdf myrobot.urdf
```

check_urdf 命令将解析 myrobot.urdf 文件，并显示在解析过程中检查出的错误。如果文件没有错误，终端将打印如图 10-4 所示的信息。

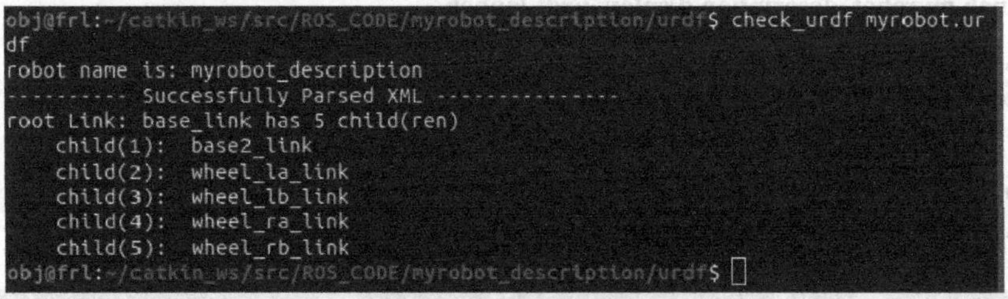

图 10-4 终端信息

在终端运行以下命令，显示所构建的 URDF 结构关系：

```
$ urdf_to_graphiz my_robot. urdf
```

终端执行完毕后会得到一个 PDF 文件，打开后如图 10-5 所示，该图展示了编程构建的机器人模型的 URDF 关系文件。

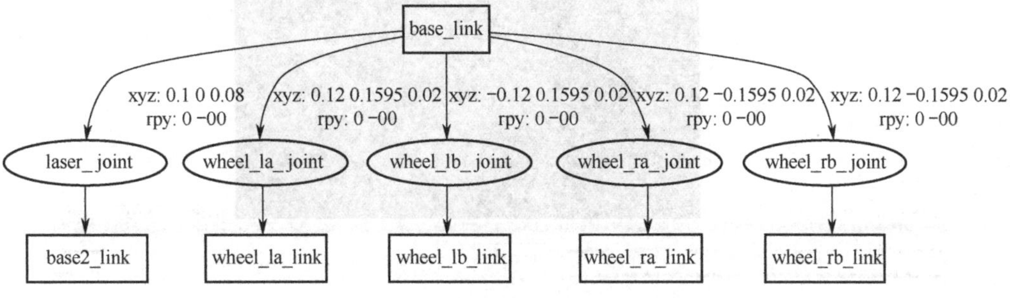

图 10-5 机器人模型的 URDF 关系文件

10.1.3 在 rviz 中显示模型

可以使用 rviz 将已创建的机器人模型可视化显示出来，用来检查构建的模型是否符合设计预期。启动文件目录为 myrobot_description/launch/display_urdf.launch，launch 文件详细内容如下：

```
<launch>
<param name="robot_description" textfile="$(find myrobot_description)/urdf/myrobot.urdf" />
<!—设置 GUI 参数，显示关节控制插件 -->
<param name="use_gui" value="true" />
<!—设置 joint_state_publisher 节点，发布机器人的关节状态 -->
<node name="joint_state_publisher" pkg="joint_state_publisher" type="joint_state_publisher" >
<param name="rate" value="20.0"/>
</node>
<!—设置 robot_state_publisher 节点，发布 TF 转换 -->
 <node name="robot_state_publisher" pkg="robot_state_publisher" type="robot_state_publisher" >
     <param name="rate" value="20.0"/>
</node>
 <!-- 运行 rviz 可视化界面 -->
<node name="rviz" pkg="rviz" type="rviz" args=" />
</launch>
```

在终端输入以下命令运行该启动文件：

```
$ roslaunch myrobot_description display_urdf.launch
```

若出现以下报错：

```
Could not find the GUI, install the 'joint_state_publisher_gui' package
```

则使用以下命令进行安装：

```
$ sudo apt-get install ros-melodic-joint-state-publisher-gui
```

若运行成功，则会出现如图 10-6 所示的界面。

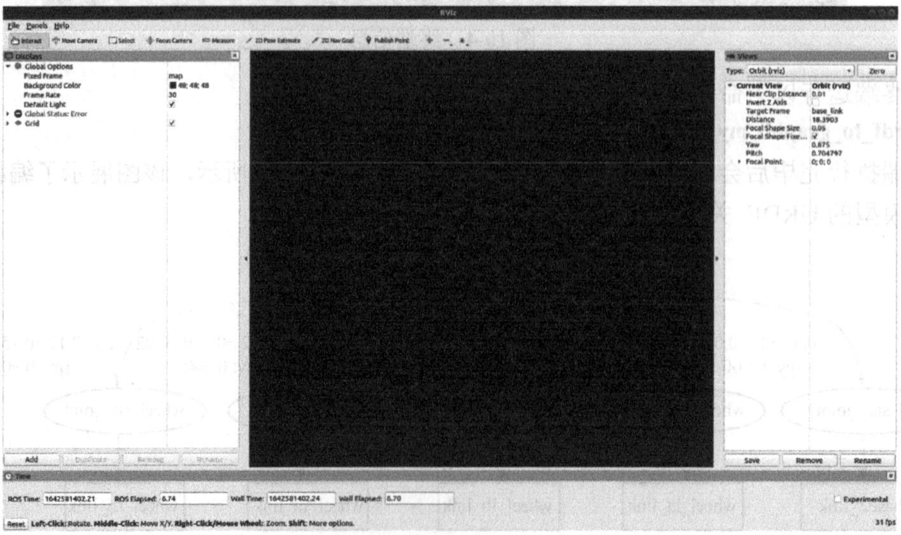

图 10-6 rviz 界面

在 rviz 界面中单击“Add”，添加 RobotModel 和 TF，如图 10-7 和图 10-8 所示，并将 Fixed Frame 修改为 base_link，此时将会在 rviz 中显示之前构建好的机器人模型，如图 10-9 所示。

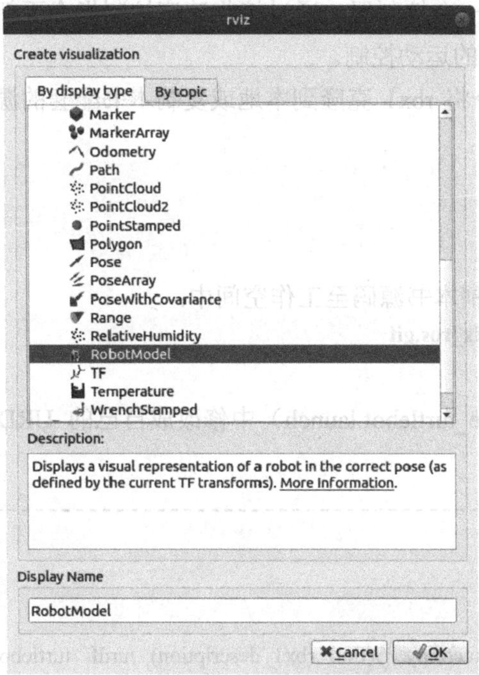

图 10-7 添加机器人模型

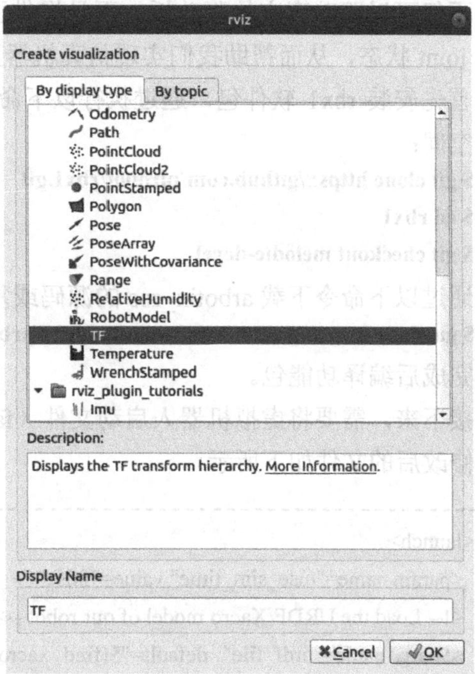

图 10-8 添加 TF

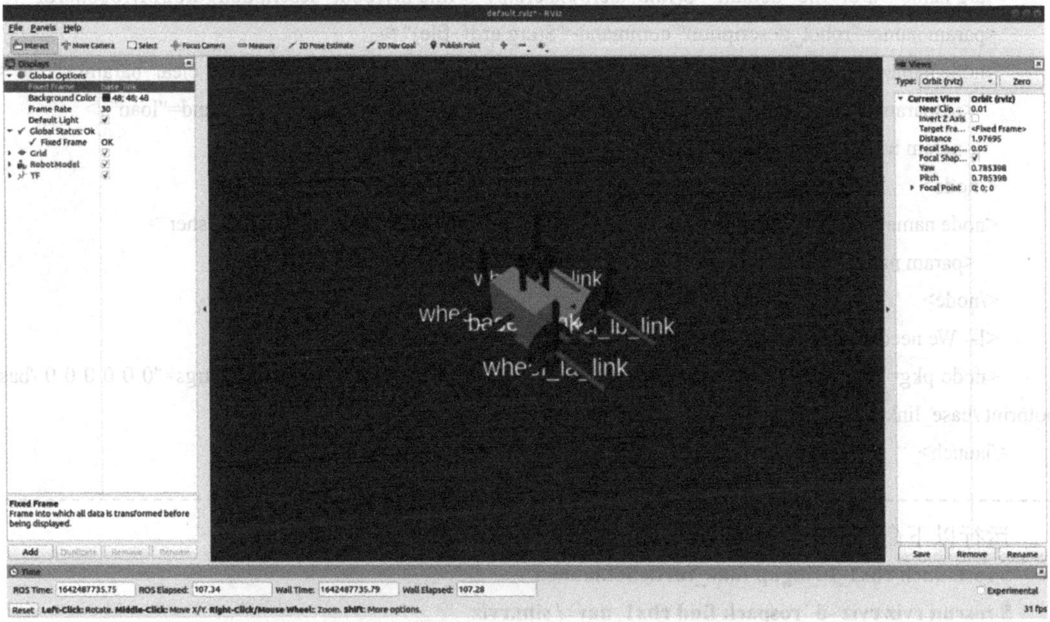

图 10-9 rviz 界面中的机器人模型

10.1.4 在仿真环境中控制小车运动

在本节中，我们使用 rviz 界面来实现机器人运动的仿真控制，需要安装 rbx1 软件包和

ArbotiX 功能包。rbx1 软件包包括路径规划、视觉、语音识别和其他功能的一些程序包。ArbotiX 功能包是一款控制电机、舵机的控制板，提供相应的 ROS 功能包 arbotix_ros，该功能包不仅可以驱动真实的驱动板，而且提供了一个控制器，通过接收速度控制指令更新机器人的 joint 状态，从而帮助我们实现仿真机器人的运动控制。

首先安装 rbx1 软件包，通过执行以下命令将 rbx1 克隆到本地或复制本书配套的源码到工作空间：

```
$ git clone https://github.com/pirobot/rbx1.git
$ cd rbx1
$ git checkout melodic-devel
```

通过以下命令下载 arbotix_ros 的源码或复制本书源码至工作空间中：

```
$ git clone https://github.com/vanadiumlabs/arbotix_ros.git
```

下载完成后编译功能包。

接下来，需要将虚拟机器人启动文件（fake_turtlebot.launch）中修改成自己的 URDF 文件，修改后的文件如下所示：

```
<launch>
  <param name="/use_sim_time" value="false" />
  <!-- Load the URDF/Xacro model of our robot -->
  <!--arg name="urdf_file" default="$(find xacro)/xacro.py '$(find rbx1_description) /urdf/ turtlebot.urdf.
xacro'" /-->
  <arg name="urdf_file" default="$(find xacro)/xacro.py '$(find myrobot_description)/urdf/myrobot.urdf'" />
  <param name="robot_description" command="$(arg urdf_file)" />
  <node name="arbotix" pkg="arbotix_python" type="arbotix_driver" output="screen" clear_params="true">
    <rosparam file="$(find rbx1_bringup)/config/fake_turtlebot_arbotix.yaml" command="load" />
    <param name="sim" value="true"/>
  </node>
  <node name="robot_state_publisher" pkg="robot_state_publisher" type="state_publisher">
    <param name="publish_frequency" type="double" value="20.0" />
  </node>
  <!-- We need a static transforms for the wheels -->
  <node pkg="tf" type="static_transform_publisher" name="base_link_to_footprint" args="0 0 0 0 0 0 /base_
footprint /base_link 100" />
</launch>
```

运行以下命令启动仿真机器人和 rviz：

```
$ roslaunch rbx1_bringup fake_turtlebot.launch
$ rosrun rviz rviz -d `rospack find rbx1_nav` / sim.rviz
```

在 rviz 界面中单击“Add”，添加 RobotModel，将 Fixed Frame 修改为 odom，会出现如图 10-10 所示的界面。

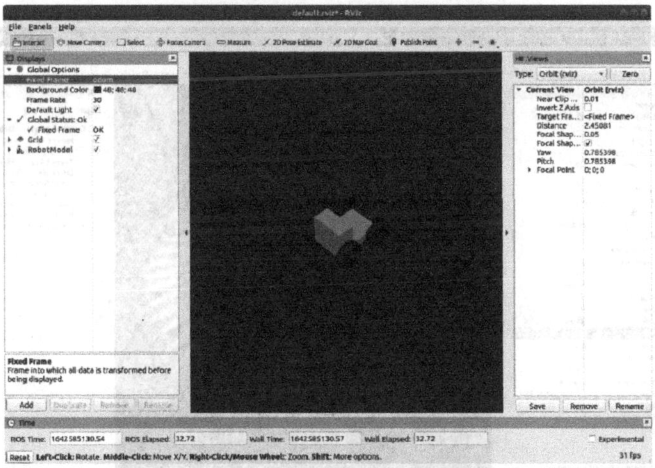

图 10-10 rviz 界面中的机器人模型

使用以下命令（按 Tab 键进行补全）通过命令行发送机器人控制命令，如图 10-11 所示。

```
$ rostopic pub -r 10 /cmd_vel geometry_msgs/Twist {linear: {x: 0.1, y: 0, z: 0}, angular: {x: 0, y: 0, z: -0.5}}"
```

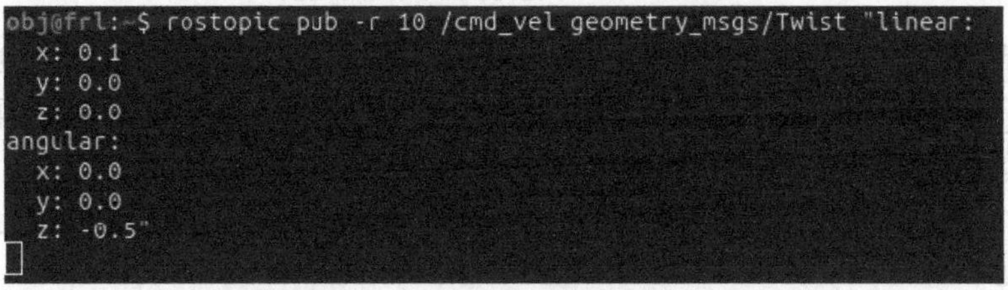

obj@frl:~$ rostopic pub -r 10 /cmd_vel geometry_msgs/Twist "linear:
x: 0.1
y: 0.0
z: 0.0
angular:
x: 0.0
y: 0.0
z: -0.5"

图 10-11 发送机器人控制命令

这时，可以看到机器人在做圆周运动，如图 10-12 所示。

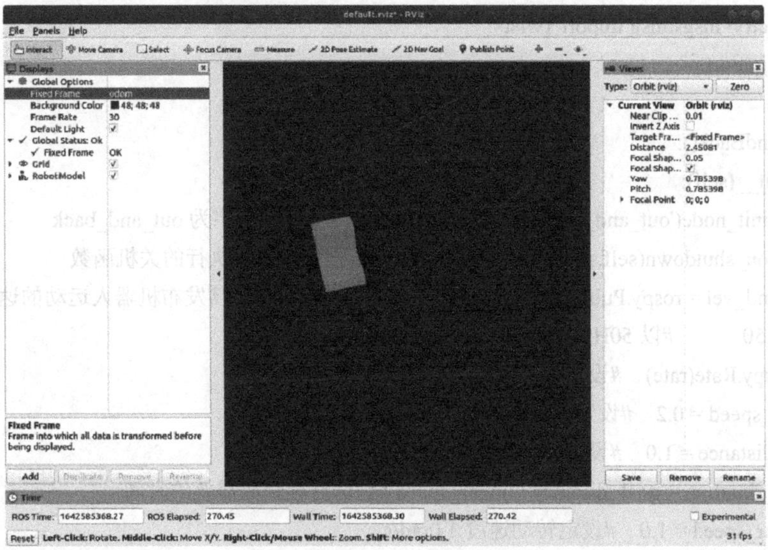

图 10-12 机器人在做圆周运动

若想可视化机器人的运动，单击“Add”，添加 Odometry，将 Topic 修改为/odom，会出现如图 10-13 所示的界面。

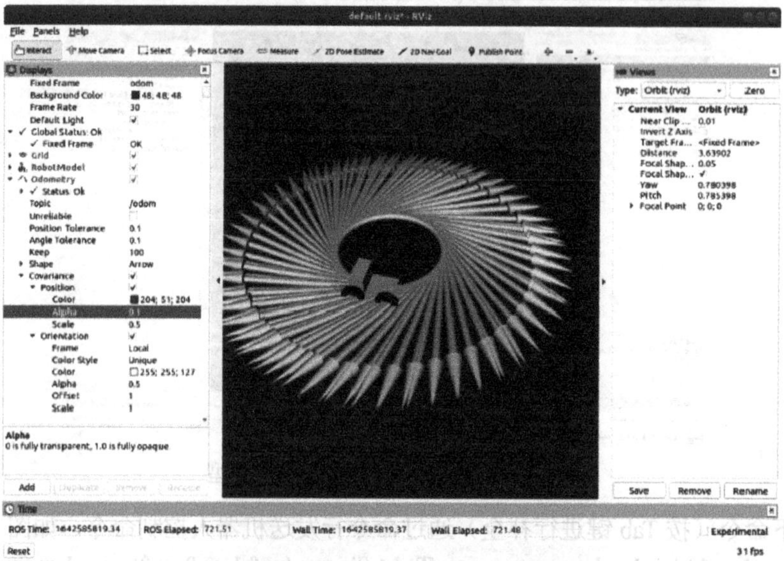

图 10-13　可视化机器人圆周运动

除命令行的方式外，我们还可以通过编写脚本的方式控制机器人移动。创建 Python 脚本文件 timed_out_and_back.py，该节点实现的功能是让小车模型先前进 1m，再旋转 180°，重复两次。具体内容如下：

```
# -*- coding: utf-8 -*-
#!/usr/bin/env python

import rospy
from geometry_msgs.msg import Twist
from math import pi

class OutAndBack():
  def __init__(self):
    rospy.init_node('out_and_back', anonymous=False) #节点的名字为 out_and_back
    rospy.on_shutdown(self.shutdown) #设置 rospy 在程序退出时执行的关机函数
    self.cmd_vel = rospy.Publisher('/cmd_vel', Twist, queue_size=5) #发布机器人运动的速度
    rate = 50          #以 50Hz 的频率更新控制机器人运动的命令
    r = rospy.Rate(rate)   #设定相同的值给 rospy.Rate()
    linear_speed = 0.2   #设定前进的线速度为 0.2m/s
    goal_distance = 1.0   #设定目标距离为 1.0m
    linear_duration = goal_distance / linear_speed #到达目标距离需要的时间
    angular_speed = 1.0   #设定转动速度 1.0rad/s
    goal_angle = pi   #设定转动弧度：pi 弧度（180 度）
    angular_duration = goal_angle / angular_speed #转动需要的时间
    for i in range(2):             #循环两次
```

```
        move_cmd = Twist()          #初始化运动命令
        move_cmd.linear.x = linear_speed #设定前进速度
        ticks = int(linear_duration * rate)   #在前进 1m 的这段时间控制命令更新的次数
        for t in range(ticks):
            self.cmd_vel.publish(move_cmd)   #发布控制命令，机器人将前进 1m
            r.sleep()
        move_cmd = Twist()
        self.cmd_vel.publish(move_cmd)       #发布控制命令，机器人停止运动
        rospy.sleep(1)                       #机器人停顿 1s
        move_cmd.angular.z = angular_speed   #将角速度传给运动控制命令
        ticks = int(goal_angle * rate)       #转动 180°控制命令更新的次数
        for t in range(ticks):
            self.cmd_vel.publish(move_cmd) #发布控制命令，机器人将转动 180°
            r.sleep()

        move_cmd = Twist()          #循环两次后停止
        self.cmd_vel.publish(move_cmd)
        rospy.sleep(1)

    self.cmd_vel.publish(Twist())   #让机器人停下来

  def shutdown(self):
    rospy.loginfo("Stopping the robot...")
    self.cmd_vel.publish(Twist())
    rospy.sleep(1)

if __name__ == '__main__':
  try:
    OutAndBack()
  except:
    rospy.loginfo("Out-and-Back node terminated.")
```

输入以下命令启动虚拟机器人和仿真环境：

```
$ roslaunch rbx1_bringup fake_turtlebot.launch
$ rosrun rviz rviz -d `rospack find rbx1_nav`/sim. rviz
```

在 rviz 界面中单击“Add”，添加 RobotModel，将 Fixed Frame 修改为 odom，单击“Add”，添加 Odometry，将 Topic 修改为/odom。

运行以下命令启动控制节点：

```
$ rosrun rbx1_nav timed_out_and_back.py
```

实现的结果如图 10-14 所示。

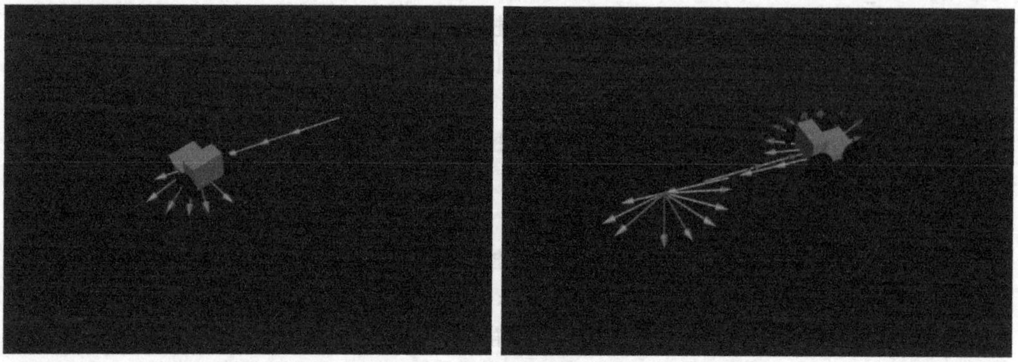

图 10-14　机器人仿真运行

10.1.5　本节小结

本节学习了如何使用 URDF 创建一个真实的机器人模型，并通过 rviz 可视化工具和 Arbotix 仿真平台对构建好的机器人模型进行显示，最后建立机器人控制节点控制机器人移动。通过本节的学习，读者可以动手搭建自己的机器人平台，为后续机器人的开发提供更好的基础。

10.2　MoveIt!的使用

MoveIt!是 ROS 中针对机器人进行移动操作的一套工具，继承了运动规划、三维感知、运动学、运动控制和导航领域的成果，它由一系列的移动操作功能包组成，包括运动规划、操作控制、3D 感知和控制与导航算法等，提供了一个易于使用的集成化的机器人开发软件平台。本节我们将介绍 MoveIt!的系统架构，解释框架中的基本概念，并将使用 URDF 格式创建一个简单的机械臂。

10.2.1　MoveIt!系统架构

MoveIt!系统架构如图 10-15 所示。move_group 是 MoveIt!的核心节点，能够将其他的功能组件综合在一起为用户提供 ROS 中的动作命令和服务，其本身并不具备强大丰富的功能，依靠各种功能包和插件的集成，通过服务或消息的方式接收机器人发出的消息和机器人的 TF 坐标变换。

用户可以通过以下 3 种方式访问 move_group 提供的操作和服务：基于 move_group_interface 的 C++接口、基于 moveit_commander 的 Python 接口和使用 rviz 插件的 GUI 接口。

move_group 需要使用 ROS 参数服务器来获取以下 3 种信息。

URDF：在 ROS 参数服务器上查找 robot_description 参数，以获取机器人模型的描述信息。

SRDF：在 ROS 参数服务器上查找 robot_description_semantic 参数，以获取机器人模型的配置信息，配置信息通常由用户使用 MoveIt! Setup Assistant 创建。

Config：机器人的其他配置信息，包括关节限制、运动学、运动规划、感知和其他信息。

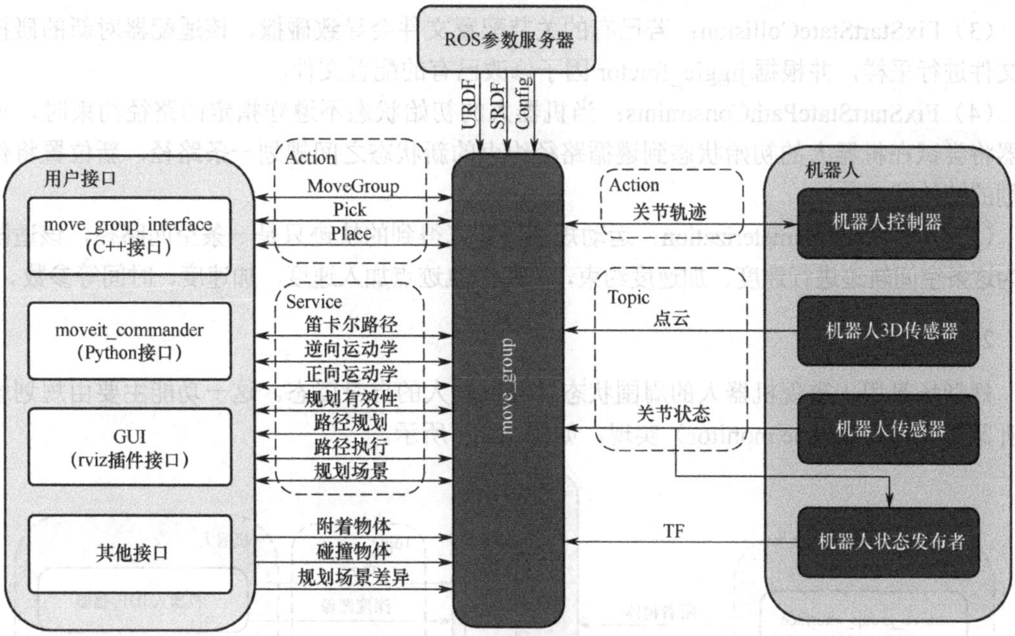

图 10-15　MoveIt!系统架构

1）运动规划

运动规划（motion planning）就是在将机器人从初始姿态和位置移动到目标姿态和位置的过程中，避开环境中的障碍物并防止自身碰撞的一种算法。

MoveIt!通过插件机制（plugin interface）与运动规划器（motion planner）进行交互，可以使用多个库的不同运动规划器，使得 MoveIt!扩展性更强。MoveIt!包含多种运动规划器，包括基于采样的运动规划器 OMPL（move_group 默认使用）、基于搜索的运动规划器 SBPL 和基于最优化的运动规划器 CHOMP 等。

运动规划器结构如图 10-16 所示，运动规划请求需要根据实际情况设置一些约束条件：

（1）位置约束：限制 link 的空间区域；

（2）方向约束：限制 link 的运动方向（滚转、俯仰和偏航）；

（3）可见性约束：限制 link 上的某个点在某个区域的可见性；

（4）关节约束：限制关节的运动范围；

（5）用户指定约束：用户通过回调函数定义约束条件。

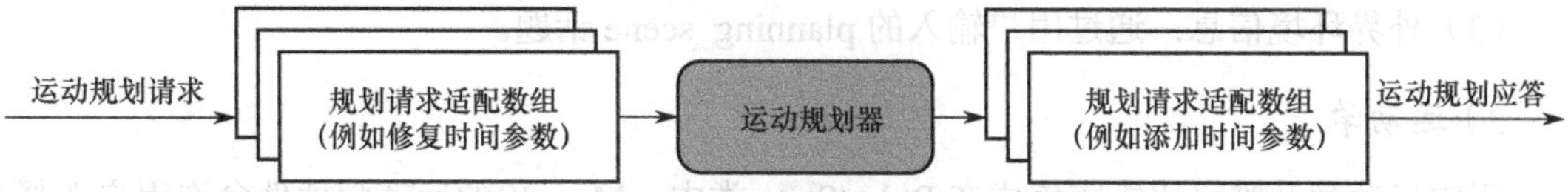

图 10-16　运动规划器结构

规划请求适配器组允许预处理运动规划请求和后处理运动规划应答。MoveIt!提供的部分适配器如下。

（1）FixStartStateBounds：如果一个或多个关节略微超出其关节极限的配置，则该适配器会修复关节的初始极限。

（2）FixWorkspaceBounds：设置一个默认尺寸的工作空间。

（3）FixStartStateCollision：若已有的关节配置文件会导致碰撞，该适配器对新的碰撞配置文件进行采样，并根据 jiggle_fractor 因子修改已有的配置文件。

（4）FixStartStatePathConstraints：当机器人的初始状态不遵守指定的路径约束时，该适配器将尝试在机器人的初始状态到遵循路径约束的新状态之间规划一条路径，新位置将作为规划的初始状态。

（5）AddTimeParameterization：运动规划器计算得到的轨迹只是一条空间路径，该适配器将为这条空间轨迹进行速度、加速度约束，为每个轨迹点加入速度、加速度、时间等参数。

2）规划场景

规划场景用于重现机器人的周围状态以及机器人的自身姿态。这一功能主要由规划场景监听器（planning scene monitor）实现，如图 10-17 所示。

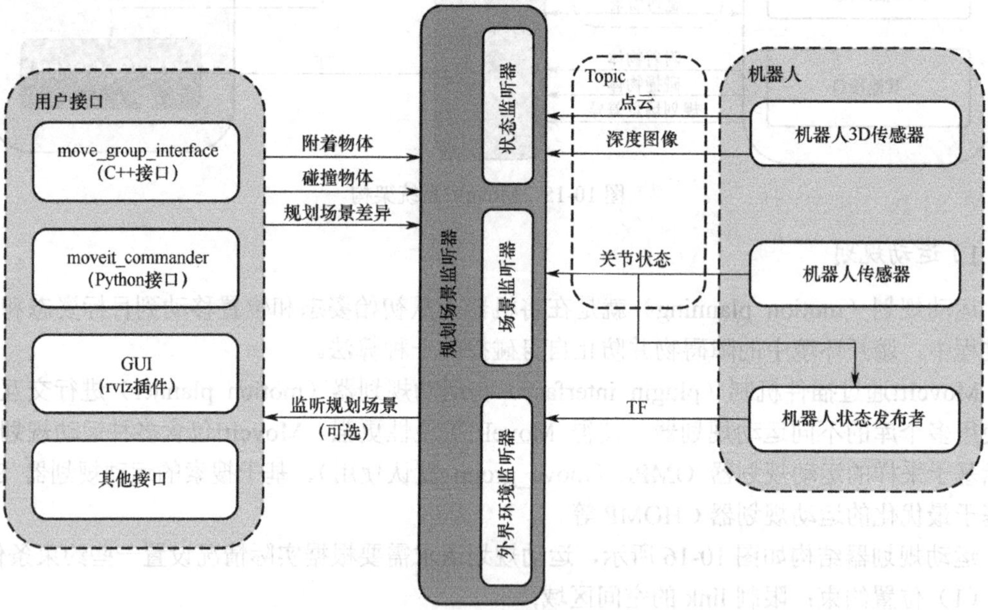

图 10-17 规划场景框图

规划场景监听器监听信息如下：

（1）状态信息：机器人 joint_states 话题；

（2）传感器信息：机器人传感器数据；

（3）外界环境信息：通过用户输入的 planning_scene 话题。

3）运动学

正向运动学及雅可比矩阵集成在 RobotState 类中。MoveIt!的运动学插件允许用户选择多种运动学求解器，默认运动学求解器是运动学和动力学库（Kinematics and Dynamics Library, KDL），可在 MoveIt! Setup Assistant 工具中进行配置，也可选择用户自己的运动学求解器。

4）碰撞检测

MoveIt!中使用 CollisionWorld 对象进行碰撞检测，采用弹性碰撞库进行碰撞检测配置。支持碰撞检测的对象包括网络、原始形状以及三维点云地图。碰撞检测是一项非常耗时的操作，通常占 90%的运动规划时间。为减少计算量可设置免检冲突矩阵（Allowed Collision Matrix，ACM）进行优化，如果在 ACM 中将对应于两个刚体的值设置为 1，则指定两个刚体永远不会相互碰撞，即不需要碰撞检测。

10.2.2 如何使用 MoveIt!配置助手配置机械臂

1）安装 MoveIt!

运行以下命令安装 MoveIt!，如图 10-18 所示。

$ sudo apt-get install ros-melodic-moveit*

图 10-18 安装 MoveIt!

2）使用 MoveIt!配置助手配置机械臂

MoveIt!配置助手（Setup Assistant）是一个使用 MoveIt!配置机器人的图形界面，主要功能是产生机器人的 SRDF 文件，另外还产生其他配置文件，从而创建一个 MoveIt!配置的功能包，完成机器人的配置、可视化和仿真等工作。

运行以下命令，启动 MoveIt！配置助手，如图 10-19 所示。

$ roslaunch moveit_setup_assistant setup_assistant.launch

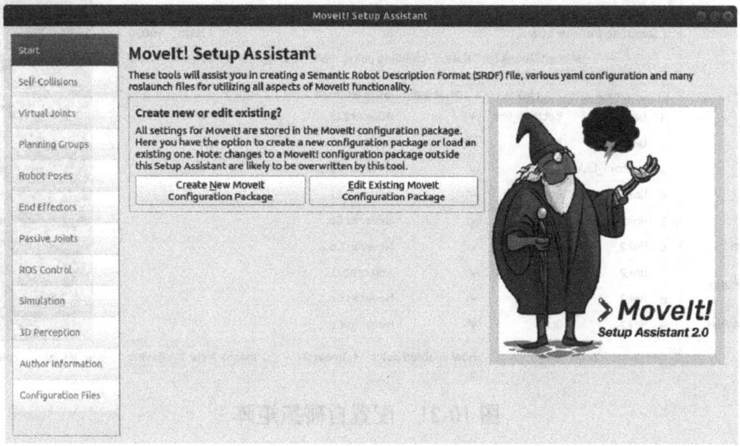

图 10-19 MoveIt!配置助手

其中，“Create New MoveIt Configuration Package”功能为新建配置功能包，“Edit Existing MoveIt Configuration Package”功能为使用已有的配置功能包。单击“Create New MoveIt Configuration Package”后，单击“Browse”，加入相关模型，模型位置为 robot_arm/robot_arm_description/urdf（需将本书对应代码复制至工作空间并进行编译），单击“Load Files”完成模型加载，如图 10-20 所示。

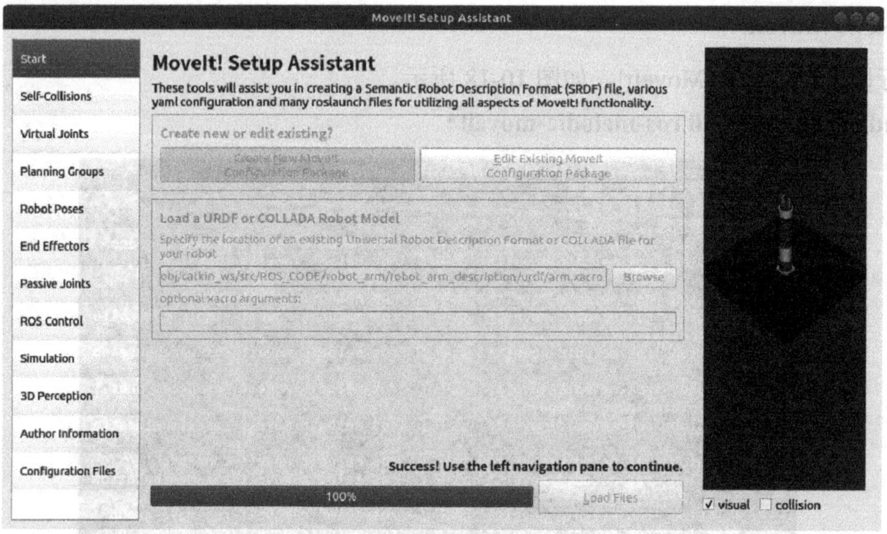

图 10-20　加载机械臂模型

单击“Self-Collisions”，配置自碰撞矩阵，如图 10-21 所示。默认的自碰撞矩阵生成器搜索机械臂所有关节，这个碰撞免检矩阵可以安全地关闭检查，从而减少行动规划的处理时间。采样密度指定了多少个随机机械臂位置来检查碰撞，默认有 10000 个碰撞检查，可单击“Generate Collision Matrix”自动完成设置。

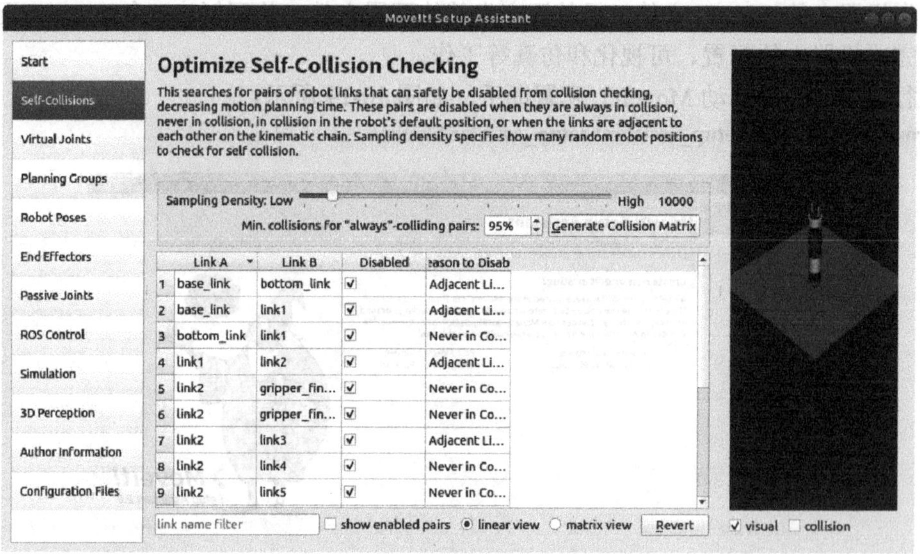

图 10-21　配置自碰撞矩阵

单击“Virtual Joints”，分配机械臂的虚拟关节，如图 10-22 所示。这里定义机械臂与世界坐标系的关系，把机械臂关节固定到某个物体上，例如机械臂有一个滑动底座，可以将机械臂的底座与里程计（odom）通过一个关节连接，此时机械臂就可以在二维平面滑动。但是在这里用不上，可以直接跳过。

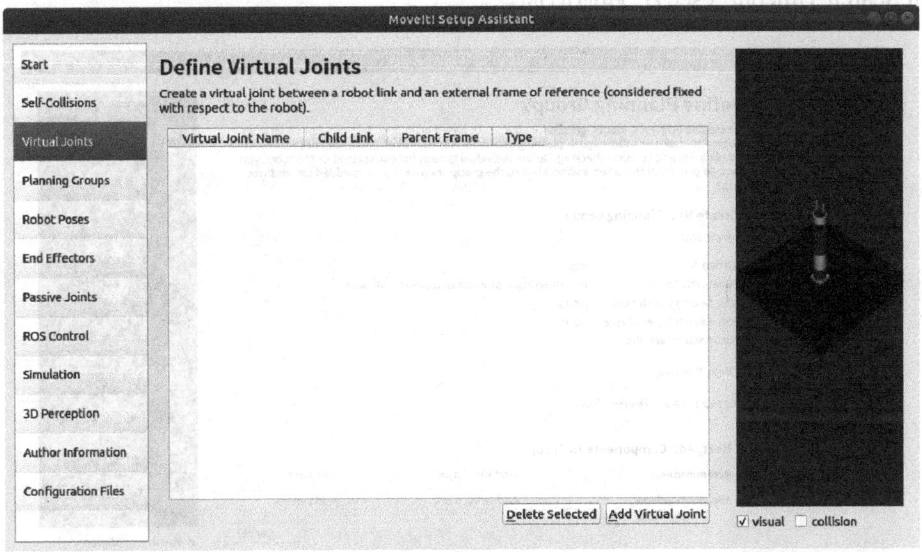

图 10-22　分配机械臂虚拟关节

单击“Planning Groups”，配置机械臂的规划群组，如图 10-23 所示。规划组可以将机械臂划分为不同的组，例如机械臂本身和夹爪部分。运动规划会针对这一个组完成运动规划，在配置过程中还可以选择运动学解析器。

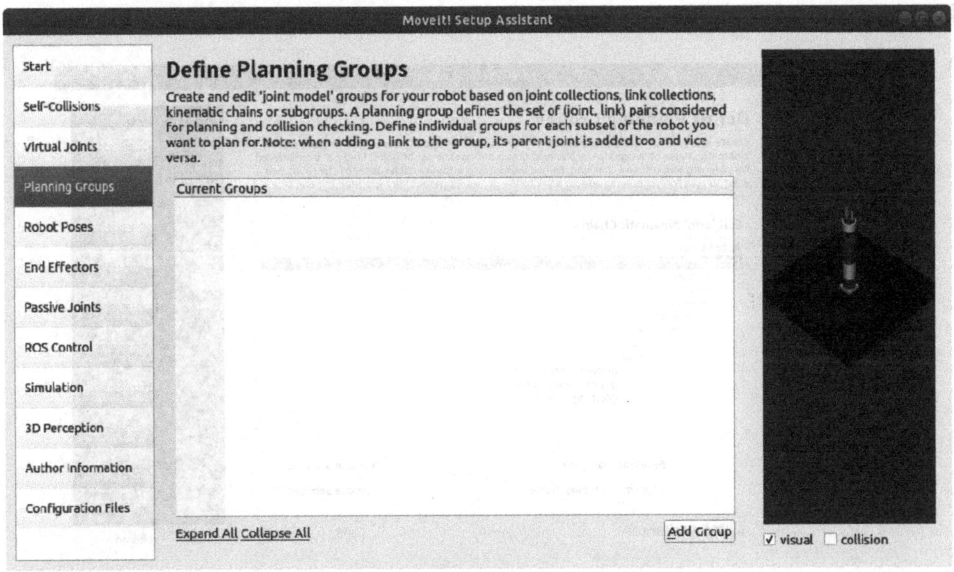

图 10-23　配置机械臂的规划群组

单击“Add Group”，按照如图 10-24 所示的内容进行配置，其中：

Group Name：规划组的名称；

Kinematic Solver：配置针对运动规划的运动学求解器，选择的是 kdl 的运动规划器插件；

Kin.Search Resolution：关节空间的采样密度；

Kin.Search Timeout（sec）：超时时间。

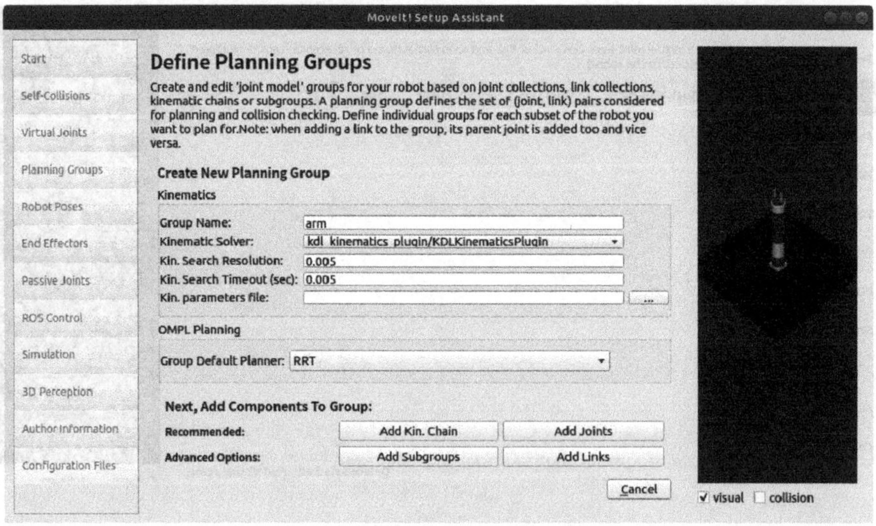

图 10-24　创建机械臂 arm 组

单击“Add Kin.Chain”，设置运动学计算中需包含的 link，如图 10-25 所示。具体设置如下：

Base Link：base_link；

Tip Link：grasping_frame。

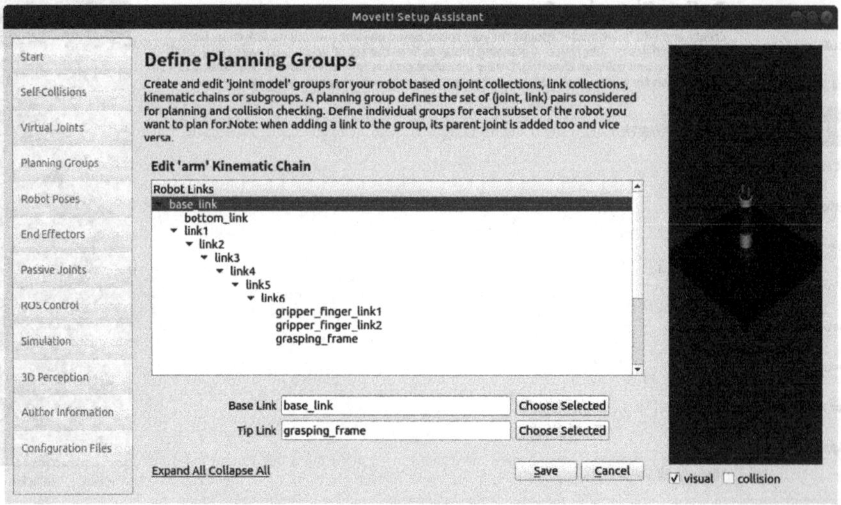

图 10-25　添加运动学工具链

单击“Add Group”，为机械臂夹爪创建如图 10-26 所示的 gripper 组。

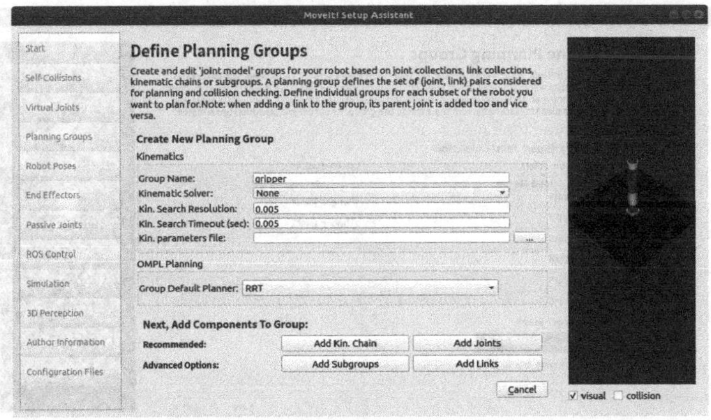

图 10-26 创建机械臂夹爪的 gripper 组

单击“Add Links”，将“gripper_finger_link1”和“gripper_finger_link2”加入右侧的列表中，确认关联，如图 10-27 所示。

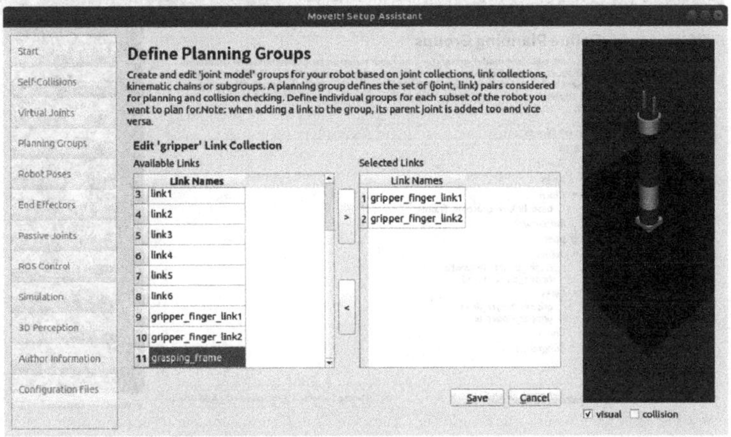

图 10-27 设置 gripper 组中的 link

选中“gripper”目录下的“Joints”，单击“Edit Selected”，如图 10-28 所示。将“finger_joint1”和“finger_joint2”加入右侧的列表中，如图 10-29 所示。

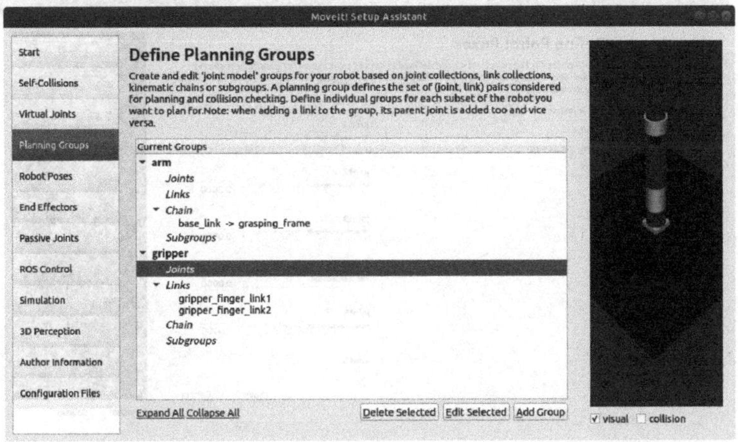

图 10-28 进入 gripper 组中的 joint 进行配置

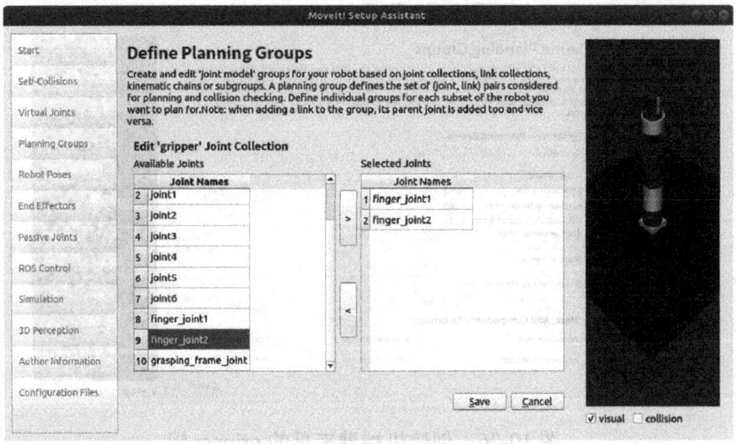

图 10-29　设置 gripper 组中的 joint

配置完成后，主配置界面如图 10-30 所示。

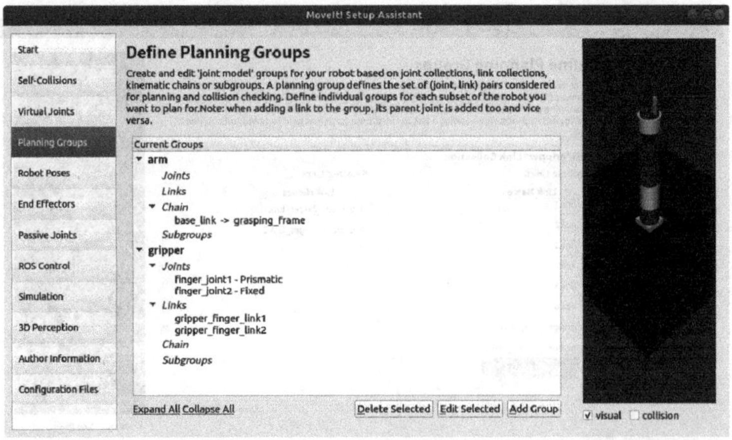

图 10-30　主配置界面

单击“Robot Poses”，定义机械臂的位姿。单击“Add Pose”，首先设置机械臂的初始位姿，如图 10-31 所示。

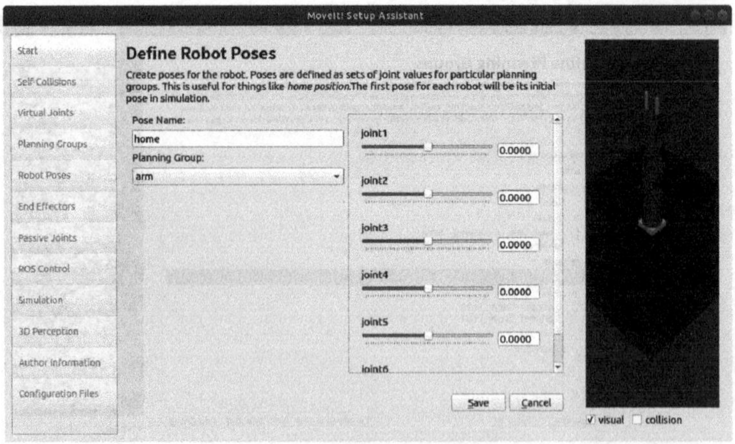

图 10-31 设置机械臂的初始位姿

通过更改相关的 joint 参数，设置机械臂的第二个位姿，如图 10-32 所示。

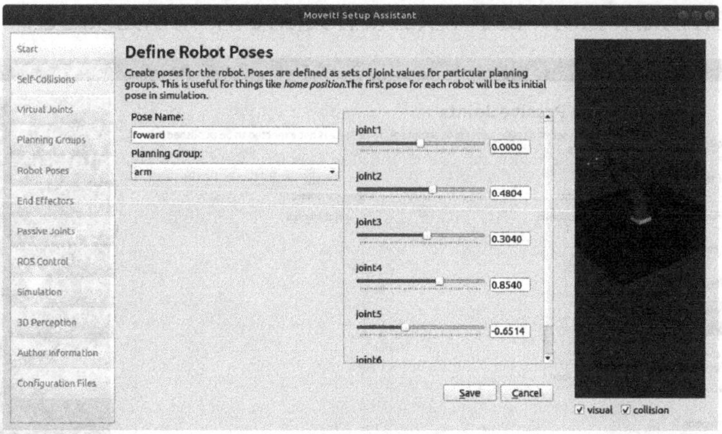

图 10-32　设置机械臂的第二个位姿

位姿设置完成后会出现如图 10-33 所示的界面。

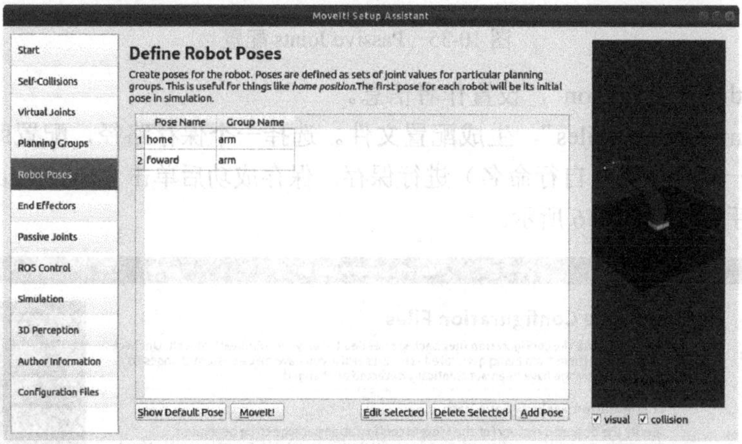

图 10-33　机械臂位姿配置完成

单击“End Effectors”，配置机械臂的夹爪，如图 10-34 所示。

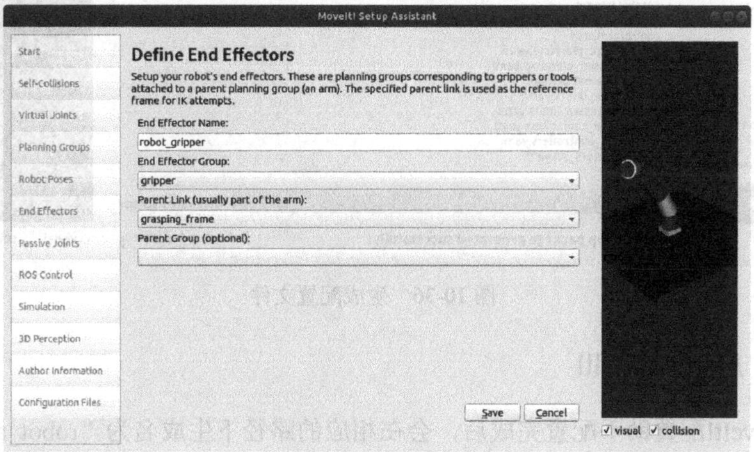

图 10-34　机械臂夹爪配置

单击“Passive Joints”，如图 10-35 所示，这里是配置不能驱动的关节，这些关节不需要 MoveIt！对其进行规划和控制。由于本实验没有类似关节，所以无须配置。

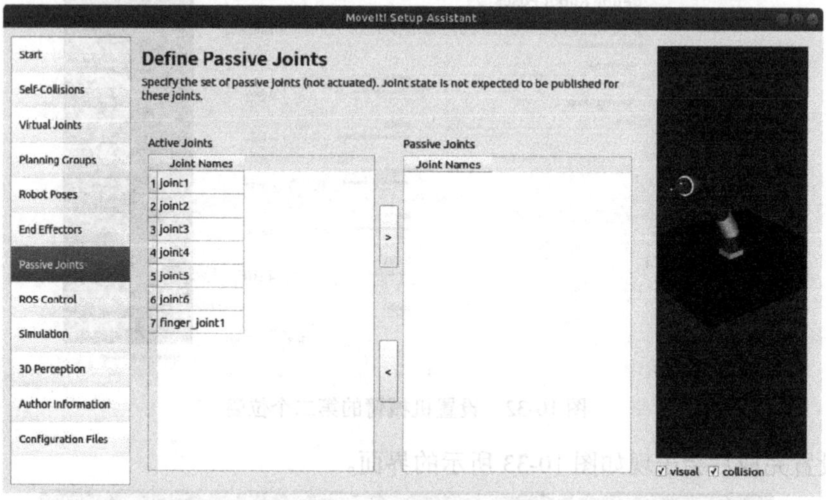

图 10-35　Passive Joints 配置

单击“Author Information”，设置作者信息。

单击“Configuration Files”，生成配置文件。选择一个保存路径，配置助手将所有配置的文件打包成一个功能包（自行命名）进行保存，保存成功后单击“Exit Setup Assistant”即可退出配置助手，如图 10-36 所示。

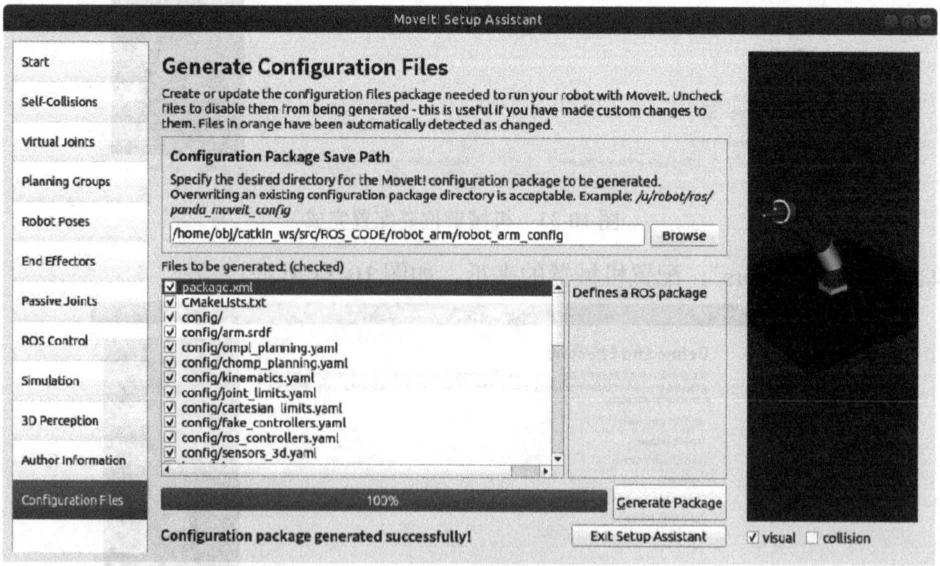

图 10-36　生成配置文件

10.2.3　启动 MoveIt!

使用 MoveIt!配置助手配置完成后，会在相应的路径下生成名为“robot_arm_config”的功能包，包含了大部分控制机械臂所需的启动和配置文件。

运行以下命令，测试配置是否成功，如图 10-37 所示。

```
$ roslaunch robot_arm_config demo.launch
```

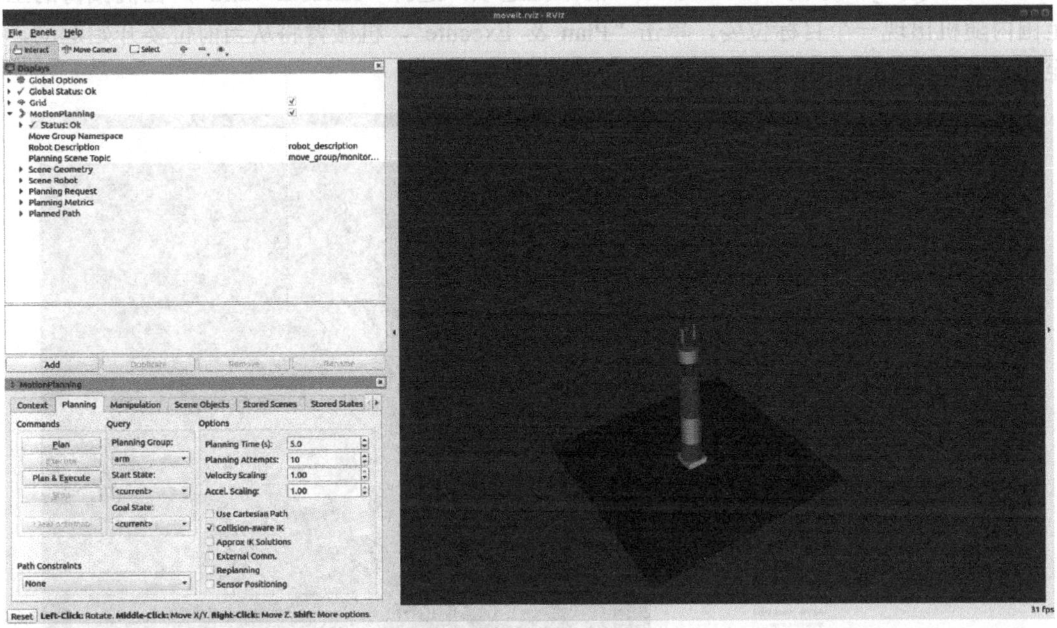

图 10-37 运行 demo.launch

通过运动规划面板可以控制机械臂完成拖动规划、随机目标规划等功能。

1）拖动规划

拖动机械臂的前端改变机械臂的姿态，单击“Planning”下的“Plan & Execute”，MoveIt!开始规划路径，控制机械臂向目标位置移动，如图 10-38 所示。

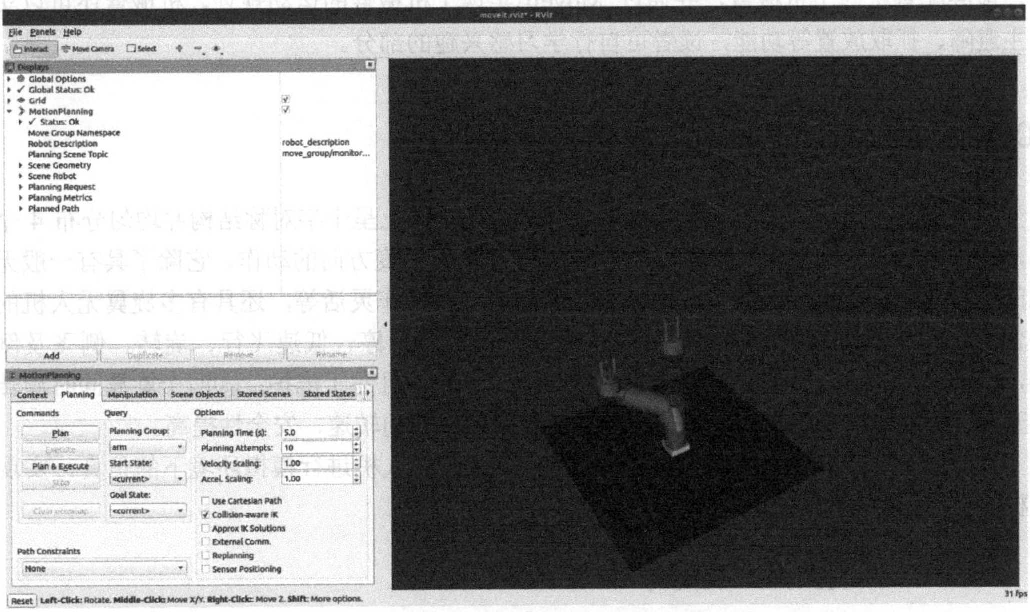

图 10-38 拖动规划

2）随机目标规划

单击“Query”下的“Goal State”的下拉选项，选择“random valid”，在机械臂的工作范围内随机出现一个目标位姿，单击“Plan & Execute”，机械臂将从当前位姿开始运动，直至达到目标位姿，如图 10-39 所示。

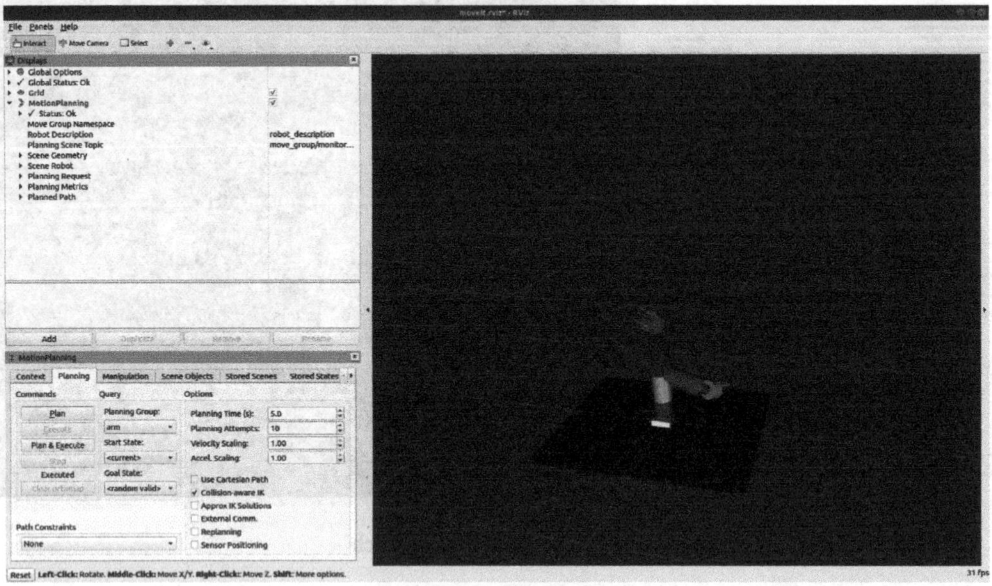

图 10-39 随机目标规划

10.2.4 本节小结

本节我们介绍了 MoveIt!的系统架构，并学习了如何使用 MoveIt!配置助手生成配置文件，最终配置了一个机械臂，并通过 MoveIt!实现了机械臂的运动规划。机械臂还可以实现自主避障、抓取放置等功能，读者可自行学习感兴趣的部分。

10.3 Hector 四旋翼无人机仿真

四旋翼无人机是一种非共轴式碟形飞行器，在平面上呈十字对称结构并均匀分布 4 个旋翼，通过调节四个旋翼旋转产生的升力来控制 6 个自由度方向的动作。它除了具有一般无人机的优点，如不惧伤亡、制造成本低廉、隐蔽性好、操作灵活等，还具有多旋翼无人机的独特优势：①能够在狭小的空间内实现垂直升降、定点悬停、低速飞行、旋转、侧飞及倒飞等，机动灵活，可控性较强；②结构简单，拆卸方便，且易于维护；③四个旋翼同时旋转提供升力，相对一般无人机，可以使用较小的旋翼和较低的转速，安全性提高。

本节介绍四旋翼无人机的原理，并利用 Hector 无人机进行模拟环境下的仿真，实现无人机的运动控制和同时定位与建图（SLAM）。

10.3.1 四旋翼无人机简介

四旋翼无人机是无人飞行器（UAV）的一种，其旋翼对称分布在机体的前、后、左、右四个方向，四个旋翼处于同一高度平面，且四个旋翼的结构和半径都相同，四个电机对称地安装在飞行器的支架端，支架中间部分安放飞行控制计算机和外部设备。四旋翼无人机的结构形式如图 10-40 所示。

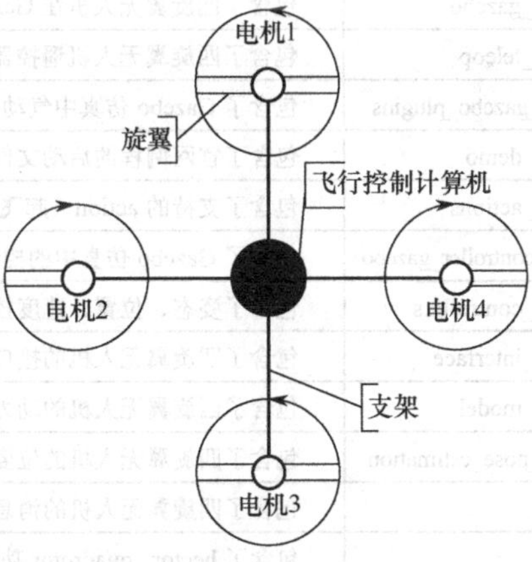

图 10-40 四旋翼无人机的结构形式

四旋翼无人机通过调节四个电机转速来改变旋翼转速，实现升力的变化，从而控制飞行器的姿态和位置。四旋翼无人机是一种六自由度的垂直升降机，有 4 个输入力，同时有 6 个状态输出。

如图 10-41 所示，无人机绕三个坐标轴旋转的角度分别由滚转角（roll）、俯仰角（pitch）和偏航角（yaw）表示。滚转角是飞机对称平面与通过飞机机体纵轴的铅垂平面间的夹角，右滚为正。俯仰角是机体轴与地平面（水平面）之间的夹角，飞机抬头为正。偏航角是机体轴在水平面上的投影与地轴之间的夹角，以机头右偏为正。

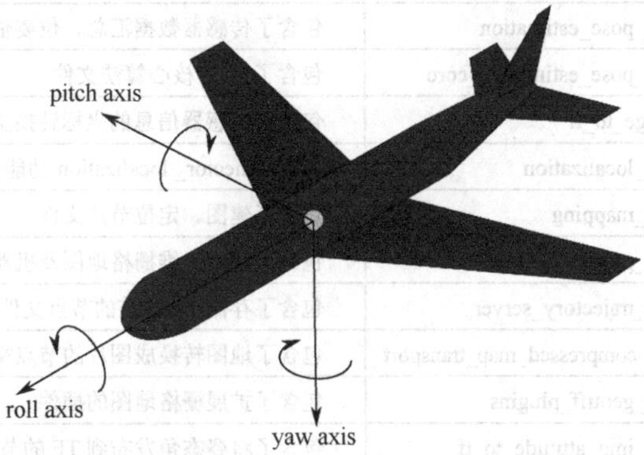

图 10-41 滚转角、俯仰角和偏航角

10.3.2 Hector 四旋翼无人机仿真

本实验采用的是塔姆斯塔特工业大学的 Hector Darmstadt 团队开源的 Hector 仿真旋翼 UAV 项目。该功能包包含了 UAV 的 URDF 描述建模、飞行控制及在 Gazebo 中运行四旋翼无人机的启动文件等。

关于整个 tu-darmstadt-ros-pkg 功能包的各个子功能包的结构如表 10-1 所示。

表 10-1 整个 tu-darmstadt-ros-pkg 功能包的各个子功能包的结构

hector_quadrotor	hector_quadrotor_description	包含了基础四旋翼无人机及搭载各种传感器的 URDF 文件
	hector_quadrotor_gazebo	包含了四旋翼无人机在 Gazebo 仿真中的驱动、插件
	hector_quadrotor_teleop	包含了四旋翼无人机遥控器接口文件
	hector_quadrotor_gazebo_plugins	包含了 Gazebo 仿真中气动、推力、控制等模拟文件
	hector_quadrotor_demo	包含了官网例程的启动文件
	hector_quadrotor_actions	包含了支持的 action（起飞、降落、航点）文件
	hector_quadrotor_controller_gazebo	包含了 Gazebo 仿真中的控制器接口插件
	hector_quadrotor_controllers	包含了姿态、位置、速度控制器文件
	hector_quadrotor_interface	包含了四旋翼无人机的接口文件
	hector_quadrotor_model	包含了四旋翼无人机的动力学模型文件
	hector_quadrotor_pose_estimation	包含了四旋翼无人机的位姿解算文件
	hector_uav_msgs	包含了四旋翼无人机的消息、动作、服务汇总
	hector_quadrotor	包含了 hector_ quadrotor 功能包的管理文件
hector_models	hector_sensors_description	包含了 sonar/laser/camera/rgb-camera 等 xacro 宏文件及 gazebo plugin
	hector_xacro_tools	包含了转动惯量计算、关节驱动、传感器安装的 xacro 宏文件
	hector_components_description	包含了一些例程中采用的传感器搭配 xacro 文件
	hector_model	包含了 hector_model 功能包的管理文件
hector_gazebo	hector_gazebo_plugins	包含了 GPS/IMU/MAG/SONAR 的 gazebo 插件（噪声、飘移、频率）
	hector_gazebo_thermal_camera	包含了热成像相机的 Gazebo 插件
	hector_gazebo_worlds	包含了例程中应用的 Gazebo 场景和启动文件
	hector_sensors_gazebo	关联 hector_sensors_description 包
	hector_gazebo	包含了 hector_gazebo 功能包的管理文件
hector_localization	hector_pose_estimation	包含了传感器数据汇总、位姿估计发布文件
	hector_pose_estimation_core	包含了 EKF 核心算法文件
	message_to_tf	包含了传感器信息的坐标转换文件
	hector_localization	包含了 hector_ localization 功能包的管理文件
hector_slam	hector_mapping	包含了建图、定位节点文件
	hector_geotiff	包含了存储二维栅格地图及机器人轨迹的节点文件
	hector_trajectory_server	包含了存储 TF 轨迹的节点文件
	hector_compressed_map_transport	包含了地图转换成图片的节点文件
	hector_geotiff_plugins	包含了扩展栅格地图的插件
	hector_imu_attitude_to_tf	包含了将姿态角发布到 TF 的节点文件
	hector_imu_tools	包含了 IMU 的位姿方向角解算
	hector_map_server	包含了地图检索及障碍物检测文件
	hector_map_tools	包含了一个地图构建的头文件
	hector_marker_drawing	包含了可视化标记的函数文件
	hector_nav_msgs	包含了 hector_slam 包用到的消息、服务文件
	hector_slam_launch	包含了例程中关于不同配置 hector_slam 的启动文件
	hector_slam	包含了 hector_ slam 功能包的管理文件

10.3.3　Hector 仿真环境搭建

为了方便读者调试，我们提供了 Hector Darmstadt 的源码。本实验使用到的功能包有 hector_quadrotor、hector_models、hector_gazebo、hector_localization、hector_slam、gazebo_ros_pkgs、geographic_info，其中前 5 个是源码，其余为依赖包。

首先我们需要对功能包进行编译：

```
$cd ~/catkin_ws
$ catkin_make
```

可能会出现“Could not find×××package”的报错，这是因为缺少相关的依赖包，运行以下命令安装相应的依赖包，其中×××代表所缺少依赖包的名称，如图 10-42 所示。

```
$ sudo apt-get install ros-melodic-xxx
```

10-42　编译运行截图

此外还可以通过 rosdep 命令安装所需的依赖包：

```
$ rosdep install --from-paths src --ignore-src -r -y
```

依赖包安装完成后，重新编译功能包。

10.3.4　启动 Hector 仿真实验

将 ROS Master 的 IP 地址更改为本地网络，在终端输入以下命令进行修改和查看，结果如图 10-43 所示。

```
$ export ROS_MASTER_URI=http://localhost:11311
$ echo $ROS_MASTER_URI
```

图 10-43　查看 ROS Master 的 IP 地址

1）室外飞行

室外飞行的环境是山坡地形的环境，输入以下命令启动室外仿真环境：

```
$ roslaunch hector_quadrotor_demo outdoor_flight_gazebo.launch
```

启动完成后，会在 Gazebo 中加载一个模拟的山坡环境，并生成一架 Hector 飞机模型；同时会启动一个 rviz 可视化界面，加载无人机的坐标以及相关控制参数信息。此时生成的 Gazebo 和 rviz 图像分别如图 10-44 和图 10-45 所示。

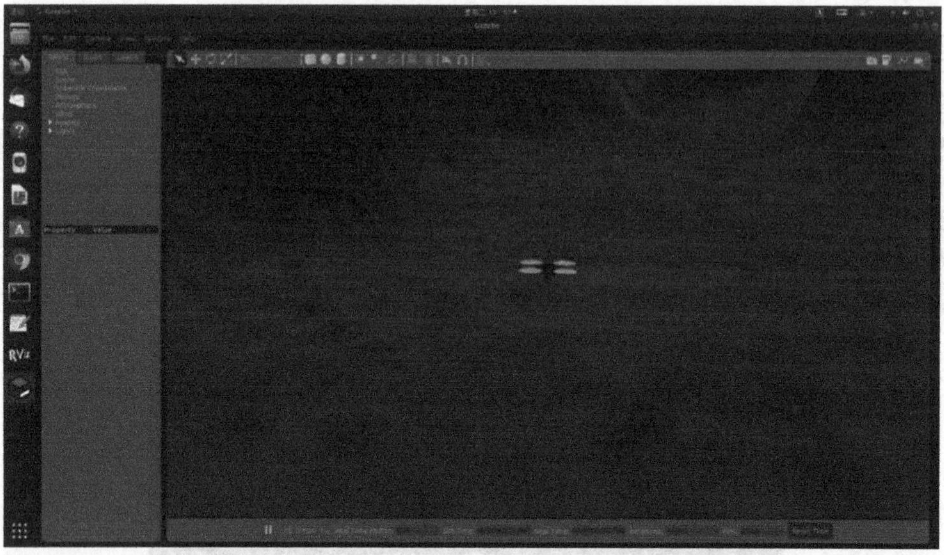

图 10-44　Hector 无人机室外 Gazebo 图像

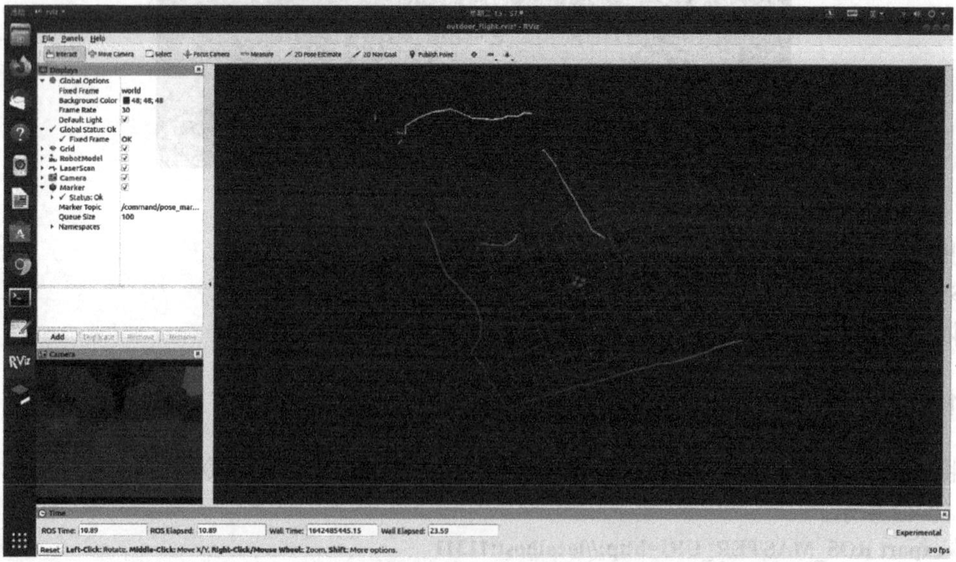

图 10-45　Hector 无人机室外 rviz 图像

运行以下命令调用使能电机的服务，控制无人机起飞，调用结果如图 10-46 所示。

```
$ rosservice call /enable_motors "enable: true"
```

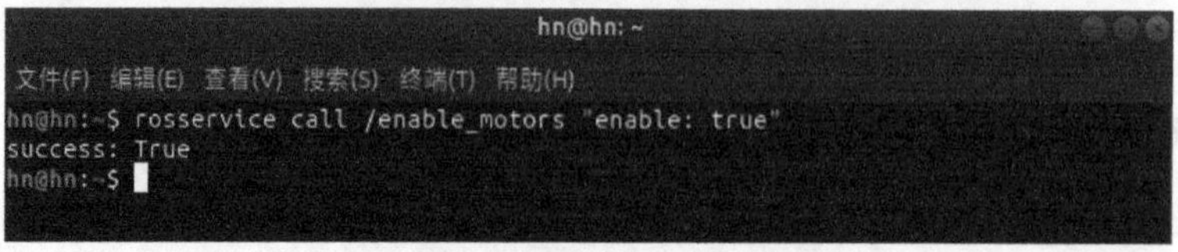

图 10-46　调用使能电机的服务

本实验采用 XBOX360 控制手柄，运行以下命令启动控制节点：

```
$ roslaunch hector_quadrotor_teleop xbox_controller.launch
```

此节点用于解析 XBOX360 控制手柄控制器的操控数据，并将解析后的数据发布到/command/twist 话题，从而控制无人机的飞行速度和方向，如图 10-47 所示。

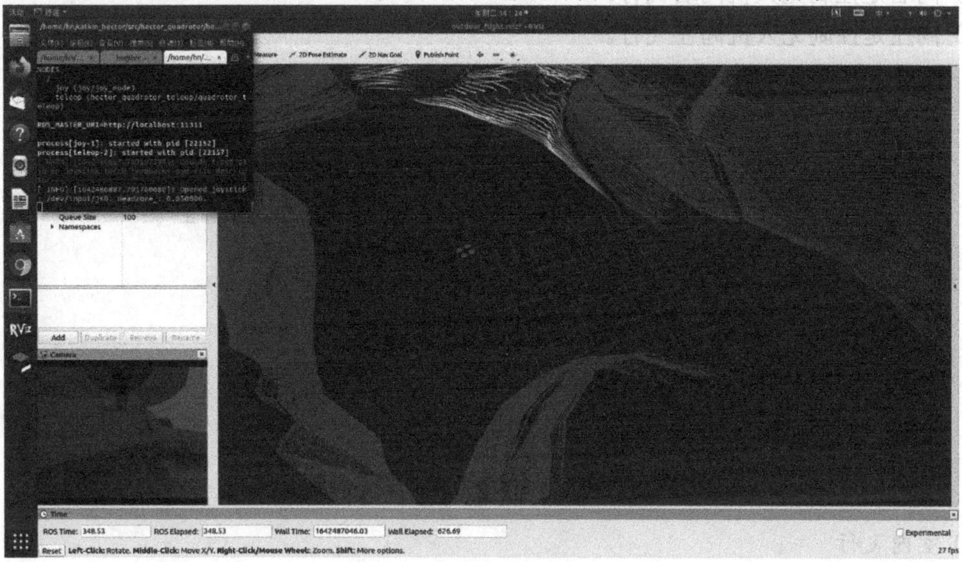

图 10-47 Hector 无人机室外遥控结果

我们使用 rqt_graph 工具可以清楚地看到各个节点和话题之间的连接关系，运行结果如图 10-48 所示。

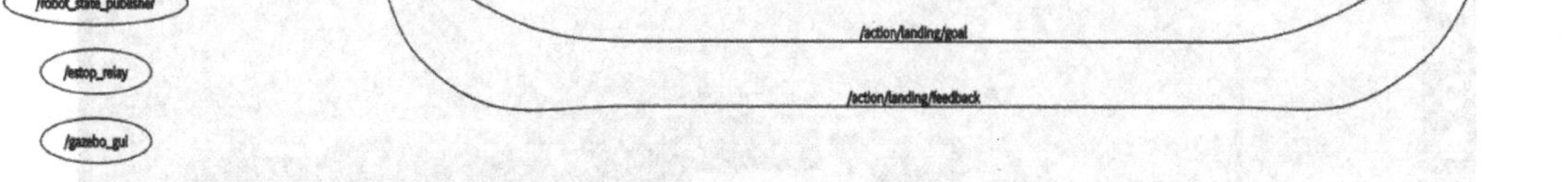

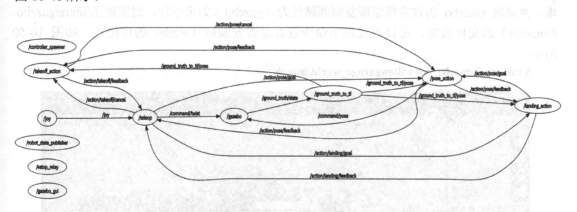

图 10-48 Hector 无人机室外飞行节点通信关系图

XBOX360 控制手柄的对应控制按键如图 10-49 所示。按下开始键，即可开始用左右操作杆操控无人机飞行，按下减速键可以把飞行速度降低 20%，按下停止键无人机会停转电机。其他具体操作方式如下：

（1）左侧操作杆

① 向上是控制无人机上升；

② 向下是控制无人机下降；

③ 向右是控制无人机顺时针旋转；

④ 向左是控制无人机逆时针旋转。

（2）右侧操作杆

① 向上是控制无人机向前飞行；

② 向下是控制无人机向后飞行；

③ 向右是控制无人机向右飞行；

④ 向左是控制无人机向左飞行。

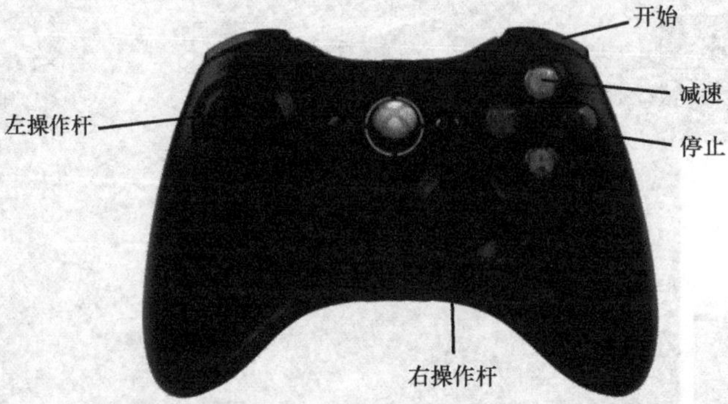

图 10-49　XBOX360 控制手柄的对应控制按键

2）室内飞行

hector_quradrotor 功能包包含四旋翼无人机的室内模拟飞行例程。运行以下命令启动节点：

```
$ roslaunch hector_quadrotor_demo indoor_slam_gazebo.launch
```

节点启动后，Gazebo 中将显示 Willow Garage 室内办公室的模拟环境，若没有加载出环境，需要将 Gazebo 的官方模型库复制到路径为~/.gazebo（如果不行，则放置在/share/gazebo-9/models）的文件夹里，可以通过以下命令查看是否安装好 Gazebo 的库结果，如图 10-50 所示。

```
$ roslaunch gazebo_ros willowgarage_world.launch
```

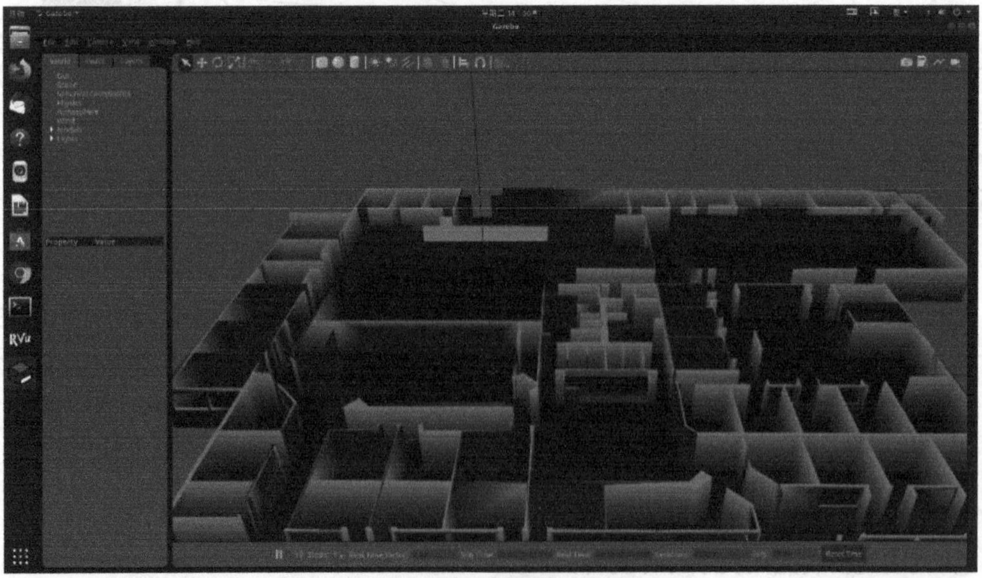

图 10-50　Hector 无人机室内 Gazebo 图像

运行命令可以调出 Gazebo 窗口并加载模拟办公室的环境。成功配置 Gazebo 库后，运行以下命令启动室内 SLAM（Simulataneous Localization and Mapping，同步定位与建图）节点，运行结果如图 10-51 所示。

```
$ roslaunch gazebo_ros indoor_slam_gazebo.launch
```

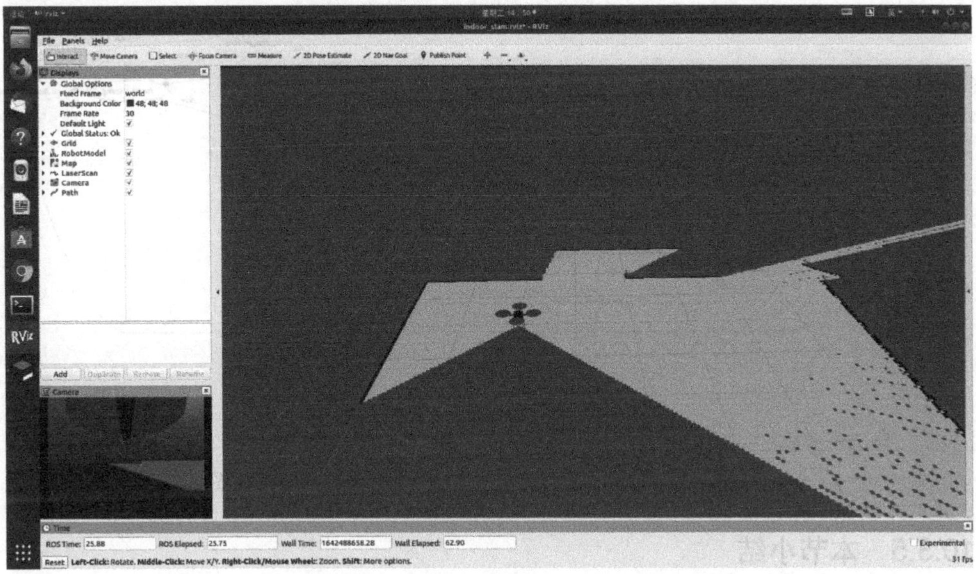

图 10-51 Hector 无人机室内 rviz 图像

调用使能电机的服务，控制无人机起飞，命令如下：

```
$ rosservice call /enable_motors "enable: true"
```

运行以下命令启动 XBOX360 手柄控制节点：

```
$ roslaunch hector_quadrotor_teleop xbox_controller.launch
```

通过手柄控制无人机移动，并实时建立环境地图，如图 10-52 所示。

使用 rqt_graph 工具查看节点通信关系图，其结果如图 10-53 所示。

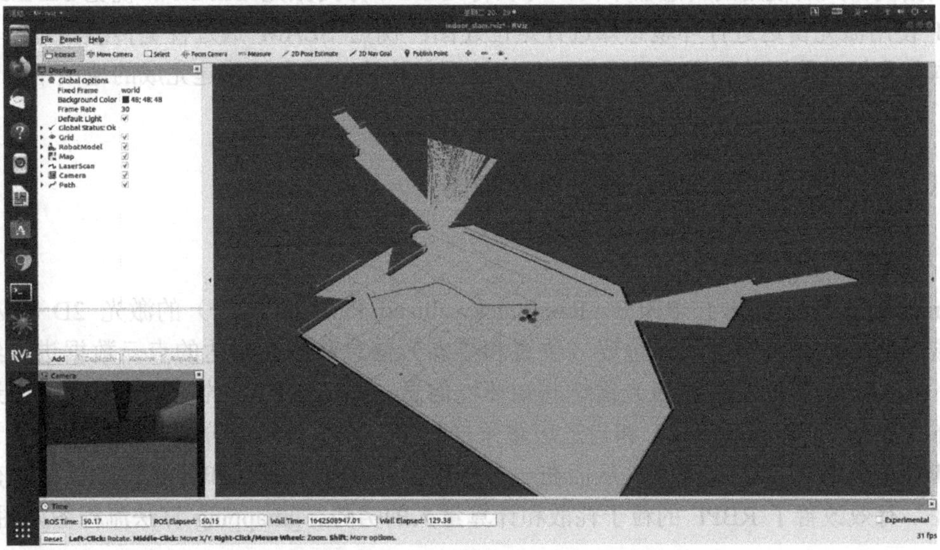

图 10-52 Hector 在室内环境进行地图构建的 rviz 图像

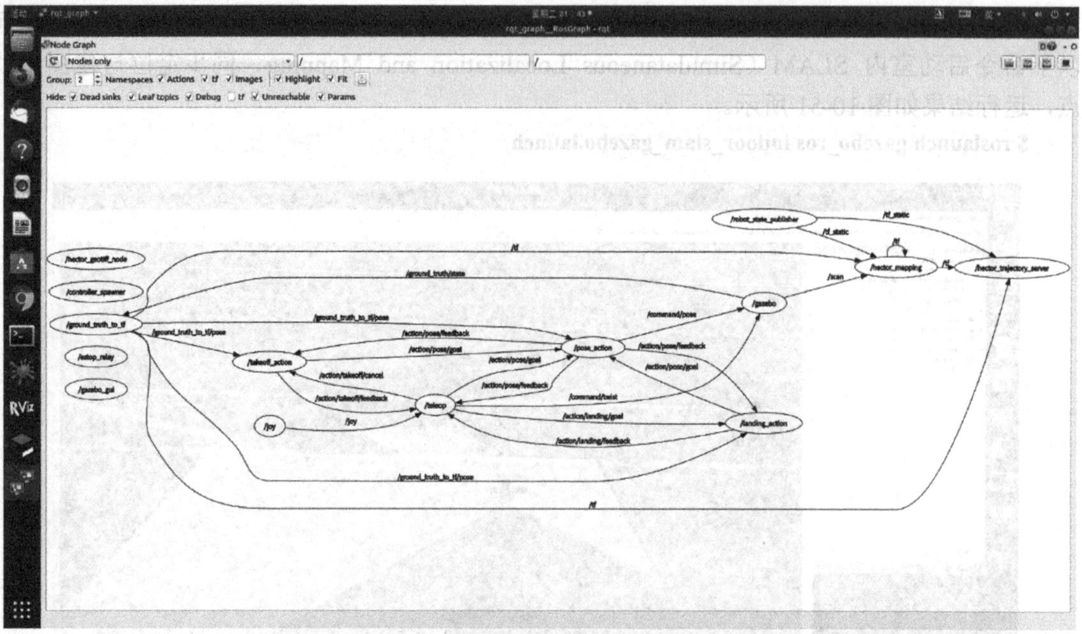

图 10-53　Hector 无人机室内 SLAM 的节点通信关系图

10.3.5　本节小结

本节介绍了无人机飞行原理及相关概念，并通过搭建 Hector 无人机仿真环境进行仿真，向读者展示了无人机的控制过程。同时 Hector 无人机仿真项目提供了较为完善的功能，方便读者进行导航和路径规划的进一步研究。

10.4　机器人 SLAM 及自主导航

根据机器人所使用的传感器不同，可以将 SLAM 分为激光 SLAM 和视觉 SLAM。激光 SLAM 使用激光雷达进行环境感知进行定位建图；视觉 SLAM 通过视觉传感器进行定位建图。本节我们将使用单线激光雷达实现环境地图的构建，并在已构建完成的地图中实现自主导航。

10.4.1　使用 gmapping 算法构建地图

1）gmapping 算法原理

gmapping 算法是基于 RBPF（Rao-Blackwellised Particle Filter）的激光 2D SLAM 算法。该算法将机器人的里程计位姿（位置和姿态）信息和激光雷达的点云数据进行结合。RBPF SLAM 的核心是通过激光雷达感知环境信息，并在 RBPF 的基础上引入了改进的建议分布（Proposal distribution）和自适应重采样技术，在估计粒子分布时，考虑里程计位姿信息和最新的激光雷达观测值，从而在一定程度上减少了粒子数和计算量，保证了建图的准确性，有效改善了 RBPF 的粒子耗散和计算量大的劣势。gmapping 算法流程图如图 10-54 所示。

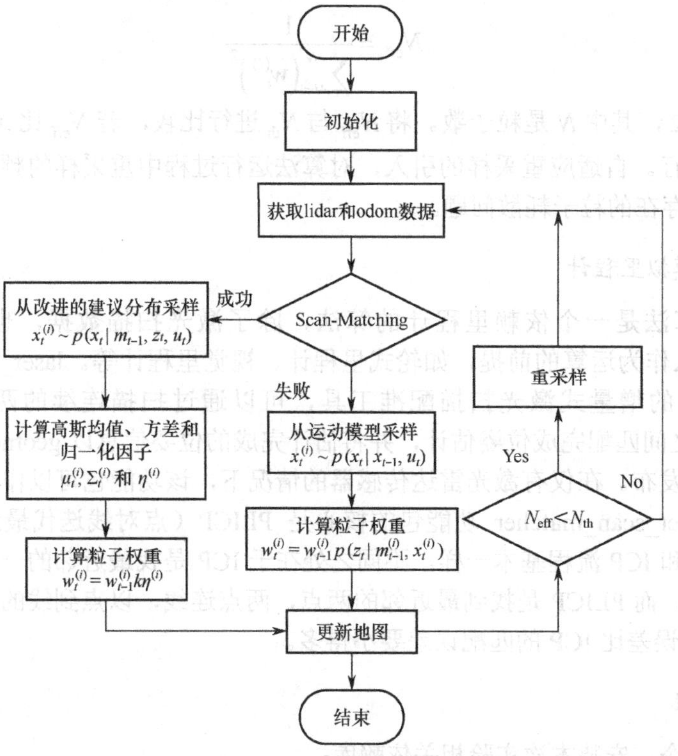

图 10-54 gmapping 算法流程图

当节点获取到激光雷达和里程计的数据时，将最新时刻获取的激光雷达观测数据与之前构建的点云地图扫描匹配，确定当前机器人的位置。同时，算法会根据匹配的程度来计算得分，若得分在设定值的范围内，则匹配成功，采用改进的建议分布（即观测模型 $x_t^{(i)} \sim p(x_t | m_{t-1}, z_t, u_t)$）进行粒子采样，其中 x_t、m_{t-1}、z_t、u_t 分别是当前时刻的机器人位姿、上一时刻地图信息、当前时刻传感器观测信息、当前时刻里程计信息。若失败，则粒子采样使用运动模型 $x_t^{(i)} \sim p(x_t | x_{t-1}, u_t)$，其中 x_t、x_{t-1}、u_t 分别是当前时刻的机器人位姿、上一时刻机器人位姿、当前时刻里程计信息。通过当前时刻里程计数据和上一时刻机器人位姿，推算当前时刻位姿并计算粒子权重 w_t。根据机器人当前位置和已构建的地图，构建下一时刻的地图。

改进前的 RBPF 使用运动学模型作为粒子采样的建议分布，由于方差较大，只有少数粒子符合真实分布，因此必须进行重采样来使粒子的分布符合实际分布。改进后的建议分布在运动学模型的基础上根据观测值和上一时刻的地图信息对采样的粒子进行加权，选用权重大的粒子来更新地图，改进建议分布如下：

$$p(x_t | m_{t-1}^{(i)}, x_{t-1}^{(i)}, z_t, u_{t-1}) = \frac{p(z_t | m_{t-1}^{(i)}, x_t) p(x_t | x_{t-1}^{(i)}, u_{t-1})}{p(z_t | m_{t-1}^{(i)}, x_{t-1}^{(i)}, u_{t-1})} \tag{10-1}$$

随着地图的构建和粒子数不断增加，改进前的 RBPF 在频繁的重采样过程中，会出现大量子代粒子仅由少数几个权重高的父代粒子复制而来的现象，也就是粒子耗散问题。这会降低粒子的多样性，使粒子无法完整覆盖真实后验分布。因此 gmapping 算法对重采样步骤进行改进，即增加了自适应重采样，预先设定粒子数的阈值 N_{th}，当前时刻的有效粒子数为 N_{eff}，当满足 $N_{\text{eff}} < N_{\text{th}}$ 时进行重采样。根据下式计算当前时刻有效粒子数 N_{eff}：

$$N_{\mathrm{eff}}=\frac{1}{\sum_{i=1}^{N}\left(w_t^{(i)}\right)^2} \tag{10-2}$$

取 $N_{\mathrm{th}}=N/2$，其中 N 是粒子数。将 N_{eff} 与 N_{th} 进行比较，若 N_{eff} 比 N_{th} 小，则进行重采样，反之则不进行。自适应重采样的引入，对算法运行过程中重采样的频率进行了控制，有效改善了 RBPF 存在的粒子耗散问题。

2）PLICP 模拟里程计

gmapping 算法是一个依赖里程计的算法，除了激光扫描数据，也需要里程计信息（Odometry）输入作为运算的前提，如轮式里程计、视觉里程计等。laser_scan_matcher 功能包是基于 ROS 的增量式激光扫描配准工具，可以通过扫描连续的两帧 sensor_msgs / LaserScan 消息之间匹配完成位姿估计，并将估计完成的位姿信息以 geometry_msgs / Pose2D 类型的话题进行发布。在仅有激光雷达传感器的情况下，该功能包可以作为单独的里程计估计器来使用。laser_scan_matcher 功能包的核心是 PLICP（点对线迭代最近点）扫描匹配算法。PLICP 流程和 ICP 流程基本一样，不同之处在于 ICP 是找最近邻的一点，以点到点之间的距离作为误差，而 PLICP 是找到最近邻的两点，两点连线，以点到线的距离作为误差，因此 PLICP 的匹配误差比 ICP 的匹配误差要小得多。

3）安装步骤

运行以下命令，安装本次实验相关依赖库：

```
$ sudo apt-get install libsdl1.2-dev
$ sudo apt install libsdl-image1.2-dev
$ sudo apt-get install ros-melodic-csm
```

ROS 中已经集成了 gmapping 算法相关功能包的二进制文件，可以使用以下命令进行安装：

```
$ sudo apt-get install ros-melodic-slam-gmapping
```

下面通过源码安装 scan_tools 功能包，作用是使用激光数据为 gmapping 算法提供里程计。

进入工作空间的 src 文件夹下：

```
$ cd ~/catkin_ws/src/
```

使用以下命令复制源码：

```
$ git clone https://github.com/ccny-ros-pkg/scan_tools.git
```

源码下载完成后，运行以下命令进行编译，也可将本书提供的功能包（scan_tools）复制至工作空间并进行编译：

```
$ cd ~/catkin_ws/
$ catkin_make
```

本次实验使用的激光雷达为 LS01B，如图 10-55 所示。这是一款价格低廉的二维雷达，能够实现在 25m 范围内 360°的二维平面扫描。将本书配套代码中的激光雷达驱动功能包（ls01b_v2）复制到当前工作空间的 src 文件夹下，并进行编译。

图 10-55 LS01B 激光雷达

编译成功后，修改 scan_tools/laser_scan_matcher/demo 文件夹中的 demo_gmapping.launch 文件，其中<param name="serial_port" value="/dev/ttyUSB0"/>，ttyUSB0 为激光雷达端口号，读者根据实际情况修改，修改后的完整文件如下：

```
<launch>
 ##set up leishen lidar################
 <node name="ls01b_v2" pkg="ls01b_v2" type="ls01b_v2" output="screen">
  <param name="scan_topic" value="scan"/>
  <param name="frame_id" value="laser_link"/>
  <param name="serial_port" value="/dev/ttyUSB0"/>
 </node>
 #### publish an example base_link -> laser transform ##########
 <node pkg="tf" type="static_transform_publisher" name="base_link_to_laser"
  args="0.0 0.0 0.0 0.0 0.0 0.0 /base_link /laser_link 40" />

 #### start rviz ################################################

 <node pkg="rviz" type="rviz" name="rviz"
  args="-d $(find laser_scan_matcher)/demo/demo_gmapping.rviz"/>

 #### start the laser scan_matcher ##############################

 <node pkg="laser_scan_matcher" type="laser_scan_matcher_node"
  name="laser_scan_matcher_node" output="screen">

  <param name="fixed_frame" value = "odom"/>
  <param name="max_iterations" value="10"/>

  <param name="base_frame" value = "base_link"/>
  <param name="use_odom" value="false"/>
  <param name="publy_pose" value="true"/>
  <param name="publy_tf" value="true"/>
 </node>

 #### start gmapping ############################################

 <node pkg="gmapping" type="slam_gmapping" name="slam_gmapping" output="screen">
  <param name="map_udpate_interval" value="1.0"/>
  <param name="maxUrange" value="5.0"/>
  <param name="sigma" value="0.1"/>
  <param name="kernelSize" value="1"/>
  <param name="lstep" value="0.15"/>
  <param name="astep" value="0.15"/>
  <param name="iterations" value="1"/>
  <param name="lsigma" value="0.1"/>
  <param name="ogain" value="3.0"/>
  <param name="lskip" value="0"/>
```

```
    <param name="srr" value="0.1"/>
    <param name="srt" value="0.2"/>
    <param name="str" value="0.1"/>
    <param name="stt" value="0.2"/>
    <param name="linearUpdate" value="1.0"/>
    <param name="angularUpdate" value="0.5"/>
    <param name="temporalUpdate" value="0.4"/>
    <param name="resampleThreshold" value="0.5"/>
    <param name="particles" value="10"/>
    <param name="xmin" value="-5.0"/>
    <param name="ymin" value="-5.0"/>
    <param name="xmax" value="5.0"/>
    <param name="ymax" value="5.0"/>
    <param name="delta" value="0.02"/>
    <param name="llsamplerange" value="0.01"/>
    <param name="llsamplestep" value="0.05"/>
    <param name="lasamplerange" value="0.05"/>
    <param name="lasamplestep" value="0.05"/>
  </node>
</launch>
```

下面重点介绍 gmapping 算法的相关配置参数。

map_update_interval：每次更新地图的时间间隔（数据类型：float，默认值：5.0，单位：秒）。该值越小，节点将更频繁地更新地图，代价是计算负荷变大。

maxUrange：激光的最大可用范围。光束被裁剪为该值（数据类型：float，默认值：80.0，单位：米）。

sigma：扫描匹配过程中 cell 的标准差（数据类型：float，默认值：0.05）。

kernelSize：扫描匹配过程的搜索窗口大小（数据类型：int，默认值：1）。

lstep 和 astep 分别是扫描匹配的初始距离步长和扫描匹配的初始角度步长（数据类型：float，默认值：0.05）。

iterations：扫描匹配器的迭代次数（数据类型：int，默认值：5）。

lsigma：扫描匹配过程中单个激光扫描束的标准差（数据类型：float，默认值: 0.075）。

ogain：似然估计时使用的增益，用于平滑重采样效果（默认值：3.0）。

lskip：每隔 n+1 次扫描进行一次扫描匹配，取值为 0 时表示每次扫描之后都进行一次匹配（数据类型：int，默认值：0）。

srr：位置的噪声项（数据类型：float，默认值：0.1）。

srt：方位角的噪声项（数据类型：float，默认值：0.2）。

str：位置到方位角的协方差项（数据类型：float，默认值：0.1）。

stt：方位角到位置的协方差项（数据类型：float，默认值：0.2）。

linearUpdate：只有当机器人至少运动了 linearUpdate 的距离之后才进行一次新的测量（数据类型：float，默认值：1.0）

angularUpdate：只有当机器人至少转动了 angularUpdate 的角度之后才进行一次新的测

量（数据类型：float，默认值：0.5）

temporalUpdate：如果上次扫描处理的时间早于更新时间（秒），则处理扫描。小于零的值将关闭基于时间的更新（数据类型：float，默认值：−1.0）。

resampleThreshold：粒子重采样的阈值。只有当评价粒子相似度的指标 N_{eff} 小于该阈值时才进行重采样，所以降低该值意味着提高重采样的频率（数据类型：float，默认值：0.5）。

particles：滤波器中的粒子数，粒子数越多，定位精度越高，计算代价越大（数据类型：int，默认值：30）。

xmin、ymin、xmax 和 ymax 分别是初始地图大小中 X 的最小值（数据类型：float，默认值：−100.0）、Y 的最小值（数据类型：float，默认值：−100.0）、X 的最大值（数据类型：float，默认值：100.0）以及 Y 的最大值（数据类型：float，默认值：100.0）。

delta：地图的分辨率（数据类型：float，默认值：0.05）。

llsamplerange：似然估计的距离采样范围（数据类型：float，默认值：0.01）。

llsamplestep ：似然估计的距离采样步长（数据类型：float，默认值：0.01）。

lasamplerange：似然估计的旋转采样范围（数据类型：float，默认值：0.005）。

lasamplestep：似然估计的旋转采样步长（数据类型：float，默认值：0.005）。

occ_thresh ：占用概率阈值（数据类型：float，默认值：0.25）。

（4）实验测试

将激光雷达接入工控机，通过以下命令查看设备是否正常接入：

```
$ ls /dev
```

若出现 ttyUSB*（*代表 0～9 中的某个数，本节中激光雷达的设备是 dev/ttyUSB0），则激光雷达驱动成功。通过以下命令更改相应串口权限，允许串口进行数据读写：

```
$ sudo chmod 777 /dev/ttyUSB0
```

运行以下命令启动 SLAM 节点，并移动实验小车进行地图构建，实验结果如图 10-56 所示。

```
$ roslaunch laser_scan_matcher demo_gmapping.launch
```

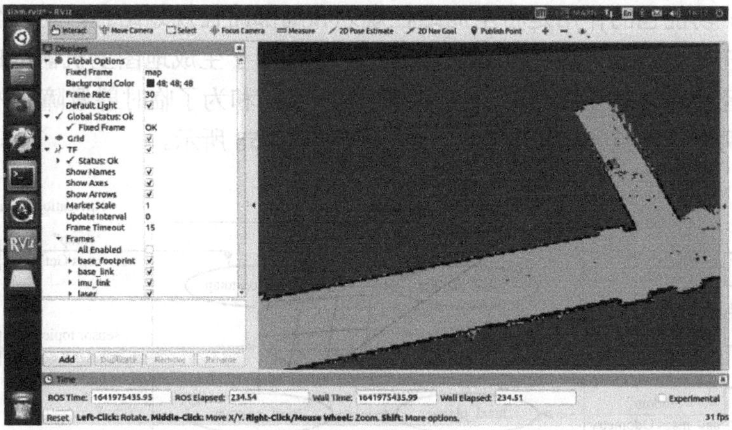

图 10-56 实验结果

在工作空间目录下创建一个 map 文件夹，通过以下命令保存当前构建的地图，保存后的地图如图 10-57 所示。

```
$ rosrun map_server map_saver -f ~/catkin_ws/map/mymap
```

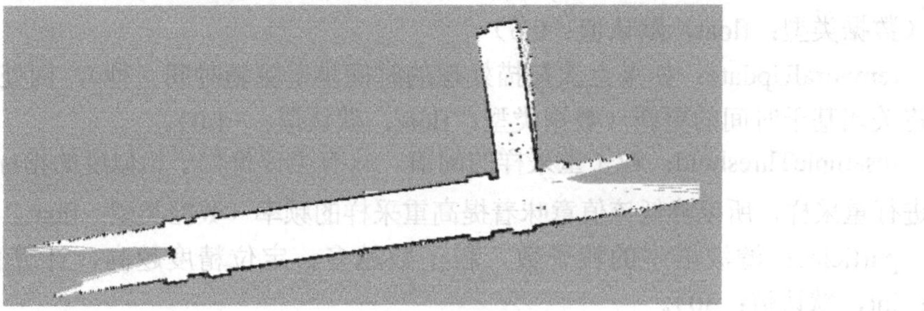

图 10-57 保存后的地图

若未安装 map_server，可运行以下命令安装功能包：

```
$ sudo apt-get install ros-melodic-map-server
```

10.4.2 基于地图的定位与自主导航

上一节完成了地图的构建，基于保存的已知地图，利用 amcl 和 move_base 两个功能包来实现移动机器人的自主导航，接下来介绍导航框架与原理。

1）amcl

amcl 的英文全称是 adaptive monte carlo localization，是在蒙特卡罗定位的基础上，使用自适应的 KLD（Kullback-Leibler Divergence）方法来更新粒子。蒙特卡罗定位使用粒子滤波的方法进行定位，粒子滤波就是用粒子数代表某个东西的可能性高低，通过某种评价方法来改变粒子的分布情况。在机器人定位中，先将粒子均匀地撒在地图上，通过传感器感知周围信息，当外部信息认为机器人在某个位置的概率高时，就给这个位置打高分。下次重新安排所有粒子的分布时，就在这个位置附近多安排一些。经过多次更新，粒子就集中到可能性最高的位置上了，从而估计机器人在地图上的位置。

2）move_base

move_base 功能包的作用是将全局路径规划和局部路径规划结合，从而使机器人完成基于地图的导航任务中的最优路径规划，全局路径规划用于生成地图上机器人的起始点到设置的目标点的路径，局部路径规划用于生成到近距离目标和为了临时躲避障碍物的路径。

基于以上两个功能包，ROS 中的导航框架如图 10-58 所示。

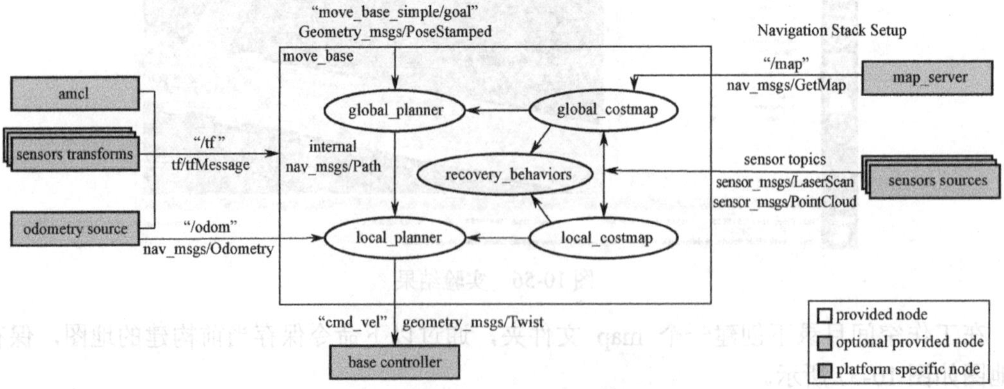

图 10-58 ROS 中的导航框架

在机器人的导航任务中，首先，机器人需要发布必要的传感器话题（sensor topic），消息类型为 sensor_msgs/LaserScan 或 sensor_msgs/PointCloud，以及导航目标位置信息（move_base_simple/goal），消息类型为 geometry_msgs/PoseStamped。其次，要求机器人发布里程计信息及相应的 TF 变换。导航功能包用 TF 功能包来确定机器人在世界坐标系中的位置和相对于静态地图的相关传感器信息，但是 TF 功能包不提供与机器人速度相关的任何信息，所以导航功能包要求里程计源程序发布一个变换和一个包含速度信息的 nav_msgs/Odometry 消息。最后，该导航功能包输出控制机器人移动的指令（cmd_vel），并通过 geometry_msgs/Twist 类型的消息来和底层驱动板通信，从而控制电机运转，使机器人完成相应的移动。

在导航框架中，机器人的路径规划包括全局路径规划（global planner）和局部实时规划（local planner）。前者根据给定的目标位置进行总体路径规划，后者根据所在位置附近的障碍物进行躲避规划。

全局路径规划器使用了 A* 算法，A*算法是一种高效的路径搜索算法，采用启发函数来估计地图上机器人当前的位置到目标位置之间的距离，并以此选择最优的方向进行搜索，如果失败则会选择其他路径继续搜索直到得到最优路径。局部路径实时规划是利用 base_local_ planner 包实现的，该包使用 DWA（Dynamic Window Approaches，规划推理和动态窗口）算法，计算机器人每个周期内应该行驶的速度和角度（dx、dy、dtheta）。DWA 算法中先离散采样机器人控制空间（dx、dy、dtheta），再对于每个采样速度，从机器人当前的状态，进行模拟预测。

3）costmap_2d

代价地图（costmap）是机器人收集传感器信息建立和更新的二维或三维地图。在 move_base 的框架下，costmap_2d 为全局路径规划和局部路径规划提供了 2D 的代价地图。costmap_2d 使用的是占用栅格地图，通过多个图层描述环境信息。每个图层描述了一种类型的信息，最终的代价是这些图层叠加的结果。例如，静态地图层（static map layer）描述的是导航的地图信息，障碍物层（obstacle layer）则记录了环境中的障碍物，膨胀层（inflation layer）根据用户指定的参数和机器人的尺寸将障碍物的占用栅格区域放大一部分，以防止碰撞。

根据导航类型，代价地图又被分成两部分。一部分是全局地图（global_costmap），在全局移动路径规划中以整个区域为对象建立移动计划。而另一部分被称为局部地图（local_costmap），这是局部移动路径规划中，在以机器人为中心的部分限定区域中规划移动路径时或在躲避障碍物时用到的地图。然而，尽管两种地图的目的不同，但表示方法是相同的。

costmap 用 0 到 255 之间的值来表示。简单地说，根据该值可以知道机器人是位于可移动区域还是位于可能与障碍物碰撞的区域。

000：机器人可以自由移动的自由区域（free area）；

001~127：碰撞概率低的区域；

128~252：碰撞概率高的区域；

253~254：碰撞区域；

255：机器人不能移动的占用区域（occupied area）。

障碍物距离与 costmap 值的具体关系如图 10-59 所示。

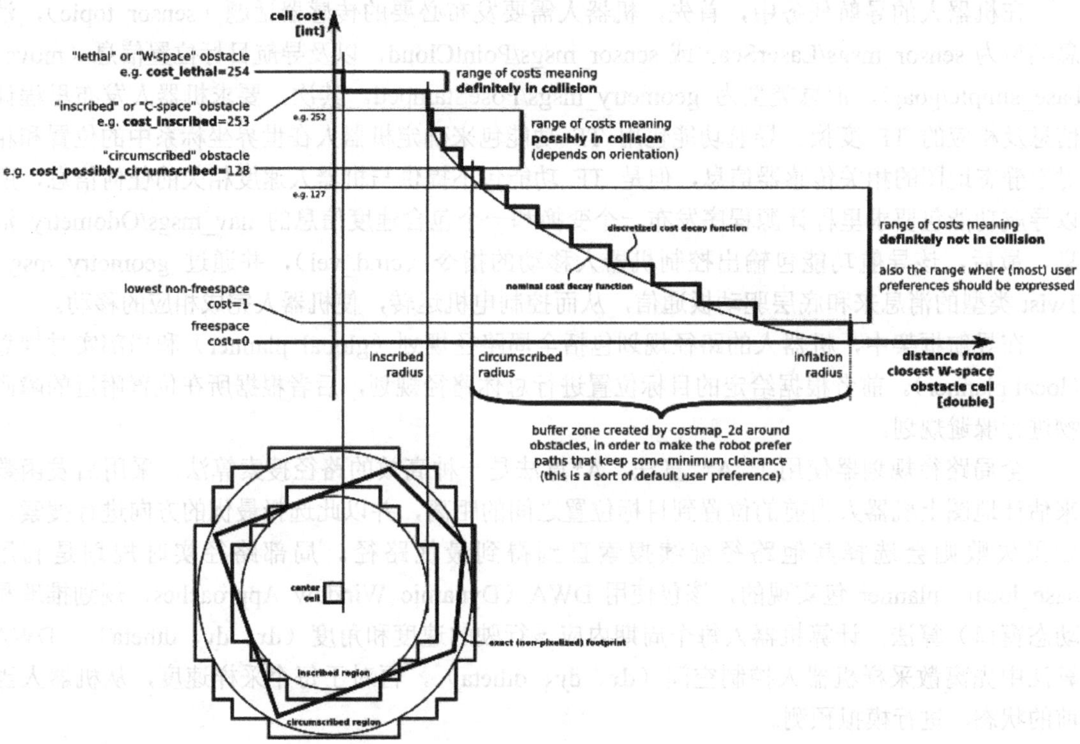

图 10-59 障碍物距离与 costmap 值的具体关系

10.4.3 安装步骤

导航框架中包含 amcl、move_base 等很多功能包，可以通过源码安装，也可以使用以下命令安装：

```
$ sudo apt-get install ros-melodic-navigation
```

用源码安装的方法如下，在工作空间的 src 文件夹下复制源码：

```
$ git clone https://github.com/ros-planning/navigation
```

进入 navigation 功能包查看版本：

```
$ cd navigation
$ git branch
```

选择 melodic 版本的 navigation 功能包：

```
$ git checkout melodic-devel
```

回到工作空间下进行编译：

```
$ cd catkin_ws/
$ catkin_make
```

也可将本书提供的 navigation 功能包复制到工作空间，进行编译。

若编译出现如图 10-60 所示的问题，说明缺少相应的功能包，运行以下命令安装相应的功能包：

```
$ sudo apt-get install ros-melodic-tf2-sensor-msgs
```

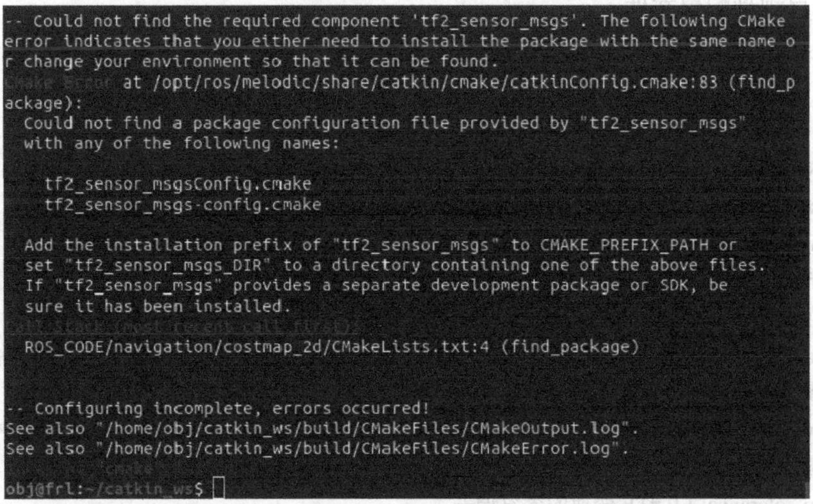

```
-- Could not find the required component 'tf2_sensor_msgs'. The following CMake
error indicates that you either need to install the package with the same name o
r change your environment so that it can be found.
CMake Error at /opt/ros/melodic/share/catkin/cmake/catkinConfig.cmake:83 (find_p
ackage):
  Could not find a package configuration file provided by "tf2_sensor_msgs"
  with any of the following names:

    tf2_sensor_msgsConfig.cmake
    tf2_sensor_msgs-config.cmake

  Add the installation prefix of "tf2_sensor_msgs" to CMAKE_PREFIX_PATH or
  set "tf2_sensor_msgs_DIR" to a directory containing one of the above files.
  If "tf2_sensor_msgs" provides a separate development package or SDK, be
  sure it has been installed.
Call Stack (most recent call first):
  ROS_CODE/navigation/costmap_2d/CMakeLists.txt:4 (find_package)


-- Configuring incomplete, errors occurred!
See also "/home/obj/catkin_ws/build/CMakeFiles/CMakeOutput.log".
See also "/home/obj/catkin_ws/build/CMakeFiles/CMakeError.log".

obj@frl:~/catkin_ws$
```

图 10-60　编译报错

10.4.4　参数配置文件讲解

1）代价地图配置

障碍物信息通过两种代价地图存储：一种是 global_costmap，用于全局路径规划；另一种是 local_costmap，用于本地路径规划和实时避障。两种代价地图的正常使用需要三个配置文件，分别是通用配置文件（Common Configuration）、全局规划配置文件（Global Configuration）和局部规划配置文件（Local Configuration）。

（1）通用配置文件

地图的更新来源于机器人发布的传感器消息，代价地图存储由传感器获取的障碍物信息。配置文件名为 costmap_common_params.yaml，文件内容与解释如下：

obstacle_range: 2.5 #设置地图中检测障碍物的最大范围（m）。

raytrace_range: 3.0 #设置机器人检测自由空间的最大范围（m）。

footprint:[[0.165,0.165],[−0.165,0.165],[−0.165,−0.165],[0.165,−0.165]] #设置机器人在地图上的占用面积，以机器人的中心作为原点。若机器人外形为圆形，则设置 robot_radius（圆形半径）。这里我们设置机器人外形为矩形。

#robot_radius: 0.165

inflation_radius: 0.1 #机器人的膨胀参数（m），参数为 0.1 表示机器人规划的路径应与障碍物保持大于 0.1m 的安全距离。

max_obstacle_height: 0.6 #障碍物的最大高度（m）。

min_obstacle_height: 0.0 #障碍物的最小高度（m）。

observation_sources: scan #代价地图需要关注的传感器信息

scan: {data_type: LaserScan, topic: /scan, marking: true, clearing: true, expected_update_rate: 0} #分别为传感器的消息类型、话题、是否使用传感器的实时信息来添加或清除代价地图的障碍物信息以及根据传感器实际发布的速率为每个观测源设置预期更新速率，当传感器低于预期速率时，会在终端中发出警告。

（2）全局规划配置文件

全局规划配置文件用于全局代价地图参数的配置，配置文件名为 global_costmap_params.yaml，文件内容及解释如下：

```
global_costmap:
global_frame: /map   #表示全局代价地图在哪个坐标系下运行，这里选择 map 参考系。
robot_base_frame: /base_footprint #表示全局地图参考的机器人坐标系。
update_frequency: 1.0 #设置全局地图信息更新的频率（Hz）。
publish_frequency: 1.0 #设置全局地图信息发布的频率（Hz）。
static_map: true   #用来决定代价地图是否需要根据 map_server 提供的地图信息进行初始化，若不需要已知地图或 map_server，将该参数设为 false。
rolling_window: false #用来设置机器人移动过程中是否需要滚动窗口来保持机器人处于中心位置。
resolution: 0.01 #设置地图分辨率（米/格）。
transform_tolerance: 1.0 #TF 变换的容忍误差。
map_type: costmap #地图类型，代价地图。
```

（3）局部规划配置文件

局部规划配置文件用于局部代价地图参数的配置，配置文件名为 local_costmap_params.yaml，文件内容及解释如下：

```
local_costmap:
  #参数含义与全局规划配置文件中的相同
  global_frame: /odom
  robot_base_frame: /base_footprint
  update_frequency: 3.0
  publish_frequency: 1.0
  static_map: false
  rolling_window: true
  width: 6.0   #设置代价地图的长（m）。
  height: 6.0 #设置代价地图的高（m）。
  resolution: 0.01
  transform_tolerance: 1.0
  map_type: costmap
```

2）局部规划器（base_local_planner）配置

局部规划器的作用是根据已经规划好的全局路径计算发布给机器人的速度控制指令。配置文件名称为 base_local_planner_params.yaml，文件内容与解释如下：

```
controller_frequency: 3.0 #设置向底盘控制移动话题 cmd_vel 发送命令的频率。
recovery_behavior_enabled: false #是否启用 move_base 修复机制来清理出空间。
clearing_rotation_allowed: false #决定做清理空间操作时，机器人是否会采用原地旋转。
TrajectoryPlannerROS:
```

max_vel_x: 0.3 #机器人的最大线速度，单位是 m/s。

min_vel_x: 0.05 #机器人的最小线速度，单位是 m/s。

max_vel_y: 0.0 #差速机器人的零位控制。

min_vel_y: 0.0 #差速机器人的零位控制。

min_in_place_vel_theta: 0.5 #机器人最小的原地旋转速度，单位是弧度/秒。

escape_vel: -0.1 #机器人逃离时的速度，单位是 m/s。这个值必须是负数，这样机器人才能反向移动。

acc_lim_x: 2.5 #在 x 方向上的最大线加速度。

acc_lim_y: 0.0 #在 y 方向上的最大线加速度。

acc_lim_theta: 3.2 #在 z 方向上的最大旋转角。

holonomic_robot: false #全方向驱动机器人设置为 true，其他设为 false。

yaw_goal_tolerance: 0.1 #最大距离目标方向的误差（单位为弧度）。

xy_goal_tolerance: 0.1 #最多距离目标位置的误差（单位为米）。

latch_xy_goal_tolerance: false #一般为 false，若设置为 true，则当进入 xy_goal_tolerance 范围内后会设置一个锁，此后即使在旋转调整 yaw 的过程中跳出 xy_goal_tolerance，也不会进行 xy 上的调整。

pdist_scale: 0.9 #path 的权重，权重越大越靠近全局路径。

gdist_scale: 0.6 #goal 的权重，权重越大越靠近全局目标。

meter_scoring: true #计算系数时统一参数的单位为米，一般都是 true，false 时单位为 cells。

heading_lookahead: 0.325 #对不同的旋转角，最多向前看几米。

heading_scoring: false #通过机器人航向计算距离还是通过路径计算距离，false 为通过路径计算。

heading_scoring_timestep: 0.8 #对不同的轨迹，每次前向仿真时间步长。

occdist_scale: 0.1 #权衡机器人以多大的权重躲避障碍物，该值过大会导致机器人陷入困境。

oscillation_reset_dist: 0.05 #表示机器人运动多远距离才会重置振荡标记。

publish_cost_grid_pc: false #将代价值进行可视化显示，如果设置为 true，那么就会在~/cost_cloud 话题上发布 sensor_msgs/PointCloud2 类型消息。

prune_plan: true #机器人前进时是否清除身后 1m 外的轨迹。

sim_time: 1.0 #前向模拟轨迹的时间，单位为 s。

sim_granularity: 0.025 #轨迹点之间的步长，越短频率越高，要求计算机的性能要好。

angular_sim_granularity: 0.025 #给定角度轨迹的弧长。

vx_samples: 8 # x 方向速度的样本数。

vy_samples: 0 #差速轮机器人无 y 方向速度，取 0。

vtheta_samples: 20 #角速度的样本数。

dwa: true #是否选择 DWA 算法，false 表示会选择 Trajectory Rollout。

10.4.5 实验测试

在 ROS 中使用 amcl 来让机器人在已有的地图里利用当前从激光雷达得到的数据进行定位，在开始时，需要首先确定机器人的起始位置，使用 rviz 中的 2D Pose Estimate 来帮助机器人进行快速的初始定位。然后就可以在地图上使用 2D Nav Goal 来选择目的地，这样在 amcl 和 move_base 的协同下，机器人会规划出一条从当前位置到目的地的路径，最终来向 /cmd_vel 话题发送控制移动的命令，控制机器人严格按照规划的路径走向目的地。

创建一个 navigation.launch 的启动文件，为参数服务器声明一些变量，并同时启动 map_server、amcl 和 move_base 三个节点。下面解释 launch 文件中 amcl 的一些重要配置参数。

kld_err：真实分布和估计分布之间的最大误差（数据类型：double，默认值: 0.01)。

kld_z：上标准分位数（1-p），其中 p 是估计分布上误差小于 kld_err 的概率（数据类型：double，默认值：0.99)。

resample_interval：对粒子样本重采样间隔（数据类型：int，默认值：2）。

initial_pose_x：初始姿态均值（x），用于初始化具有高斯分布的滤波器（数据类型：double，默认值：0.0 米）。

initial_pose_y：初始姿态均值（y），用于初始化具有高斯分布的滤波器（数据类型：double，默认值：0.0 米）。

initial_pose_a：初始姿态均值（偏航角），用于初始化具有高斯分布的滤波器（数据类型：double，默认值：0.0 弧度）。

运行以下命令，开始导航：

$ roslaunch robot_navigation navigation.launch

如果运行没报错，可以在 rviz 中看到加载的地图，单击地图上方的“2D pose Estimate”，此时鼠标旁边会出现一个绿色箭头，然后单击地图中小车的真实位置，并将箭头所指方向与小车车头方向一致，以此初始小车起点位置（如图 10-61 所示）。同样单击“2D Nav Goal”，然后在地图上标注小车到达的终点即可（如图 10-62 所示），此时小车就可以自主移动了。如果小车移动路线中有可以扫描到的障碍物小车将会自动避障。

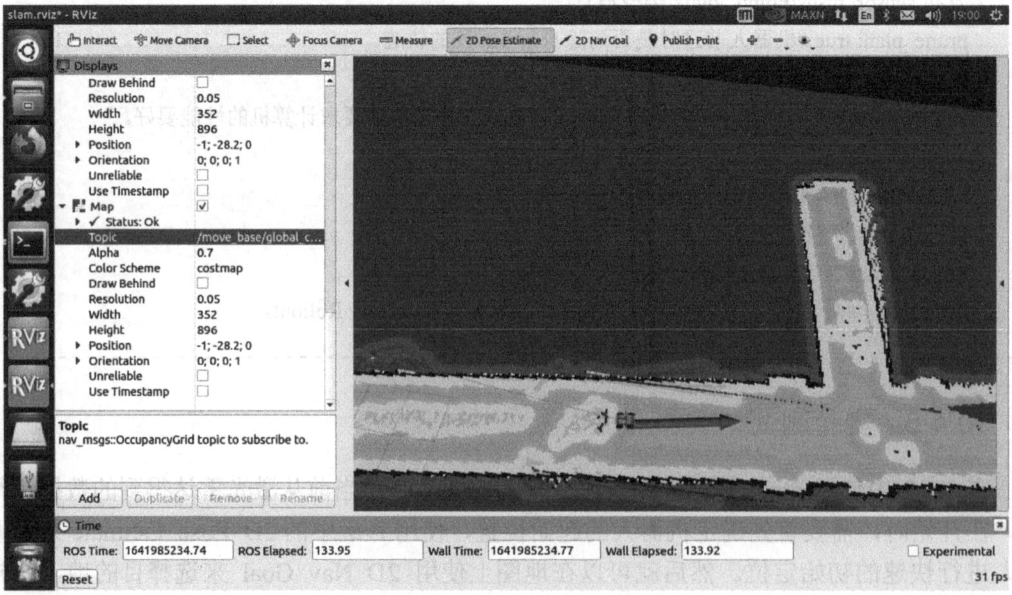

图 10-61 设置起点位置

图 10-62 设置终点位置

10.4.6 本节小结

本节学习了 gmapping 算法的基本理论并简单了解 PLICP 模拟里程计的原理，并通过安装 gmapping 算法和 laser_scan_matcher 的依赖包和功能包帮助我们实现在仅有激光雷达的情况下完成 gmapping SLAM 的实验。从实验结果来看，在特征点较多的室内小场景下 gmapping 算法的建图较准确清晰。通过学习 ROS 中提供的移动机器人导航框架，我们了解 amcl 和 move_base 功能包以及代价地图的三个参数配置文件，帮助我们快速地实现移动机器人的导航功能。

第 11 章　ROS-2 简介

在过去的十多年时间里，ROS-1 已经发展壮大，其拥有庞大的功能包列表，通过几个小规模的功能包，用户就可以创建一个全新的复杂系统。

然而，ROS-1 仍然存在以下几个问题，虽然很多开发者对其中一些问题提出了针对性的解决方案，但仍然无法解决 ROS-1 中的根本问题。

1）多机器人系统

多机器人系统是机器人领域研究的一个重点方向，可以解决单机器人性能不足、无法应用等问题，但是 ROS-1 中并没有构建多机器人系统的标准方法。

2）跨平台

ROS-1 基于 Linux，在 Windows、macOS、RTOS 等操作系统上无法应用或者功能有限，这对机器人开发者和开发工具提出了较高要求，也有很大的局限性。

3）实时性

很多应用场景下的机器人对实时性要求较高，尤其是工业领域，系统需要做到更实时的性能指标，但是 ROS-1 缺少实时性方面的设计，所以在很多应用中捉襟见肘。

4）网络连接

ROS-1 的分布式机制需要良好的网络环境才能保证数据的完整性，而且网络不具备数据加密、安全防护等功能，网络中的任意主机都可以获得节点发布或接收的消息数据。

5）产品化

ROS-1 的稳定性欠佳，ROS Master、节点等重要环节在很多情况下会莫名宕机，这就导致很多机器人从研究开发到消费产品的过渡非常艰难。

11.1　ROS-2 概述

相比 ROS-1，ROS-2 的设计目标更加丰富，旨在改进可用于实时系统和产品阶段解决方案的通信网络架构。ROS-2 的主要设计目标是：

1）支持多机器人系统；

2）实时通信能力；

3）直接在硬件层面上提供 ROS 层；

4）软件版本更新（主要是客户端库）。

ROS-2 简化了发布–订阅的基础结构，并使其在不同的硬件和软件组件之间更加可靠，以确保用户可以更专注于功能和生态系统。

经过几年的 alpha 和 beta 版本的发布，ROS-2 于 2017 年 12 月推出第一个发行版-Ardent Apalone。截至本书稿撰写期间，最新的 ROS-2 版本是 Galactic Geochelone，于 2021 年 5 月 23 日发布，具体的 ROS-2 的发行版本如表 11-1 所示。

表 11-1 ROS-2 的发行版本

Distribution	Release date	Poste
Galactic Geochelone	23 May 2021	
Foxy Fitzroy	5 June 2020[	
Eloquent Elusor	22 Nov 2019	
Dashing Diademata	31 May 2019	
Crystal Clemmys	14 December 2018	
Bouncy Bolson	2 July 2018	
Ardent Apalone	8 December 2017	

11.2 ROS-2 基础

ROS-2 重新设计了系统架构，可以从图 11-1 中看到两代 ROS 之间架构的变化。

在 ROS-1 中，用户代码将连接到 ROS 客户端库（如 rospy 和 roscpp），它们直接与网络中的其他节点通信；而在 ROS-2 中，ROS 客户端就像一个抽象层，使用其他节点通过 DDS 实现连接到网络中进行通信的另一层。在 ROS-2 中，操作系统层与底层硬件层的通信是通过 DDS 实现完成的。图中的 DDS 组件由供应商实现，供应商不同则具体实现不同。抽象

DDS 层与 ROS-2 客户端库连接，并通过 DDS 实现帮助用户连接代码。通过这样的分层抽象，用户无须感知 DDS API 的存在就可以与操作系统连接。

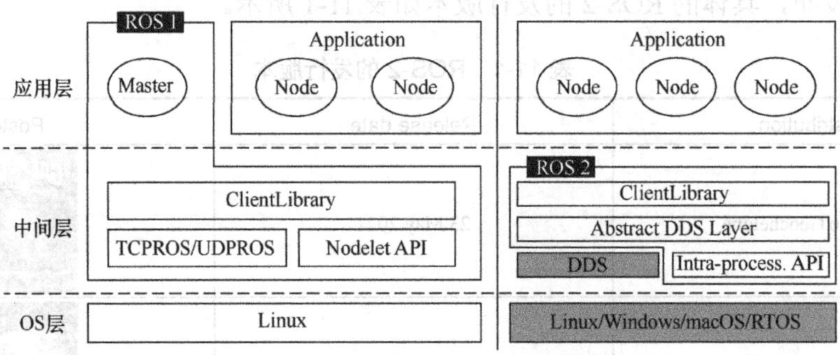

图 11-1 ROS-1 与 ROS-2 的简单对比

11.2.1 DDS

DDS（Data Distribution Service，数据发布服务）在 2004 年由对象管理组织（Object Management Group，OMG）发布，是一种专门为实时系统设计的数据发布/订阅标准。

DDS 最早应用于美国海军，用于解决舰船复杂网络环境中大量软件升级的兼容性问题，目前已经成为美国国防部的强制标准，同时广泛应用于国防、民航、工业控制等领域，成为分布式实时系统中数据发布/订阅的标准解决方案。其技术关键是以数据为核心的发布/订阅（Data-Centric Publish-Subscribe，DCPS）模型，可以帮助两个或多个 DDS 程序在不使用 master 的情况下相互通信。这种 DCPS 模型创建了一个“全局数据空间”（Global Data Space）的概念，所有独立的应用都可以访问。

11.2.2 计算图

ROS-2 遵循与 ROS-1 相同的计算图概念，但有一些变化。

节点：在 ROS-2 中，节点被称为参与者。除了可以像 ROS-1 一样在计算图中定义节点，在 ROS-2 中一个进程还可以初始化多个节点，它们可能位于同一进程、不同进程或不同机器中。

发现（discovery）：ROS-1 中有一个 master 的概念可以帮助节点互相进行通信，而 ROS-2 中则没有 master 的概念，而是通过一种称为“发现”的机制实现通信。在默认情况下，ROS-2 中的 DDS 标准实现提供了一种分布式发现方法，节点能够在网络中自动发现彼此。此机制有助于实现不同类型的多个机器人之间的可靠通信。

除此之外，我们在前面章节中看到的其他概念，如消息、话题、参数服务器、服务和数据包，对于 ROS-2 来说都是一样的。

11.2.3 社区层级

与 ROS-1 成熟活跃的社区氛围不同，ROS-2 社区目前还在发展之中。一些研究机构和企业都做了很好的贡献。由于 ROS-2 在 2014 年才开始开发，因此关于 ROS-2 的研究和工具还有很多需要关注的问题，这是因为通过开源社区实现实时系统需要克服巨大的困难。

OSRF 与提供 DDS 实现并为社区做出贡献的供应商进行了很好的沟通。目前 ROS-1 在其仓库中有 2000 多个功能包，而 ROS-2 还只有 100 多个。

11.3 ROS-2 中的通信

前面我们所学习的是 ROS-1 的通信模型，即话题、服务等通信机制。ROS-2 的通信模型会稍显复杂，加入了很多 DDS 的通信机制，如图 11-2 所示。

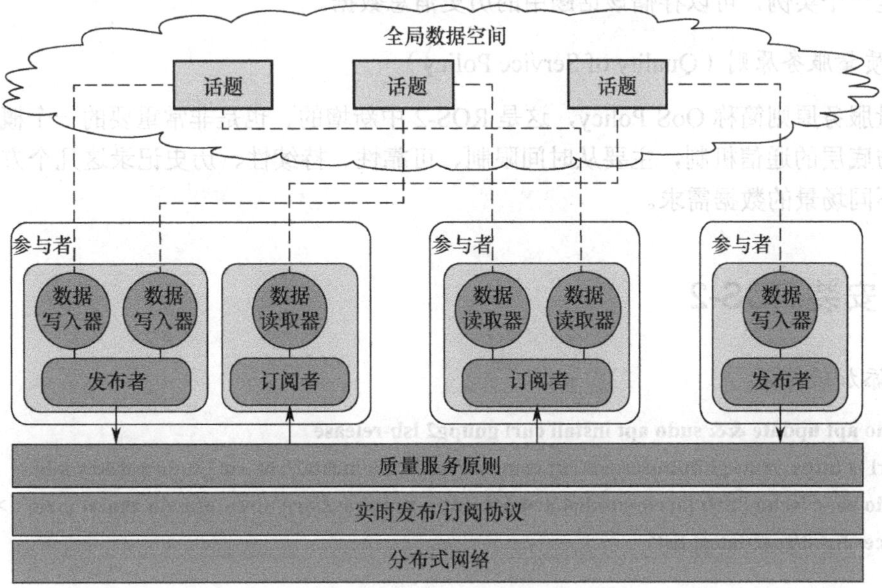

图 11-2 ROS-2 的通信模型

基于 DDS 的 ROS-2 通信模型包含以下几个关键概念。

1）参与者（Participant）

在 DDS 中，每个发布者或者订阅者都称为参与者，对应于一个使用 DDS 的用户，可以使用某种定义好的数据类型来读/写全局数据空间。

2）发布者（Publisher）

数据发布的执行者，支持多种数据类型的发布，可以与多个数据写入器（Data Writer）相连，发布一种或多种话题（Topic）的消息。

3）订阅者（Subscriber）

数据订阅的执行者支持多种数据类型的订阅，可以与多个数据读取器 （Data Reader）相连，订阅一种或多种话题（Topic）的消息。

4）数据写入器（Data Writer）

上层应用向发布者更新数据的对象，每个数据写入器对应一个特定的话题 （Topic），类似于 ROS-1 中的一个消息发布者。

5）数据读取器（Data Reader）

上层应用从订阅者读取数据的对象，每个数据读取器对应一个特定的话题 （Topic），类似于 ROS-1 中的一个消息订阅者。

6）话题（Topic）

与 ROS-1 中的概念类似，话题需要定义一个名称和一种数据结构，但 ROS-2 中的每个话题都是一个实例，可以存储该话题中的历史消息数据。

7）质量服务原则（Quality of Service Policy）

质量服务原则简称 QoS Policy，这是 ROS-2 中新增的、也是非常重要的一个概念，控制各方面与底层的通信机制，主要从时间限制、可靠性、持续性、历史记录这几个方面满足用户针对不同场景的数据需求。

11.4 安装 ROS-2

1）添加软件源

```
$ sudo apt update && sudo apt install curl gnupg2 lsb-release
$ curl -s https://raw.githubusercontent.com/ros/rosdistro/master/ros.asc | sudo apt-key add –
$ sudo sh -c 'echo "deb [arch=amd64,arm64] http://repo.ros2.org/ubuntu/main xenial main" > /etc/apt/sources.list.d/ros2-latest.list'
```

2）安装 ROS-2

```
$ sudo apt-get update
$ sudo apt install ros-eloquent-desktop
```

3）安装 Python3 库

```
$ sudo apt install -y libpython3-dev python3-pip
$ pip3 install -U argcomplete
```

4）设置环境变量

（1）ROS-2 单独存在，通过 gedit 打开.bashrc 文件添加以下内容：

```
source /opt/ros/eloquent/setup.bash
```

（2）ROS-1 和 ROS-2 共存，通过 gedit 打开.bashrc 文件添加以下内容：

```
echo "ros melodic(1) or ros2 eloquent (2)?"
read edition
if [ "$edition" -eq "1" ];then
  source /opt/ros/melodic/setup.bash
else
```

```
    source /opt/ros/eloquent/setup.bash
fi
```

这样每次打开终端都会提示选择 ROS-1 还是 ROS-2。

5）安装依赖 ROS-1 的功能包

ROS-2 在很长一段时间内会与 ROS-1 并存，所以目前很多 ROS-2 中的功能包需要依赖 ROS-1 中的功能包，ROS-2 也提供了与 ROS-1 之间通信的桥梁——ros1_bridge。在安装这些与 ROS-1 有依赖关系的功能包之前，需要系统已经成功安装有 ROS-1，然后才能通过以下命令安装 ROS-2 的功能包：

```
$ sudo apt update
$ sudo apt install ros-ardent-ros1-bridge
```

6）使用 ROS-2

首先我们创建一个 ROS-2 的工作空间：

```
$ mkdir -p ros2_ws/src
```

然后分别创建 C++和 Python 的功能包：

```
$ cd ~/ros2_ws/src
$ ros2 pkg create --build-type ament_cmake pkc_c      # c++功能包
$ ros2 pkg create --build-type ament_python pkg_python   # python 功能包
```

这里与 ROS-1 有区别，创建功能包需要指定语言。

最后我们对功能包进行编译。

```
$ colcon build
```

11.5 本章小结

ROS 发展迅猛，短短十多年时间就已成为机器人领域的事实标准，但是 ROS 也并不是完美的。通过本章的学习，我们了解了目前 ROS-1 中存在的不足，并且熟悉了 ROS-2 的系统架构，重点是 DDS 加入后的 ROS-2 在中间层提供了更加强大、稳定的通信机制，在实时性、安全性、完整性等方面较 ROS-1 有了很大提高。

至此，读者已经完成了本书全部内容的学习，相信读者已经初步掌握了 ROS 相关的知识，并能够利用 ROS 完成一些机器人应用开发实例。当然，还有很多关于 ROS 的知识本书未能涉及，读者可以自行查阅资料，在实践探索中进步！

参考文献

[1] 何明. Linux 从入门到精通微课视频版[M]. 北京：中国水利水电出版社. 2018.

[2] 张金石. Ubuntu Linux 操作系统（第 2 版）（微课版）[M]. 北京：人民邮电出版社. 2020.

[3] 胡春旭.ROS 机器人开发实践[M]. 北京：机械工业出版社，2018.

[4] （美）克来格（Craig，J.J.）著；贠超等译.机器人学导论第 3 版[M]. 北京：机械工业出版社. 2006.

[5] Zeng Q , Ou B , Lv C , et al. Monocular Visual Odometry Using Template Matching and IMU[J]. IEEE Sensors Journal, 2021, 21(15):17207-17218.

[6] Zheng Y, Zeng Q, Lv C, et al. Mobile Robot Integrated Navigation Algorithm Based on Template Matching VO/IMU/UWB[J]. IEEE Sensors Journal, 2021, 21(24): 27957-27966.

[7] Chade Lv, Qingxi Zeng, Dehui Liu, Wenqi Qiu. VO and GPS integrated navigation algorithm based on plane constraint[C]. 2019 International Conference on Control, Automation, Robotics and Artificial Intelligencee, Sanya, China: December 22th - 23th, 2019.

[8] （印度）朗坦·约瑟夫（Lentin Joseph）著；张瑞雷，刘锦涛，林远山译.ROS 机器人项目开发 11 例[M]. 北京：机械工业出版社. 2018.

[9] （美）R.帕特里克・戈贝尔著；（墨）J.罗哈斯，刘柯汕，彭也益，刘振东，李家能，黄玲玲译. ROS 入门实例[M]. 广州：中山大学出版社.2016.

[10] （印度）朗坦・约瑟夫（Lentin Joseph）著；曾庆喜；朱德龙等译.机器人操作系统（ROS）入门必备[M]. 北京：机械工业出版社. 2019.

[11] （美）尼库著.机器人学导论分析、控制及应用第 2 版[M]. 北京：电子工业出版社. 2013.

[12] Grisetti G , Stachniss C , Burgard W . Improved Techniques for Grid Mapping With Rao-Blackwellized Particle Filters[J]. IEEE Transactions on Robotics, 2007, 23(1):34-46.

[13] （美）卡罗尔・费尔柴尔德，托马斯 L. 哈曼著；吴中红，石章松，潘丽等译.ROS 机器人开发实用案例分析[M]. 北京：机械工业出版社.2018.

[14] （印度）朗坦・约瑟夫著；张瑞雷，刘锦涛，林远山译.ROS 机器人项目开发 11 例[M]. 北京：机械工业出版社. 2018.

[15] Anil Mahtani,Luis Sanchez,Enrique Fernandez,Aaron Martinez.ROS 机器人高校编程[M].张瑞雷，刘锦涛，译. 北京：机械工业出版社，2017.

[16] 黄开宏，杨兴锐，曾志文，等. 基于 ROS 户外移动机器人软件系统构建[J].机器人技术与应用，2013.

[17] 张建伟，张立伟，胡颖，张俊. 开源机器人操作系统 ROS[M].北京：科学出版社. 2012.

[18] 蔡自兴. 机器人学基础[M]. 北京：机械工业出版社. 2015.

[19] Aaron Martinez, Enrique Fernάndeze. ROS 机器人程序设计[M].刘品杰，译.北京：机械工业出版社.2014.

[20] Aaron Martinez, Enrique Fernάndeze. Learning ROS for Robotics Programming[M]. UK:Packt Publishing Ltd，2013.

[21] Robot operating system(ROS)[J]. Willow Garage，2012.

[22] Morgan Quigley，Ken Conley，Brian Gerkey，etc. ROS: An Open-source Robot Operating System[C].ICRA Workshop on Open Source Software，2009.

[23] John Kerr，Kevin Nickels. Robot Operating Systems: Bridging The Gap Between Human and Robot[J].

System Theory，2012.

[24] 宋爱国.力觉临场感遥操作机器人（1）：技术发展与现状[J].南京信息工程大学学报（自然科学版），2013，5（01）：1-19. DOI: 10.13878/j. cnki. jnuist. 2013. 01. 001.

[25] ROS [EB/OL]. http://wiki.ros.org.

[26] ROS-TF [EB/OL]. http://wiki.ros.org/tf.

[27] GPS[EB/OL]http://www.gpsinformation.org/dale/nmea.htm.

[28] ROS-urdf[EB/OL]. http://wiki.ros.org/urdf.

[29] Bcharrow. Subscribing A Topic in Roscpp [EB/OL]. https://bcharrow.wordpress.com/2013/06/17subscribing-to-a-topic-in-roscpp/.2013.

[30] px4flow[EB/OL]https://docs.px4.cc/master/zh/sensor/px4flow.html.

[31] 传感器数据同步[EB/OL]http://m.elecfans.com/article/589504.html.

[32] LabelImg[EB/OL]https://blog.csdn.net/wuliangcai_/article/details/88356708?spm=1001.2014.3001.5502.

[33] 飞桨 AI Studio 人工智能学习与实训社区[EB/OL]https://aistudio.baidu.com/aistudio/index.

[34] ROS -gmapping[EB/OL]. http://wiki.ros.org/gmapping.

[35] 无处不在的小土[EB/OL]https://gaoyichao.com/Xiaotu/?book=turtlebot&title=index.

[36] Scan tools[EB/OL]https://github.com/ccny-ros-pkg/scan_tools.

[37] gmapping[EB/OL]https://blog.csdn.net/liuyanpeng12333/article/details/81946841?spm=1001.2014.3001.5502.

[38] gmapping[EB/OL]https://github.com/ros-perception/slam_gmapping.git.

[39] laser_scan_matcher[EB/OL]https://blog.csdn.net/VampireWolf/article/details/90042517?spm=1001.2014.3001.5502.

[40] autoware 入门教程[EB/OL]https://www.ncnynl.com/archives/201910/3410.html.

[41] autoware[EB/OL]https://gitlab.com/autowarefoundation/autoware.ai/autoware/-/wikis/Source-Build.

[42] G29 force feedback[EB/OL]https://github.com/kuriatsu/ros-g29-force-feedback.

反侵权盗版声明